Office 2016

办公应用

从入门到精通【第2版】

刘畅 编著

U0261341

中国铁道出版社

CHINA RAILWAY PUBLISHING HOUSE

内 容 简 介

　　这是一本关于如何使用 Office 的入门书籍，该书以当前最新的 Office 2016 版本为操作平台，通过"知识点+实例操作"的模式进行讲解。其主要内容包括：认识 Office 2016，在 Word 2016 中编辑文档，特殊文档的编排操作，Word 文档中的表格和图表，利用对象制作图文混排的文档，Excel 的基础操作，公式、函数和图表的应用，在 Excel 中处理数据，Excel 的保护、共享和打印操作，PowerPoint 的常规操作，PowerPoint 的高级设置，制作声色动人的幻灯片，使用 Outlook 收发邮件，使用 OneNote 记录笔记，建立 Access 管理数据库及 Office 2016 的其他组件及其应用等，最后通过综合案例的方式具体讲解了 Office 在企业办公和日常生活中的应用，让读者能够通过学习，最终达到实战应用的目的。

　　本书主要适用于希望快速掌握 Office 软件的初、中级用户，特别适合办公人员、文秘、财务人员、公务员、家庭用户使用，也可作为各大中专院校及各类电脑培训班的 Office 教材。

图书在版编目（CIP）数据

Office 2016 办公应用从入门到精通/刘畅编著. —2 版. —北京：
中国铁道出版社，2019.3
　ISBN 978-7-113-25103-1

　Ⅰ.①0… Ⅱ.①刘… Ⅲ.①办公自动化—应用软件 Ⅳ.①TP317.1

中国版本图书馆 CIP 数据核字（2018）第 255910 号

书　　名：Office 2016 办公应用从入门到精通（第 2 版）
作　　者：刘　畅　编著

责任编辑：张亚慧	读者热线电话：010-63560056	
责任印制：赵星辰	封面设计：MXK DESIGN STUDIO	

出版发行：中国铁道出版社（100054，北京市西城区右安门西街 8 号）
印　　刷：三河市宏盛印务有限公司
版　　次：2016 年 6 月第 1 版　　2019 年 3 月第 2 版　　2019 年 3 月第 1 次印刷
开　　本：787mm×1092mm　1/16　印张：25.75　字数：595 千
书　　号：ISBN 978-7-113-25103-1
定　　价：69.00 元

阅读说明

如今的社会是高度信息化的社会，无论是工作节奏还是生活节奏都体现出高效、快捷的特性，因此，许多人都选择使用电脑来辅助完成某些工作，Office软件中包含的组件较多，而且每个组件的功能各不相同，为了使更多的人能使用Office软件完成日常工作和服务生活，我们编写了这本书，下面先来了解本书的结构和阅读说明。

二级标题
二级标题+内容说明，让读者一目了然本节主讲内容。

下载资料素材
本书下载资料中包含书中案例讲解对应的全部素材和效果文件，方便读者上机操作。还免费附赠了一套Office 2016常用组件的基础教学视频和一些其他的实战案例视频，供读者参考学习。另外还精选了大量实用、专业的模板，读者稍加修改即可制作出需要的文档、表格或演示文稿。

操作步骤
本书案例步骤采用一步一图的形式，配合步骤小标题，让操作更清晰，学习更直观。

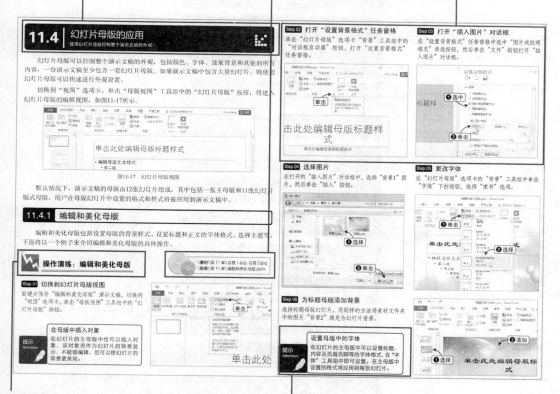

操作演练
通过"操作演练"和"实战演练"版块，分别对知识点进行实战操作和汇总应用，读者可以根据操作步骤轻松进行实战练习，以达到快速掌握知识点的目的。

拓展小栏目
本书不仅对知识点本身进行介绍，对于与该知识点相关的扩展知识和技巧，本书采用"提示"、"技巧"和"读者提问"小栏目进行罗列，让读者更全面、深入地掌握和应用该知识。

本书内容

本书是从"共性操作部分"→"常用组件使用"→"其他组件使用"→"实战应用部分"4个阶段进行讲解的，贯穿了从入门到精通学习 Office 软件的主线。

全书各章节具体需要掌握的知识要点提示如下图所示：

- ◆ 了解 Office 2016 的全新功能
- ◆ Office 2016 的全新界面
- ◆ 常用组件的共性操作

第 1 章 认识 Office 2016

第 2 章 在 Word 2016 中编辑文档

- ◆ 编辑文本
- ◆ 设置文档的字体格式
- ◆ 创建目录和索引

- ◆ 设置项目符号和编号
- ◆ 设置文档样式
- ◆ 设置特殊的文档格式

第 3 章 特殊文档的编排操作

第 4 章 Word 文档中的表格和图表

- ◆ 在 Word 中使用表格
- ◆ 在 Word 中使用图表

- ◆ 在 Word 中使用图片
- ◆ 在 Word 中使用 SmartArt 图形
- ◆ 制作艺术字标题

第 5 章 利用对象制作图文混排的文档

第 6 章 Excel 的基础操作

- ◆ 工作表的基本操作
- ◆ 单元格的基本操作
- ◆ 在工作表中输入和编辑数据

- ◆ 使用公式计算数据
- ◆ 使用函数计算数据
- ◆ 制作 Excel 图表

第 7 章 公式、函数和图表的应用

第 8 章 在 Excel 中处理数据

- ◆ 排列数据
- ◆ 使用迷你图展示数据
- ◆ 使用切片器筛选数据

- ◆ 保护 Excel 文档
- ◆ 发送工作簿
- ◆ 共享工作簿

第 9 章 Excel 的保护、共享和打印操作

第 10 章 PowerPoint 的常规操作

- ◆ 幻灯片的基本操作
- ◆ 编辑幻灯片中的文本
- ◆ 在幻灯片中插入并美化对象

- ◆ 设置幻灯片的页面
- ◆ 为幻灯片添加背景
- ◆ 设置幻灯片的主题

第 11 章 PowerPoint 的高级设置

第 12 章 制作声色动人的幻灯片

- ◆ 在幻灯片中插入媒体文件
- ◆ 设置幻灯片的动画效果
- ◆ 插入超链接和动作

- ◆ Outlook 的基本操作
- ◆ 使用 Outlook 处理邮件
- ◆ Outlook 的其他功能

第 13 章 使用 Outlook 收发邮件

第 14 章 使用 OneNote 记录笔记

- ◆ 创建笔记本、分区和页
- ◆ 美化 OneNote 笔记
- ◆ OneNote 的其他操作

- ◆ 创建 Access 数据库
- ◆ 创建查询
- ◆ 创建 Access 的其他对象

第 15 章 建立 Access 数据库

第 16 章 Office 2016 的其他组件及其应用

- ◆ 在 OneDrive 应用中共享文件
- ◆ 用 Publisher 创建出版物
- ◆ 企业专用组件

- ◆ Word 综合案例
- ◆ Excel 综合案例
- ◆ PowerPoint 综合案例

第 17 章 综合案例详解

学到什么

❶ 熟练掌握文档制作的各种操作

在工作中和生活中，用 Word 制作各种文档越来越重要，通过对本书的学习，不仅可以掌握制作文档的各种操作，还能学习如何制作出图文并茂、美观实用的文档。

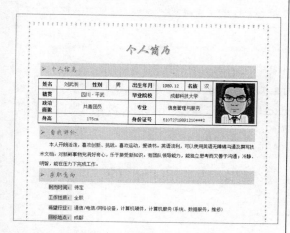

❷ 快速制作各种表格并分析数据

表格是统筹数据和体现数据关系最直接的一种方式，通过对本书的学习，不仅可以制作各种类型的表格，而且还可以使用计算和分析数据的功能处理数据。

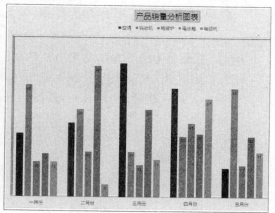

❸ 制作声色动人的演示文稿

在会议、演讲、教学、产品演示等场合常需要使用幻灯片来演示相关内容，通过对本书的学习，可以认识演示文稿的重要作用，并在熟练掌握 PowerPoint 组件各种操作的基础上，学习如何制作出声色动人、富有表现力的演示文稿。

❹ 了解其他组件的功能和使用方法

本书还介绍了 Outlook、OneNote 和 Access 组件。通过学习可以熟练地使用它们来收发与管理电子邮件、记录笔记和创建数据库，并对 Publisher 和 InfoPath 两个组件做了简单地讲解，读者可以使用它们制作出版物和表单。

运行环境

本书以 2016 版本介绍有关 Office 常用组件的相关知识和操作，对于本书中所有的素材、源文件以及模板文件，如果：

- 使用 Office 2007/2010/2013 打开，有可能出现效果是不一致的情况。
- 使用 Office 2003 打开，有可能出现不能识别文件格式的错误提示，如下图所示。

因此，最好在 Office 2016 环境下使用本书中提供的各种文件。

另外，如果用户使用 Office 2016 打开早期版本的 Office 文件，则在标题栏会出现"[兼容模式]"字样，如下图所示为用 Excel 2016 打开 Excel 2003 格式的文件效果，这只是高版本和低版本之间的兼容问题，查阅文件内容是不受任何影响的。

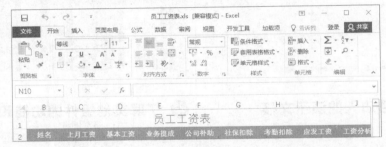

此外，要确保 Office 2016 能够正常安装和使用，用户的电脑必须确保是 Windows 7、Windows 8 及 Windows 10 等高版本的操作系统。

读者对象

本书主要适用于希望快速掌握 Office 软件的初、中级用户，适合办公人员、文秘、财务人员、公务员、家庭用户使用，也可作为各大中专院校及各类电脑培训班的 Office 教材使用。

由于编者知识有限，加之时间仓促，书中难免会有疏漏和不足之处，恳请专家和读者不吝赐教。

编　者
2018 年 12 月

目　　录

第 3 章　特殊文档的编排操作

第 6 章　Excel的基础操作

第 7 章　公式、函数和图表的应用

第 8 章　在Excel中处理数据

第 9 章　Excel的保护、共享和打印操作

第 10 章　PowerPoint的常规操作

第 13 章　使用Outlook收发邮件

第 14 章　使用OneNote记录笔记

第 17 章　综合案例详解

第1章

认识 Office 2016

登录 Office 账户

智能查找内容

Word 2016 启动界面

为应用程序设置"春天"背景

1.1 了解 Office 2016 的全新功能

Office 2016 新增实用功能

　　Office 2016简洁的界面和触摸模式更加适合平板电脑等触屏设备，支持Windows 7操作系统及其之后的版本，并且在Windows 10操作系统上能获得最佳的性能体验。那么，Office 2016除了在界面风格上有较大的改变外，还增加了哪些功能呢？

1.1.1 OneDrive 云服务整合，协作更简单

　　OneDrive是由微软公司推出的一项云存储服务，可以通过用户的Microsoft账户进行登录，上传自己的图片、文档等到OneDrive中。

　　Office 2016与OneDrive网盘服务紧密结合，在各大组件中都可以看到OneDrive或Microsoft账号的身影。登录OneDrive云端需要用户具有Microsoft账户，具体操作如下。

 操作演练：登录到OneDrive云端

Step 01 单击超链接

打开Office的任意组件，以Word为例，在窗口的右上角单击"登录以充分利用Office"超链接。

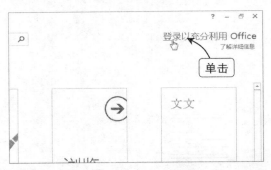

Step 02 选择登录方式

在打开的"登录"对话框中输入用于登录的账户，单击"下一步"按钮。

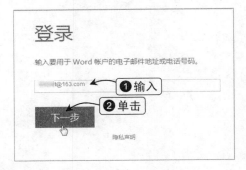

Step 03 登录账户

在打开的对话框中输入登录密码，单击"登录"按钮即可登录。

提示 Attention

Microsoft 账户

Microsoft 账户可以是 Hotmail 账户、OneDrive 账户、Xbox LIVE 账户或者 Windows Phone 账户，用户可直接申请这些账户进行登录。

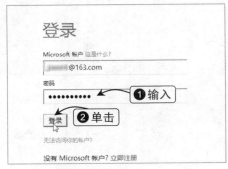

登录OneDrive云端后，即可将文档保存到云端，或者从云端打开文档进行编辑，做到无论在何时何地，都可以使用Office 2016处理各种文档。

Office 2016继承了账号管理功能，在登录界面既可以登录用户账户，也可以申请用户账户，在登录界面单击"创建一个"超链接，根据提示即可申请用户账户，如图1-1所示。登录过一次账户后，每次打开Office组件时，用户账户都会自动登录，如图1-2所示。

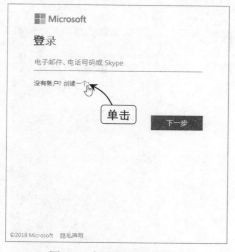

图1-1 申请Microsoft账号

图1-2 已登录OneDrive云端

1.1.2 多彩新主题

Office 2016的主题得到了更新，加入了更多色彩丰富的主题供用户选择。新的界面设计名叫"彩色"，风格与"Modern"应用类似，而之前默认主题名叫"白色"，用户可在"文件/账户/Office主题"下拉列表中，选择自己偏好的主题风格，如图1-3所示。

图1-3 选择主题

1.1.3 跨平台的通用应用

在2016版的Word、Excel、PowerPoint、Outlook、OneNote及OneDrive等组件发布之后，无论用户使用的是Android手机/平板电脑、iPhone、iPad或Windows笔记本电脑/台式电脑等平台或设备，都可以获得非常相似的操作。图1-4所示为Windows平台与手机平台中的OneDrive登录界面。

图1-4　Windows平台中的OneDrive登录界面

1.1.4 Office 助手回归

之前的Office助手虽然很"萌"，但有时会让用户觉得很"讨厌"。而在Office 2016中，微软将带来Office助手的升级版——Tell Me，它可在用户使用Office的过程当中提供帮助。例如，将图片添加至文档，或解决其他故障问题等。该功能并没有虚拟化存在，而是和传统搜索栏一样，置于文档的表面，以供用户随时使用，如图1-5所示。

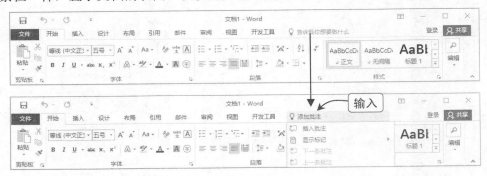

图1-5　组件中的Office助手

1.1.5 Office 2016 的常用组件

Office 2016不仅对云服务OneDrive进行了整合，采用更多的方式共享文件，其他各大组件也有相应的新功能。

1. Word 2016

Word 是文档创建和编辑的常用工具，使用 Word 2016 更能让文档的创建和编辑操作发挥事半功倍的效果。新版本的 Word 具有用户所熟悉的所有功能和特性，同时还提供了一些新的功能和增强功能。

◆ **实时协作**

如果用户在 OneDrive 或 SharePoint 中在线存储文档，然后将它与使用 Word 2016 或 Word Online 的同事共享，则可以在其他人对文档进行更改时查看这些更改。

在线存储文档之后，单击"获取共享链接"超链接可生成链接或电子邮件邀请。那么同事打开文档并同意自动共享更改之后，用户可实时查看其工作，如图 1-6 所示为实时查看共享文档与获取共享链接。

图1-6 实时查看共享文档与获取共享链接

◆ **有关所处理的内容的相关信息**

由必应提供支持的智能查找将信息检索直接引入了 Word 2016。当用户选择字词或短语时，在其上右击，然后选择"智能查找"命令，单击"了解"按钮就会打开，其中包含来自 Web 的定义、Wiki 文章和最相关的搜索，如图 1-7 所示。

图1-7　智能查找的使用

◆　共享更简单

在 Word 2016 的文档界面中，单击"共享"下拉按钮，可以直接从 Word 在 SharePoint、OneDrive 或 OneDrive for Business 上与他人共享自己的文档，或以电子邮件附件的形式发送副本，如图 1-8 所示。

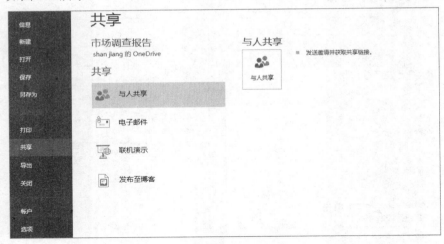

图1-8　共享文档

2. Excel 2016

Excel 是制作表格和数据处理的常用工具，Excel 2016 的界面更为简洁，并为用户设计了大量的模板。除此之外，Excel 2016 还新增了大量功能，如多种新图表类型、获取和转换（查询）、默认形状样式、快速形状格式等功能，下面分别进行简单的介绍。

◆ **多种新图表类型**

在 Excel 2016 中，添加了多种新图表，分别是树状图、旭日图、箱形图、瀑布图等，从而帮助用户创建财务或分层信息的一些最常用的数据可视化，以及显示数据中的统计属性，如图 1-9 所示。

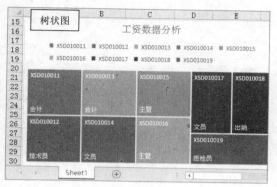
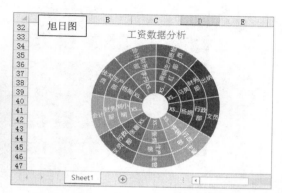
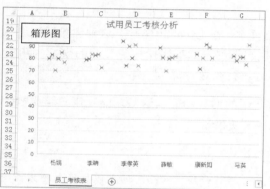
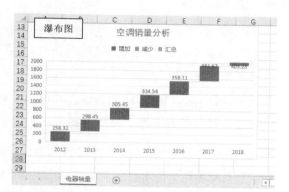

图1-9 新增图表类型

◆ **获取和转换（查询）**

Excel 2016 内置的获取和转换（查询）功能，可以让用户轻松快速地查找所需的所有数据，并将其导入一个位置中。最直接的理解就是：在指定文件中获取到查询的记录并调入 Excel 中。

用户可以从"数据"选项卡上的"获取和转换"工具组中使用这些功能，如图 1-10 所示。

图1-10 "获取和转换"工具组

◆　**默认形状样式**

在 Excel 2016 中，引入新的"预设"样式，使得默认形状的数量和样式变得更加丰富，如图 1-11 所示。

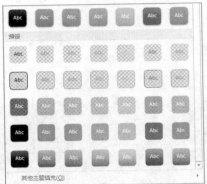

图 1-11　默认与新添加形状样式

◆　**快速形状格式**

Excel 凭借其灵活且功能强大的分析体验而闻名。在 Excel 2016 中，这种体验通过引入 Power Pivot 和数据模型得到显著增强，从而使用户能够跨数据轻松构建复杂的模型。同时，通过度量值和 KPI 增强数据模型，可对数百万行进行高速计算。

下面是 Excel 2016 中的数据透视图表一些实用的增强功能，这些功能让用户将更少的精力用于管理数据，而将更多的精力用于揭示重要见解。

● 　在工作簿数据模型的各个表之间发现并自动创建关系。

● 　自动检测与时间相关的字段（年、季度、月）并进行分组，从而有助于以更强大的方式使用这些字段。

● 　可直接在数据透视表字段列表中进行创建、编辑和删除自定义度量值，从而可在需要添加其他计算来进行分析时节省大量时间。

● 　数据透视图"向下钻取"按钮，可以跨时间分组和数据中的其他层次结构进行放大和缩小。

3．PowerPoint 2016

PowerPoint 可以制作集文字、图形、图像、声音及视频剪辑等多媒体元素于一体的演示文稿。

新版本的 PowerPoint 应用了 Office 的全新界面，添加了更多的模板，能轻松与他人共享和协作。除此之外，还修改了设计功能，可以直观地设计精美的演示文稿，改进了"演示者视图"工具，展现更具专业素质的演示，下面介绍一些改进的具体内容。

◆　更丰富的切换效果

PowerPoint 2016 的"切换"选项卡中新增了许多华丽的幻灯片切换效果，这些切换效果包括真实三维空间中的动作路径和旋转，通过这些效果可以使幻灯片拥有与 Flash 一样的 3D 效果，如图 1-12 所示。

图 1-12　"涟漪"与"飞机"切换效果

◆　PowerPoint 设计器

PowerPoint 设计器是 PowerPoint 2016 新增的一项功能，通过该功能，程序自动根据用户的内容生成多种多样的构想，方便用户从中选择。对于设计水平较低的用户而言，这项功能非常实用。当用户添加照片或其他独特的可视内容时，程序会自动打开设计器窗口，在其中即可查看到生成的多种构想方法。

◆　增加屏幕录制功能

对于从事培训和教学的用户而言，通过录制教学视频来复制教学可以提高工作效率。而 PowerPoint 2016 中新增加的屏幕录制功能，不仅可以方便地对指定的屏幕区域的操作过程进行录制，而且还可方便地将录制好的内容插入幻灯片中。增加的屏幕录制功能位于"插入"选项卡的最右侧，如图 1-13 所示。

图 1-13　"插入"选项卡中的屏幕录制功能

◆　增加墨迹书法功能

在 PowerPoint 2016 中还为用户提供了墨迹书法功能，只需在"审阅"选项卡的"墨迹"组中，单击"开始墨迹书写"按钮即可启动墨迹书法功能。该功能可以把 PowerPoint 2016 变成画图软件，在"墨迹"绘制完成后，还可将其转换为形状，大大方便了我们手动绘制不规则图形。图 1-14 所示为激活的"墨迹书写工具"选项卡。

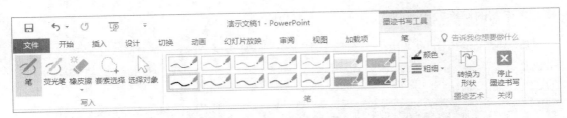

图1-14　激活的"墨迹书写工具"选项卡

4. Outlook 2016

Outlook 可以用来收发电子邮件、管理联系人信息、写日记、安排日程、分配任务等，能够帮助用户有效地管理电子邮件，合理地安排时间和日程。

Outlook 2016 中推出了智能联系人管理新功能，该项功能可以在邮件编辑界面的"收件人"和"抄送"区域给出建议 E-mail 地址，且以下拉列表的方式出现，其中的地址均为最近发送过邮件的常用邮箱。

该功能还可以分析出地址拼写错误，并给出正确的建议，防止用户把经常使用的地址输入错误。另外，Outlook 2016 对于经常使用的联系人"组合"也有记忆功能。

同时，Outlook 2016 的日历中加入了航班信息提示，不过这需要用户收到机票相关邮件后才会给出提示。当 Outlook 2016 自动搜索相关邮件的关键信息，就会将其加入日历中，以便对用户及时提醒。

Outlook 2016 还可以预览邮件清单中的邮件，只需进行粗略查看，即可判断先阅读或处理哪些邮件，并在邮件清单中添加了一些实用命令，可将邮件加上标识或删除邮件，也可将邮件标记为已读取或未读取，如图 1-15 所示。

图 1-15　为邮件添加标记

5. OneNote 2016

OneNote 是目前使用范围较广的云笔记应用之一，不过 OneNote 2016 针对不同平台，所新增的功能却不尽相同。首先，对于 Android 用户来说，新版本的 OneNote 增加了悬浮按钮功能，能够在任何界面显示，只需轻击一下即可快速创建笔记，方便用户及时记录信息。

针对 iPhone 6s 和 iPhone 6s Plus 加入了 3D Touch 功能，用户只需在 OneNote 图标上使用 3D Touch 功能，便会出现快捷菜单，包括新建笔记及查看最近笔记。此外，新版 iOS 版

OneNote 还对 iPad Pro 的大尺寸屏幕进行了适配。

同时，针对 Windows 系统，OneNote 2016 不仅增加了录音功能，还添加了来自 YouTube、Vimeo 和 Office Mix Videos 的视频。

6. Access 2016

Access 是用于创建和管理数据库系统的软件，可在数据库中实现添加、删除、查询和统计数据的功能，也可以设计和生成报表。Access 2016 也具备全新的界面风格，也包括与Word、Excel 等组件已介绍到的新功能。

Access 2016 也有一些自己独特的新功能，如可以利用 SharePoint 服务器或 Office 365网站作为主机，建置精致的基于浏览器型数据库应用程序。Access 2016 的内置视图都具备动作列，包括用于新增、编辑、储存和删除项目的按钮，可新增更多的按钮到此列，执行建置的任何自订宏，或者移除不想让他人使用的按钮。

1.2 Office 2016 的全新界面
全新风格的界面让操作更舒心

前面介绍了Office 2016的新增功能，多次提到Office 2016的全新界面，那么，这些全新界面究竟有哪些变化呢？

1.2.1 全新的界面风格

Office 2016延续了Office 2013的界面风格，其菜单栏风格更加简洁，使新版本的Office获得了较大的变化。图1-16所示为Office 2016的Word、Excel和PowerPoint这三大组件的启动界面，并且这些组件的启动速度相比之前版本都有大幅度提高。

图1-16　Office 2016的Word、Excel和PowerPoint这三大组件的启动界面

Office为每一个组件都定义了一种颜色风格，Word以蓝色为风格，Excel则是绿色，这些颜色风格不仅应用到启动界面，在窗口中也应用了这些颜色，包括一些文字和效果等，使其与之前版本有较大的变化。

Office 2016支持彩色、深灰色和白色3种主题颜色，3种主题颜色的不同效果如图1-17所示。

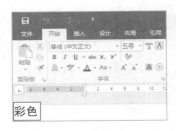

图1-17　3种主题颜色的不同效果

1.2.2　"文件"选项卡

Office 2016的窗口布局与Office 2013大致相同，只是对各大选项卡的按钮或功能有一定程度的修改，并合并和新增了一些功能，下面以Word为例来介绍"文件"选项卡。

打开一个Word文档，单击"文件"选项卡，进入Backstage视图（也称后台视图），也就是"文件"选项卡界面，界面中有两个按钮，分别是"关闭"按钮和"选项"按钮，其他的都是选项卡，如图1-18所示。

在每个选项卡的右侧窗格中，可以实现对应的功能或进行相关设置，如"打印"选项卡的右侧窗格中，可设置文档打印的页数、选择打印机并进行打印。

单击"选项"按钮，打开"Word选项"对话框，在其中可以对Word的相关属性进行设置。如果要改变Word的主题颜色，在对话框的"常规"选项卡下的"对Microsoft Office进行个性化设置"栏中选择Office的主题，并且该设置对所有的Office组件都有效，如图1-19所示。

图1-18　"文件"选项卡

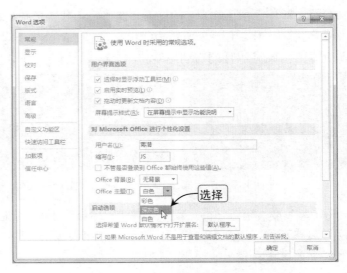

图1-19　更改主题颜色

1.2.3 快速访问工具栏

快速访问工具栏位于窗口的左上角，用于放置常用的命令按钮，让用户快速启动这些常用的命令，加快文档、表格等的编辑速度。

不同的Office组件，快速访问工具栏中的按钮和按钮数量不完全一样。在Word 2016中，快速访问工具栏默认只有"保存"按钮、"撤销"按钮和"重复键入"（会因操作的不同而变化）按钮3个，而在Excel 2016中却将"重复键入"按钮替换成"恢复"按钮，在PowerPoint 2016中却多了一个"从头开始"按钮，如图1-20所示。

图1-20　不同组件的不同快速访问工具栏

快速工具栏中只有几个命令按钮，用户可以根据自己的需要添加多个自定义的按钮，下面以在Word 2016中添加"插入批注"按钮为例，介绍在快速访问工具栏中添加命令按钮的具体方法。

 操作演练：添加"插入批注"按钮到快速访问工具栏

Step 01 打开"Word 选项"对话框

打开Word 2016文档窗口，单击"文件"选项卡，在打开的界面中单击"选项"按钮，打开"Word选项"对话框。

Step 02 添加命令

在打开的对话框中单击"快速访问工具栏"选项卡，在"常用命令"列表框中选择"插入批注"命令，并单击"添加"按钮。

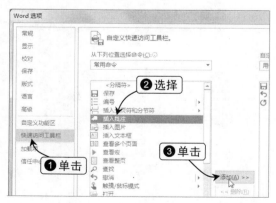

Step 03 确定添加

在对话框右侧的"快速访问工具栏"列表框出现添加的"插入批注"命令，单击"上移"按钮将命令向上移动，单击"确定"按钮完成操作。

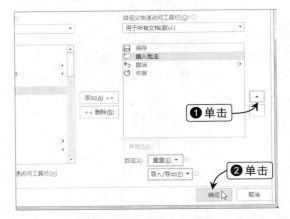

Step 04 添加成功

返回Word文档的主窗口，上方的快速访问工具栏中已出现"插入批注"按钮，表示按钮已添加成功，可以使用该按钮快速添加批注。

提示 Attention

删除快速访问工具栏中的命令

如果要删除快速访问工具栏中的命令，只需在第 3 步中选择要删除的命令，单击"删除"按钮即可，若要删除所有添加的工具，单击"重置"按钮，在弹出的下拉菜单中选择"仅重置快速访问工具栏"选项即可。

1.2.4 功能区和选项卡

功能区和选项卡是包含与被包含的关系，Office 2016也是将常用的功能命令以选项卡的形式进行组织的，形成新的功能展示给用户，这种设计使用户在使用时更加方便。

图1-21所示为Office 2016中常用组件的各个选项卡项目及"开始"选项卡。

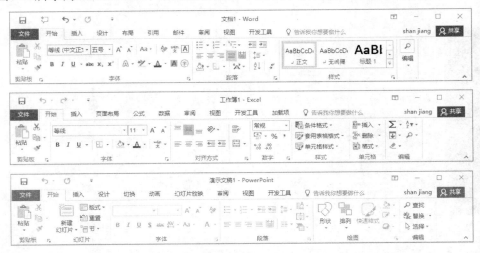

图1-21　Office 2016中常用组件的各个选项卡项目及"开始"选项卡

与Word 2013相比较，Word 2016的"审阅"选项卡新加入了"见解"组项目，将原来的"校对"工具组中的"定义"功能整合到该工具组中，并升级为"智能查找"功能，如图1-22所示。在Word 2016的"审阅"选项卡下，可对文档内容进行校对、见解、语言、修订和批注等更丰富的设置。

图1-22　Word 2016的"审阅"选项卡与Word 2013的"审阅"选项卡

在Office 2016各大组件的工具组（选项卡下的组称为工具组）中，有的右下角有一个 ⌐ 按钮，单击该按钮可打开有关该组工具的对话框或者窗格，进行更为详尽的设置。

1.2.5　不同组件的编辑区

编辑区又称操作区，用来对文件进行创建和编辑操作，是工作界面中最大的区域，位于功能区的下方。

Office的各个组件都有其独特的功能，因此，各个组件的编辑区也就各不相同。下面以Word、Excel和PowerPoint这3个组件为例来介绍Office组件的不同编辑区。

1. Word 2016 文档编辑区

Word 2016文档编辑区中默认为用户提供了用于文档基本操作的3个标记，具体如图1-23所示。

◆ **竖形光标"I̅"**：鼠标光标在文档编辑区的显示形状，可用于定位文本插入点。

◆ **文本插入点**：文本插入点是一条黑色闪烁的竖线"|"，用于标记文本输入的位置。

◆ **段落标记"↵"**：段落标记显示在段落尾部，包含段落格式信息。

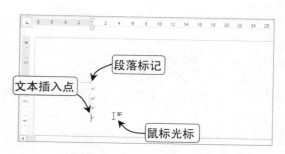

图 1-23　Word 2016 文档编辑区

2. Excel 2016 工作簿编辑区

Excel主要用于创建表格和管理数据，因此，Excel 2016工作簿编辑区又称为工作表编辑区，如图1-24所示。其编辑区域默认状态下包括以下几个对象。

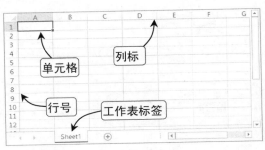

图1-24　Excel 2016工作簿编辑区

- ◆ **单元格**：是编辑区的主要组成部分，为 Excel 输入数据和组成工作表的最小单位。

- ◆ **行号与列标**：用来表示单元格的位置，如 A1 表示该单元格位于 A 列 1 行。每个工作表可包括 1 048 576 行和 16 384 列。

- ◆ **拆分条**：主要用来分拆单元格和窗口的线条，又分为水平拆分条和垂直拆分条。在打开工作簿时系统默认情况不会出现拆分条，需要用到时可通过"视图"选项卡"窗口"工具组的"拆分"按钮将其调出。

- ◆ **工作表标签**：每一个工作表都有一个工作表标签来标识。工作表标签位于工作表编辑区底部，默认的名称为"Sheet1"、"Sheet2"和"Sheet3"等。

3. PowerPoint 2016 演示文稿编辑区

PowerPoint演示文稿编辑区是制作幻灯片的区域，又称幻灯片编辑区。在默认状态下编辑区中没有初步的布局，只存在用虚框加提示语来表示的占位符。

在"视图"选项卡中，可以根据需要选择不同的母版样式进入母版编辑视图，主要包括"幻灯片母版"、"讲义母版"和"备注母版"3种类型。PowerPoint 2016的幻灯片编辑区和幻灯片母版编辑区分别如图1-25和图1-26所示。

图1-25　PowerPoint 2016的幻灯片编辑区

图1-26　PowerPoint 2016的幻灯片母版编辑区

1.2.6 状态栏和视图栏

在Office各组件的界面中，除了前面的功能区和编辑区外，还有状态栏和视图栏。

状态栏位于操作界面的最下方，用于显示与当前工作的状态和有关的信息；在视图栏中可以选择文件的查看方式和设置界面的显示比例。

由于Office各个组件具有不同的功能，其状态栏与视图栏在不同的组件中也有一定的区别。Word、Excel和PowerPoint的状态栏和视图栏如图1-27所示，图中左边部分是状态栏，右边部分是视图栏。

图1-27　Office 2016常用组件的界面中的状态栏和视图栏

> **提示**
> **Attention**
>
> **自定义状态栏**
> 默认情况下，Office 组件的状态栏只显示常见的几种状态，如果要使某个状态显示出来，则在状态栏右击，选择快捷菜单中需要显示的选项，选项前面有个 ✓ 符号，表示在状态栏中已显示该状态。

1.3 常用组件的共性操作
了解 Office 各大组件的相同操作和元素

Office 2016的各个组件虽然功能不完全相同，但在操作上还是有很多相通的地方。接下来将以Word 2016为例，介绍Office常用组件的共性操作。

1.3.1 启动与退出 Office 2016 组件

在使用Office组件开展工作前，需要懂得怎样启动和退出这些组件。在安装好Office 2016组件后，各个组件的启动与退出操作都几乎相同，以下是Word 2016的启动与退出操作。

1. 启动 Word 2016

启动Word 2016程序有以下两种方法。

◆ **通过菜单命令启动**：单击"开始"按钮，在弹出的菜单中选择"所有程序"命令，然后在弹出的子菜单中选择"Word 2016"命令即可，如图 1-28 所示。

◆ **通过桌面快捷方式图标启动**：如果已经为 Word 2016 添加了桌面快捷方式，双击该图标，或者在图标上右击，在弹出的快捷菜单中选择"打开"命令即可，如图 1-29 所示。

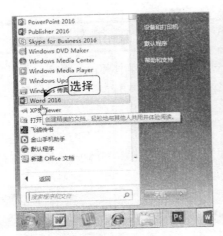

图1-28　选择程序命令

图1-29　双击桌面快捷图标

提示
Attention

启动 Office 组件的第 3 种方法

安装好 Office 组件后，系统中的 doc、docx、xls、xlsx 等文件会自动默认以最新版本的 Word 或 Excel 等打开，只需打开这类文件，即启动了相应的 Office 组件。

2. 退出 Word 2016

启动 Word 2016 程序后，如果需要退出该程序，可通过以下 4 种方法进行操作。

◆ **通过"文件"选项卡退出**：在程序主界面的"文件"选项卡中单击"关闭"按钮，如图 1-30 所示。如果只存在一个 Word 2016 窗口，单击"关闭"按钮只是关闭当前打开的文档，并不会关闭程序。

◆ **通过"关闭"按钮退出**：如果当前只打开一个应用程序窗口，可以单击程序界面右上角的"关闭"按钮退出，如图 1-31 所示。

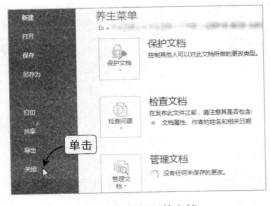

图1-30　关闭打开的文档

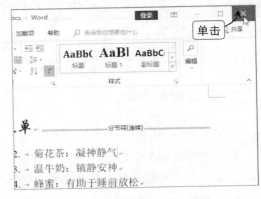

图1-31　单击"关闭"按钮

◆ **通过右击菜单退出**：如果当前只打开了一个应用程序窗口，可在程序主界面的标题栏处右击，选择"关闭"命令退出程序，如图 1-32 所示。

◆ **在任务栏中退出**：将鼠标光标移至任务栏的 Word 图标上右击，选择"关闭所有窗口"命令，可关闭所有打开的 Word 程序，如图 1-33 所示。

图1-32 通过右键菜单退出

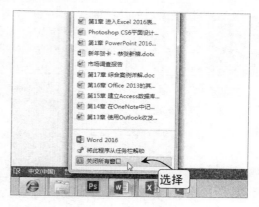

图1-33 在任务栏中退出

1.3.2 窗口的基本操作

在Office各组件中对窗口的基本操作主要包括窗口的打开和关闭，最小化、最大化和恢复窗口，改变窗口大小，移动和切换窗口。

◆ **打开和关闭窗口**：与前面介绍的程序启动与退出操作一致。在任务栏关闭窗口时，需要将鼠标光标放在任务栏图标上，以显示出所有窗口的缩略图，在缩略图的右上角单击"关闭"按钮关闭该窗口。

◆ **最小化、最大化和恢复窗口**：最小化、最大化和恢复窗口的操作都是通过程序界面右上角的窗口控制按钮进行的，如图 1-34 所示。

◆ **改变窗口大小**：将鼠标光标移动到窗口的四个角上时，鼠标光标会变为双箭头，此时按下鼠标左键进行拖动（将鼠标光标移到窗口四条边上，也可以进行拖动），可调整窗口的大小尺寸，如图 1-34 所示。

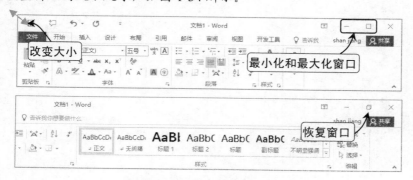

图1-34 窗口的基本操作

◆ **移动和切换窗口**：将鼠标光标移动到窗口的标题栏，按下鼠标左键进行拖动，当调整到理想位置时释放鼠标左键，即完成移动的操作；在桌面任务栏的窗口缩略图中，选择需要查看或编辑的窗口，即可进行窗口切换。

技巧
Skill

切换窗口的快捷键
切换窗口时，按【Alt+Esc】组合键可依窗口的排列顺序快速切换，按【Alt+Tab】组合键，会在桌面上出现一个所有窗口的缩略图，多次按【Alt+Tab】组合键进行窗口切换，切换时，桌面上的窗口也会随着切换，如图 1-35 所示。

图 1-35　按【Alt+Tab】组合键切换窗口

1.3.3　文件的基本操作与管理

在 Office 各组件的使用中，文件的基本操作贯穿始终，而各组件文件的基本操作大致相同，如新建文件、保存和命名文件、打开和关闭文件等。

1. 新建文件

如果要对 Word 文档进行编辑操作，需要新建一个空白的 Word 文档（根据需要，可以创建模板文档），才能在文档中输入文本、插入对象等。

运行 Word 2016 应用程序，在打开窗口的左侧窗格中，可以查看最近使用过的 Word 文档，单击"打开其他文档"按钮，可打开指定的 Word 文档。在右侧窗格的列表中，选择"空白文档"选项，即可新建一个空白文档，如图 1-36 所示。

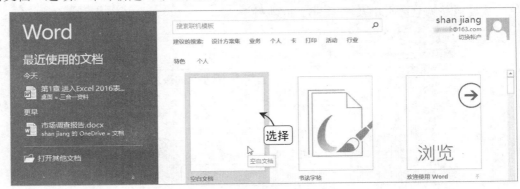

图 1-36　新建空白的 Word 文档

技巧
Skill

快速创建空白文档

启动 Word 程序，按【Ctrl+N】组合键可以快速新建空白的 Word 文档。打开 Word 文档后，单击"文件"选项卡，然后单击"新建"选项卡也可新建文档。

在Office 2016各组件中都提供了很多的模板，可以快速创建文档，如在Word中新建书法字帖、商业传单等类型的文档，在Excel中新建班级名册、财务报表等类型的工作表，在PowerPoint中新建环保、平面等模板和主题的演示文稿。

Office的模板文件都需要访问网络，如果需要创建模板文件，只需在新建文件界面的列表中，选择合适的模板类型，待Office从网络获取了该模板文件后，单击"创建"按钮即可。如果在列表中没有合适的模板，则可以使用搜索功能获取更多的联机模板。

2．保存并命名文件

创建文档后，应该将该文档及时保存，并为该文档命名，从而能避免电脑故障、错误操作等原因造成的数据丢失。

单击"文件"选项卡，切换到Backstage视图，然后单击"另存为"选项卡，选择该文档要保存的位置。

如果要保存到本地，直接在"另存为"选项卡中单击"浏览"按钮，如图1-37所示。

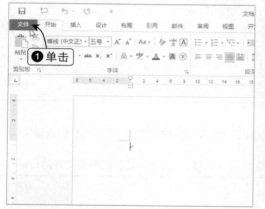

图1-37　保存Word文档

在打开的"另存为"对话框中，设置该文档要保存在电脑中的相应位置，在"文件名"文本框中输入文档的名称，如输入"会议通知单"，单击"保存"按钮即可保存该文档到对应位置。分别在"作者"文本框和"标记"文本框中可添加对应的作者和标记，如图1-38所示。

保存后所创建的空白文档名称会自动变成设置的"会议通知单"，如图1-39所示。

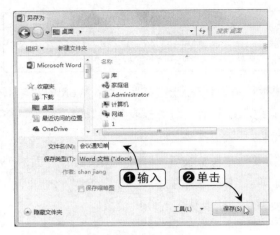

图1-38　保存文档的相关设置

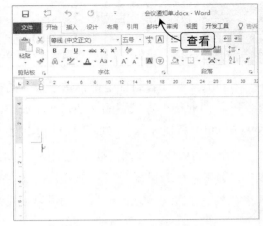

图1-39　保存后的Word文档

　　如果要将Word文档保存OneDrive云端中，则需要登录Microsoft账户。保存位置是一个网络地址，在"另存为"对话框中只需以默认的路径保存，如图1-40所示。

图1-40　将Word文档保存到OneDrive云端中

保存和命名文件

新建某个文件后，在快速访问工具栏中单击"保存"按钮🔲或按【Ctrl+S】组合键可以快速执行文件保存的操作。

如果已经保存过一次文件，再次进行保存操作时会将原文件覆盖，而不会打开对话框。

3．打开文件

　　Office常用组件的文件打开方式都是一样的，所打开的文件可以是最近使用过的文件，也可以是OneDrive云端或本地电脑中的文件，下面以打开本地电脑中的Word文档为例，介绍打开文件的具体方法。

操作演练：打开本地电脑中的文件

Step 01 单击"打开"选项卡

运行Word 2016程序，单击"文件"选项卡，然后单击"打开"选项卡。

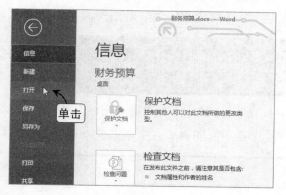

Step 02 选择文件位置

在"打开"窗格中直接单击"浏览"按钮，打开"打开"对话框。

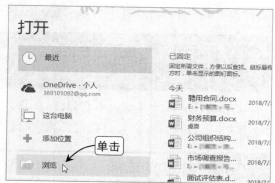

Step 03 打开文件

在对话框中指定文件的路径，选择要打开的文件，然后单击"打开"按钮即可将该文件打开。

> **指定打开的文件路径**
>
> 指定打开 OneDrive 云端或本地电脑中某个位置的文件时，都会列出最近访问的文件夹，选择这些文件夹可快速定位到该位置，然后选择所要打开的文件。

提示
Attention

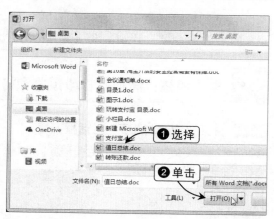

　　在打开最近使用的文件或指定最近访问的文件夹时，列表中的文件或文件夹路径是根据最近使用而变化的。可单击文件或文件夹路径后面的 📌 按钮将该项目固定在此列表，方便下次使用，如图1-41所示。

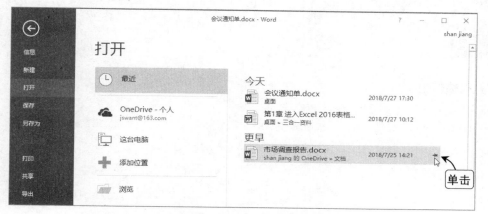

图1-41　固定最近使用的项目

4. 关闭文件

关闭文件是在结束文件的编辑或阅览文件完毕后进行的操作，与关闭程序或关闭窗口的方法基本一致，在关闭文件前一定要注意保存文件，防止关闭后数据丢失。

1.4 配置合适的界面
根据使用时的需要，配置适合自己的工作界面

Office各组件的界面大小有限，默认状态下只显示常用命令。如果需要用到其他的功能，则可以自己进行设置，并可自定义其他的相关环境，如界面颜色、输入语言等。

1.4.1 自定义功能区

自定义功能区是对功能区中的功能选项进行添加或撤销的操作，下面以添加"打印预览和打印"命令到"开始"选项卡为例进行介绍。

 操作演练：添加"打印预览和打印"命令到"开始"选项卡

Step 01 打开"Word 选项"对话框

运行Word程序，单击"文件"选项卡，然后单击"选项"按钮，打开"Word选项"对话框。

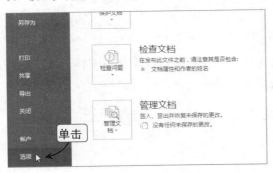

Step 02 单击"自定义功能区"选项卡

在该对话框中单击"自定义功能区"选项卡，切换到自定义功能区的界面。

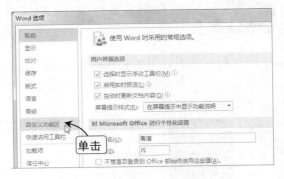

Step 03 创建新组

在"自定义功能区"列表框中选择"开始"选项，单击"新建组"按钮，新建名称为"新建组"的组。

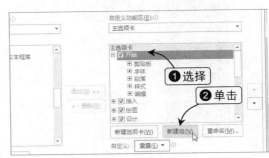

Step 04 重命名新建组

此时可以查看到新建的组，选择该新建的组，然后单击"重命名"按钮。

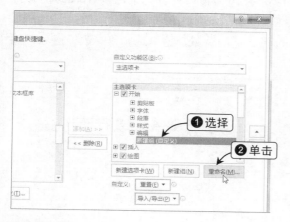

Step 05 输入新组的名称

在打开对话框的"显示名称"文本框中输入该组的名称"打印"，单击"确定"按钮。

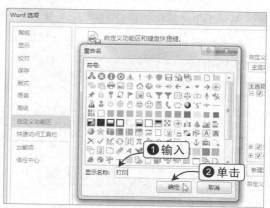

Step 06 添加命令

选择新建的"打印"组，在"常用命令"列表框中选择"打印预览和打印"选项，单击"添加"按钮。

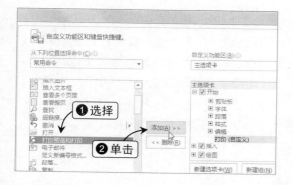

Step 07 完成操作

在"Word选项"对话框中单击"确定"按钮返回Word文档的主界面，此时在"开始"选项卡下就出现创建的"打印"组，并显示了该组中的"打印预览和打印"按钮。

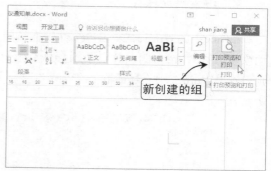

如果要将功能区的功能选项撤销，只需在"Word选项"对话框中，选择"自定义功能区"选项卡的"自定义功能区"列表框中需要撤销的选项，然后单击 "删除"按钮即可。

1.4.2 自定义其他选项

配置合适的界面不仅包括前面介绍到的自定义功能区和快速访问工具栏的设置，还可以常规、保存和高级等设置，这些设置都是通过"文件/选项"命令打开"选项"对话框进行设置。

在"选项"对话框中可进行的设置通常有更改文件的常规编辑选项、更改文件的保存选项、更改视图的显示状态、打印文件的属性设置和中文换行与语言编辑等。

1. 为 Office 组件设置背景

如果要为Office的常用组件设置更美观的界面，可为窗口设置背景，以Word为例。打开"Word选项"对话框，在"常规"选项卡的"对Microsoft Office进行个性化设置"栏中，单击"Office背景"列表框右侧的下拉按钮，选择合适的背景，这里选择"春天"选项，然后单击"确定"按钮，如图1-42所示。

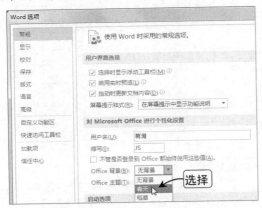

图1-42　为Office组件设置背景

2. 设置自动保存

Office中的Word、Excel等组件，在编辑时都有自动保存的功能，以便在出现故障时自动恢复。以Word为例，其自动保存恢复信息的时间间隔为10分钟，如果需要更改此设置，则可在"Word选项"对话框的"保存"选项卡中，设置保存自动恢复信息的时间，如图1-43所示。

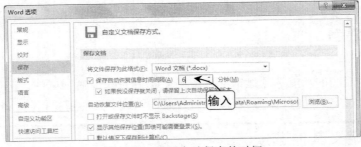

图 1-43　设置自动保存的时间

3. 其他设置

Office的各个组件功能不同，各自选项对话框的选项内容也有所不同，有些还有其组件特有的功能选项设置，如Excel中的"公式"选项卡，Word中的"显示"选项卡等，用户可根据自己的需要，定义合适的界面。

第 2 章

在 Word 2016 中编辑文档

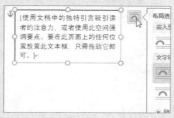

插入文本框并输入文本

$$e^x = 1 + \frac{x}{1!} + \frac{x^2}{2!} + \frac{x^3}{3!} + \cdots, \quad -\infty < x < \infty$$

在 Word 中输入公式

设置文档标题的字体格式

通过制表符制作表格

2.1 | 设置文档的页面
设置文档的页面属性，确定文档的页面版式

在文档中输入文本、插入对象前，需要先设置文档的页面属性，包括页面的大小、页面的边距、页面的版式和页面的边框样式等，确定文档页面的整体布局。设置文档的页面属性都可以在"页面布局"选项卡下完成。

2.1.1 设置页面的大小

Word文档的页面大小是以纸张类型衡量的，默认的大小是A4（21厘米×29.7厘米）。如果要更改页面的大小，在"页面布局"选项卡的"页面设置"组中单击"纸张大小"下拉按钮，选择要设定的纸张类型。这里以选择下拉列表中的"信纸"选项为例，如图2-1所示。

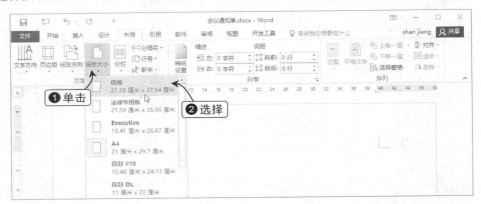

图2-1 设置页面的大小

2.1.2 设置页面的边距

页面边距是指页面中正文四周的空白区域，确定了可编辑文档区域的大小及正文到纸张边缘的距离。适当地设置页面边距，不仅能有效利用页面空间，还能美化页面。在"布局"选项卡的"页面设置"组中，单击"页边距"下拉按钮，在下拉列表中可选择合适的页边距。

"页边距"下拉列表中列举了普通、窄、适中、宽和镜像5种固定的页边距，每种页边距都显示了具体的大小，可以根据需要选择合适的类型。

如果没有合适的页边距，则可以自定义设置，选择"自定义边距"命令，打开"页面设置"对话框，然后在对话框的"页边距"选项卡中自定义设置页边距的上、下、左、右4个数值，单击"确定"按钮即可保存，如图2-2所示。

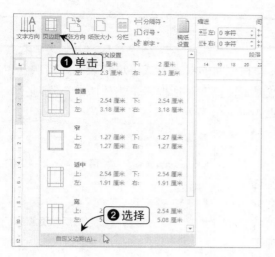

图2-2 自定义设置页边距

在"页面设置"对话框中，可以设置所有的页面属性，在设置文档的页面时，可以直接打开对话框进行设置，单击"页面设置"工具组中的"对话框启动器"按钮，即可打开"页面设置"对话框，如图2-3所示。

图2-3 打开"页面设置"对话框

用鼠标拖动水平或垂直标尺，也可以改变页边距的左右边距或上下边距，将鼠标光标移动至边距位置，当鼠标光标变成"↔"或"↕"形状时，按住鼠标左键不放，向左右或者上下拖动，即可改变对应的页边距。按住【Alt】键拖动可显示页边距和正文区域的度量值，如图2-4所示。

图2-4 拖动鼠标改变页边距

2.1.3 设置页面的版式

页面版式需要对节的起始位置、页眉页脚和页面的对齐方式等进行设置，需要在"页面设置"对话框中设置页面的版式。打开"页面设置"对话框，单击"版式"选项卡，即可设置相应的内容。一般需要设置页眉页脚距离页面边界的距离，页面垂直对齐方式等，如图2-5所示。

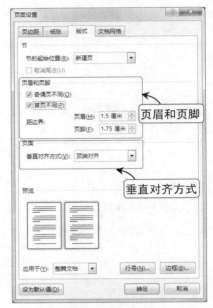

◆ **页眉页脚**：选中"奇偶页不同"复选框，可对文档中的奇数页和偶数页分别设置不同的页眉和页脚；勾选"首页不同"复选框，可对文档的首页单独设置页眉页脚；在"页眉"和"页脚"数值框中可分别设置页眉和页脚与页面边距之间的距离。

◆ **垂直对齐方式**：设置页面中的内容在垂直方向上的对齐方式，有"顶端对齐"、"底端对齐"、"居中"和"两端对齐"4种方式，"顶端对齐"方式是 Word 2016 默认的对齐方式，即页面中的内容都靠页面顶端对齐。

图2-5　设置页眉页脚和垂直对齐方式

行号是显示在边距中的数字，可以快速引用文档中的特定行。在"页面设置"对话框的"版式"选项卡中，单击"行号"按钮，在打开的对话框中设置是否添加行号及编号的方式等，单击"确定"按钮保存设置，如图2-6所示。

也可以在"布局"选项卡的"页面设置"工具组中，单击"行号"下拉按钮，在弹出的下拉列表中快速选择行号的编号方式，如图2-7所示。

图2-6　在对话框中添加行号　　　　图2-7　快速添加行号

提示
Attention

页面设置的应用

设置好页面后，需要将所设置的内容应用到整篇文档或者插入点之后，在"页面设置"对话框的每个选项卡下，均可将设置应用到某个位置，一般应用到默认的整篇文档即可。

2.1.4 设置页面的边框样式

Word 2016将原位于"页面布局"选项卡中的"页面背景"工具组整合到"设计"选项卡中。单击"设计"选项卡"页面背景"工具组中的"页面边框"按钮，打开"边框和底纹"对话框，如图2-8所示。

图2-8　打开"边框和底纹"对话框

在"边框和底纹"对话框的"页面边框"选项卡中，可对页面边框的样式、颜色、宽度以及是否应用艺术型等进行设置，单击"确定"按钮保存设置，如图2-9所示。

在"页面设置"对话框的"版式"选项卡中，单击"边框"按钮也可以打开"边框和底纹"对话框，如图2-10所示。

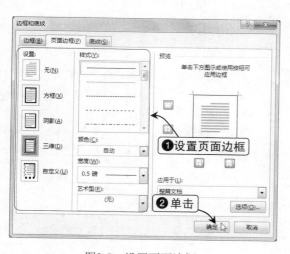

图2-9　设置页面边框

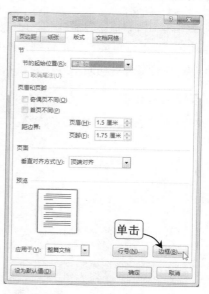

图2-10　打开"边框和底纹"对话框

设置文档的页面属性，包括设置文档中文字的方向和页面的方向。在"布局"选项卡的"页面设置"工具组中，单击"文字方向"下拉按钮，可选择文档中文字的方向；单击"纸张方向"下拉按钮，可选择页面的方向，如图2-11所示。Word文档默认的文字方向是水平方向，页面方向是纵向，一般保持默认设置即可。

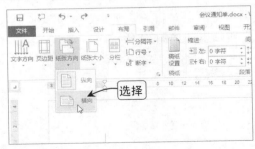

图 2-11　设置页面的文字方向和纸张方向

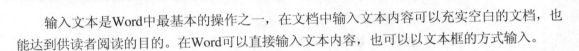

2.2 输入文本
在新建的文档中输入文本内容

输入文本是Word中最基本的操作之一，在文档中输入文本内容可以充实空白的文档，也能达到供读者阅读的目的。在Word可以直接输入文本内容，也可以以文本框的方式输入。

2.2.1 输入文本的常规方法

输入文本内容前，需要定位文本的插入点。新建的空白Word文档，默认的插入点在页面的最顶端，双击可将插入点定位到空白页面中的任意位置。在插入点输入文本内容后，插入点会随着输入的字符自动向右移动。输入文本内容可分为直接输入文本和插入文本两种。

◆　**直接输入文本**

在新建的空白文档中，直接在插入点输入文本内容。

◆　**插入文本**

将鼠标光标移动到文本的任意位置，当其变成I形状时，单击将文本插入点定位到该位置，即可在该位置输入文本内容。

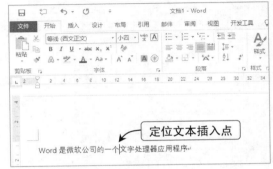

2.2.2 使用文本框输入文本

如果要对文档中的某部分内容使用独特的语言，以吸引读者注意，或者要对文档某部分内容添加摘要或引用，都可以使用文本框输入文本，在文本框中单独定义所输入文本的特殊格式。

在文本框中输入文本，需要先插入文本框，打开需要使用文本框的Word文档，单击"插入"选项卡"文本"工具组中的"文本框"下拉按钮，如图2-12所示。

图 2-12 单击"文本框"按钮

Word 2016中内置了很多文本框类型，在打开的下拉菜单中选择合适的文本框类型，这里选择第一种"简单文本框"选项，即可将"简单文本框"插入页面中，选中该文本，单击右侧的"布局选项"按钮，设置文本框在该页面中的布局方式，如图2-13所示。选中文本框中的占位文字，即可输入文本，拖动文本框四周的控制点可更改文本框的大小。

 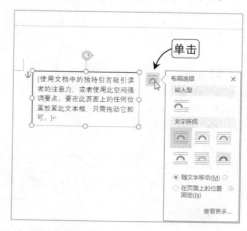

图 2-13 选择文本框的类型并设置布局

使用Word内置的文本框类型，其在该页面上的布局都根据文本框类型确定好了，可在"文本框"下拉列表中选择"绘制文本框"选项，手动绘制文本框，绘制的文本框默认的页面布局是"浮于文字上方"。

2.2.3 输入特殊符号

在编辑文档时，有些特殊的字符不能直接输入，如数学公式、罗马数字、制表符等，这些特殊的字符需要当作一个对象处理，在功能区的"插入"选项卡中插入。

1. 输入数学公式

在 Word 2016 功能区的"插入"选项卡中，单击"符号"组中的"公式"按钮（单击该按钮上方将插入新公式占位符，单击下拉按钮则弹出下拉菜单），可在下拉菜单中选择 Word 2016 内置的数学公式，如选择"二次公式"选项，如图 2-14 所示。

如果没有想要输入的公式，则可以选择"插入新公式"选项，在"公式工具—设计"选项卡中有输入新公式所要用到的符号和结构，使用对应的工具插入新公式，如图 2-15 所示。

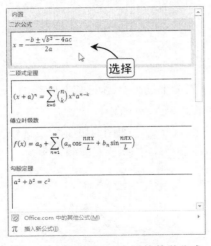

图 2-14　插入 Word 内置的数学公式

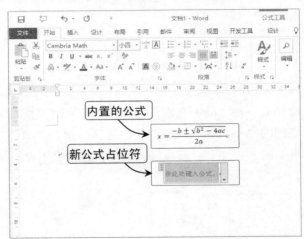

图 2-15　插入新公式

2. 输入特殊符号

在"插入"选项下的"符号"组中，单击"符号"按钮，可以选择列表中的特殊符号。如果列表中没有要输入的特殊符号，则选择"其他符号"命令，如图 2-16 所示。

图 2-16　选择其他符号

在打开的"符号"对话框的"符号"选项卡中，列举了大量特殊符号，在"子集"下拉列表中，选择要输入的符号类型，程序自动定位到所选的符号类型，这里选择货币符号，单击"插入"按钮，即可在插入点输入该特殊符号，如图2-17所示。单击"插入"按钮后，并不会关闭对话框，还可以选择其他的符号插入。

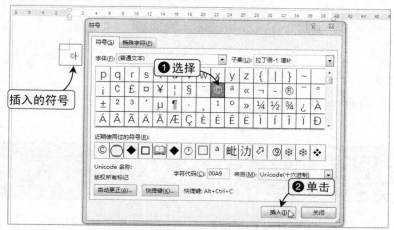

图 2-17　选择并插入特殊符号

在"特殊字符"选项卡中，列举了长画线、短画线、注册商标等特殊字符，某些特殊字符还显示了对应的快捷键，使用这些快捷键，可以快速插入对应的字符。

✕ 实战演练　在"数学试卷错误更改通知"文档中插入公式

已经创建好"数学试卷错误更改通知"文档，要求补充通知的内容（在通知内容上补充球的面积公式），演练在Word文档中输入文本和插入公式。

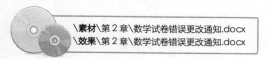

\素材\第 2 章\数学试卷错误更改通知.docx
\效果\第 2 章\数学试卷错误更改通知.docx

Step 01　定位插入点

打开"数学试卷错误更改通知"文档，将插入点定位到句号之前。

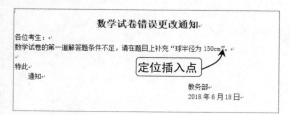

Step 02　输入文本

在插入点处输入"，球的面积公式为："文本。

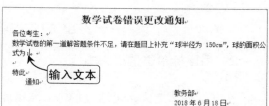

Step 03 单击"插入/公式"按钮

输入文本内容后，还需要在插入点插入圆的面积公式，单击"插入"选项卡"符号"工具组中的"公式"下拉按钮。

Step 04 选择球体表面积公式

在下拉菜单中选择"Office.com中的其他公式"命令，然后选择"球体表面积"选项，即可将球的面积公式插入到插入点。单击"保存"按钮保存文档。

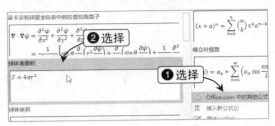

2.3 编辑文本
对已输入的文本进行修改

在文档中输入的文本内容，并不一定是完全正确的，可能存在输入错误，这时就要对已输入的文本内容进行编辑，修改文档中的错误，完善文档内容。

2.3.1 选择文本

要对错误的文本内容进行修改，需要先选择该文本内容，选择文本有以下4种方法。

1. 用鼠标拖动选择文本

拖动鼠标是选择文本最基本的方法之一，适用于较小范围内的文本选择。拖动鼠标可以灵活选择任意长度的文本，如图2-18所示。

图 2-18　用鼠标拖动选择文本

2. 用鼠标单击选择文本

在文档的选定区，可通过单击、双击或者三击选择不同范围的文本。将鼠标光标移动到选定区，待其变成形状，单击选择整行文本（拖动鼠标可以选择多行连续的文本），双击选择整段文本，三击选择整篇文档，如图2-19所示。

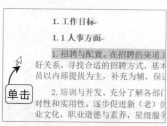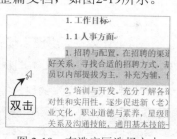

图 2-19 在选定区选择文本

在文本内也可选择文本，双击选择插入点位置的一个文字或者词组；三击可选择所在位置的整段文本，如图2-20所示。

图 2-20 在文本中选择文本

3. 用键盘配合鼠标选择文本

使用键盘上的按键配合鼠标可以进行更多样化的文本选择。

◆ 选择多个文本区域

用鼠标拖动选择一段文本后，按住【Ctrl】键，可继续选择多个位置的文本。

◆ 选择连续文本

将文本插入点定位到预选文本的起始位置，按住【Shift】键，在预选文档的末尾位置单击即可选中始末之间的所有连续文本。

◆ 选择矩形区域的文本

按住【Alt】键拖动鼠标可选择矩形区域内的文本，一般用作对某列文本的选择。

4. 用键盘选择文本

使用键盘可以快速选择文本，提高工作效率，用键盘选择文本需要先定位文本插入点，从插入点开始选择文本。下面列举了一些常见选择文本的快捷键，如表2-1所示。

表 2-1　键盘选择文本的快捷键

快 捷 键	功 能	快 捷 键	功 能
【Shift+→】	向右逐个选择字符	【Shift+Page Down】	选择至下一屏文本
【Shift+←】	向左逐个选择字符	【Shift+Page Up】	选择至上一屏文本
【Shift+↓】	点向下逐行选择字符	【Ctrl+Shift+Home】	选择至文档开头
【Shift+↑】	点向上逐行选择字符	【Ctrl+Shift+End】	选择至文档结尾
【Ctrl+Shift+→】	选择至单词末尾	【Alt+Ctrl+Shift+Page Down】	选择至窗口最末处
【Ctrl+Shift+←】	选择至单词开头	【Alt+Ctrl+Shift+Page Up】	选择至窗口开始处
【Shift+Home】	选择至行首	【Ctrl+A】	选择整篇文档
【Shift+End】	选择至行尾		

2.3.2　修改文本

选择需要修改的内容，直接输入正确的文本，即可将原来的内容覆盖。也可以使用改写功能对插入点之后的文本内容进行修改，在插入点输入的文本会自动覆盖插入点后的内容。

在状态栏中双击"改写"按钮或者按【Insert】键快速切换改写状态。在Word 2016的状态栏中，"改写"按钮是被隐藏的，如果要显示该按钮，可右击状态栏，然后选择"改写"选项，如图2-21所示。

图 2-21　选择"改写"选项

2.3.3　移动或复制文本

移动和复制文本是文档编辑过程中的常用操作，通过剪贴板将需要的内容移动后复制到目标区域。

◆ **移动文本**

选择需要移动的文本，单击"开始"选项卡"剪贴板"组中的"剪切"按钮，然后将文本插入点定位到要移动的位置，单击"剪贴板"组中的"粘贴"下拉按钮。

◆ **复制文本**

选择需要复制的文本，单击"开始"选项卡"剪贴板"组中的"复制"按钮，然后将文本插入点定位到目标位置，单击"剪贴板"组中的"粘贴"下拉按钮。

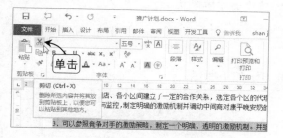

粘贴文本时，单击"粘贴"下拉按钮，可以选择所要移动或复制到目标区域的内容格式，一般选择"只保留文本"选项，让内容匹配目标区域的格式，如图2-22所示。如果选择"选择性粘贴"命令，在打开的对话框中可以选择更多的粘贴形式。

图 2-22 选择粘贴形式

技巧
Skill

移动和复制文本所用的快捷键

剪切的快捷键是【Ctrl+X】，复制的快捷键是【Ctrl+C】，粘贴的快捷键是【Ctrl+V】，合理利用这些快捷键可提高文档的编辑速度。

2.3.4 撤销与恢复操作

在文档编辑过程中，会出现输入错误的信息、误删了重要内容等情况。在Word中，如果出现了错误操作，可以撤销该操作。如果发现该操作没有错误，则可以恢复撤销的操作。

◆ **撤销操作**：单击快速访问工具栏中的"撤销"按钮，也可按【Ctrl+Z】组合键撤销错误的操作。

◆ **恢复操作**：单击快速访问工具栏中的"恢复"按钮，也可以按【Ctrl+Y】组合键恢复被撤销的操作。

撤销或恢复操作时，多次按"撤销"或"恢复"按钮可以依次撤销或恢复多步操作。单击按钮旁边的下拉按钮可快速选择需要撤销或恢复到指定的某一步，如图2-23所示。

图 2-23 撤销多步操作

2.3.5 查找和替换文本

在一篇长文档中，如果要查找某个内容，则可以使用Word的查找功能定位到查找的内容，然后进行修改操作；如果要对多处同一内容进行修改（所修改的内容也是一样的），则可以使用Word的替换功能，快速将多处内容替换为正确的内容。

1. 查找文本

查找文本可以在文档中查找任意字符，其方法如下所示。

 操作演练：查找"策划"文本

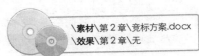
\素材\第 2 章\竞标方案.docx
\效果\第 2 章\无

Step 01 打开"查找和替换"对话框

在"开始"选项卡的"编辑"工具组中单击"查找"下拉按钮，选择"高级查找"命令打开"查找和替换"对话框。

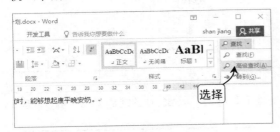

Step 02 查找文本

在该对话框的"查找"选项卡下的"查找内容"文本框中输入要查找的字符，如输入"策划"，单击"查找下一处"按钮开始查找。

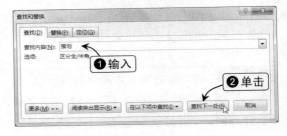

Step 03 完成查找

继续单击"查找下一处"按钮，直到打开对话框提示完成搜索，单击"是"按钮。在对话框中单击"阅读突出显示"按钮，可将查找的内容以黄色底纹突出显示。

 技巧 Skill

高级查找

单击"查找和替换"对话框左下角的"更多"按钮，可以打开一个下拉面板，可设置更多的搜索选项。

2. 替换文本

替换文本就是将文档中的某个内容（字、词或者句子等的某一部分）替换为另一个内容，是查找文本的进一步操作。

替换操作是在"查找和替换"对话框中进行的，单击"替换"选项卡，在"查找内容"文本框中输入要被替换的内容，在"替换为"文本框中输入要替换为的内容，然后单击"全部替换"按钮替换所有内容，如图2-24所示，也可以单击"查找下一处"按钮逐一替换。

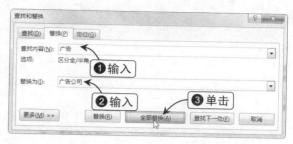

图 2-24 替换文本

实战演练 修改"节约奖惩管理制度"文档

前面介绍了编辑文本的常用方法，下面通过实战来修改"节约奖惩管理制度"文档。文档中第一点的第2点标题和第3点标题的内容写反了，并将"时间"写成了"世间"，要将文档修改正确。

\素材\第2章\节约奖惩管理制度.docx
\效果\第2章\节约奖惩管理制度.docx

Step 01 复制第 2 点的标题

打开"节约奖惩制度管理"文档，选择第2点的标题，单击"开始"选项卡中的"复制"按钮。

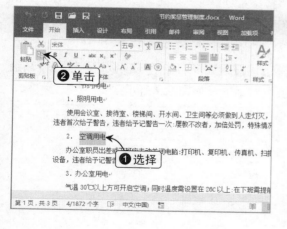

Step 02 粘贴到第 3 点的标题

选择第3点的标题，在"粘贴"下拉列表中选择"只保留文本"选项。

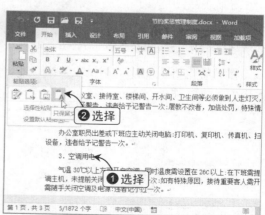

Step 03 修改第 2 点的标题

再次选择第2点的标题，输入"办公室用电"文本覆盖原来的内容。

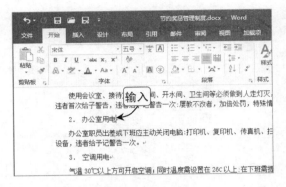

Step 05 替换错误内容

在对话框的"替换"选项卡中输入查找内容和替换内容，单击"全部替换"按钮，在打开的提示对话框中单击"确定"按钮。完成后单击"保存"按钮保存修改的文档。

Step 04 打开"查找和替换"对话框

在"开始"选项卡的"编辑"组中，单击"替换"按钮。

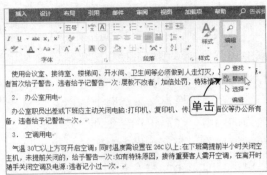

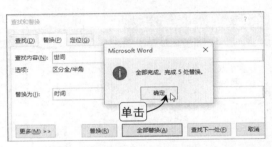

2.4 导航窗格的使用
使用导航窗格快速编辑长文档

导航窗格如同文档的浏览指南，提供了标题、页面和搜索结果3种模式，单击对应的模式显示相应的结果。在"视图"选项卡的"显示"工具组中，选中"导航窗格"复选框可显示导航窗格，如图2-25所示。

在导航窗格也能使用查找和替换功能，单击"搜索更多功能"下拉按钮，选择"高级查找"或"替换"命令，可打开"查找和替换"对话框，如图2-26所示。

图 2-25　打开导航窗格

图 2-26　打开"查找和替换"对话框

2.4.1　定位到文本

在导航窗格的"快速搜索"文本框中，输入关键字（词）后就会自动在文档中搜索，并以黄色底纹标记出来。

在"标题"模式下，该关键字（词）所在的标题也会以黄色底纹标记；在"结果"模式下会列举关键字（词）在文档中的位置。在导航窗格选择这些标记或结果，可以快速定位到文本位置，如图2-27所示。

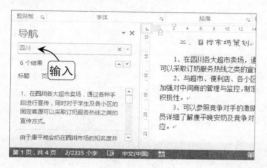
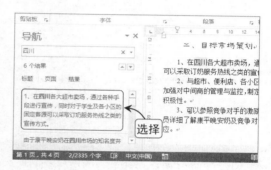

图 2-27　定位到文本

2.4.2　快速编辑长文档

在编辑长文档时，可以使用导航窗格快速定位到编辑位置，提高工作效率。定位的对象可以是某一个章节或某一个页面，也可以是页面中的特定对象（如图形、表格等），通过切换标题、页面和结果3种模式进行操作。

◆ **定位章节**：单击导航窗格中的"标题"按钮，列出文档的各级标题，选择需要查看或编辑的章节，文档快速跳转到该章节，如图 2-28 所示。

◆ **定位页面**：单击导航窗格中的"页面"按钮，显示文档各页的缩略图，选择需要查看或编辑的页面，文档便自动跳转到该页面，如图 2-29 所示。

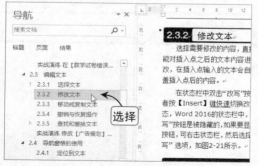

图 2-28　定位章节

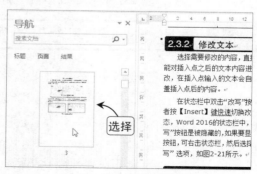

图 2-29　定位页面

◆ **定位特定对象**：定位特定对象是指文档中的图形、表格、公式或批注等对象。单击"搜索更多内容"下拉按钮，在下拉列表中选择需要查找的对象，这些对象只能在"标题"和"页面"模式下显示。标题模式下查找到的对象呈突出显示，页面模式下列举出了含有该对象的页面，选择对应的标题或页面可快速定位到该对象，如图 2-30 所示。

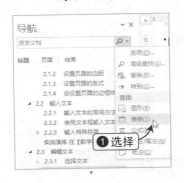 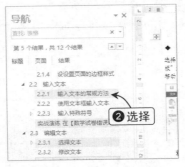 

图 2-30　定位特定对象

如果在定位章节时，"标题"按钮下没有显示导航，可能是文档中的内容没有定义大纲级别，则可以在段落中设置大纲级别，该设置将在设置文本的段落格式中介绍。

2.5 | 设置文本的字体格式
设置文档的字体格式，让文本更具表现力

设置文档的字体格式是对字体的外观进行设置，包括字体、字号、字形、颜色、边框和底纹等。

字体是指文字的风格样式，常见的字体有宋体、楷体、黑体等，可通过更改字体、字体的颜色等获取不同的表现力。

字号是指文字的大小，中文字体的字号从最大的初号到最小的八号共16个级别，西文字体以磅为单位。改变字形可通过加粗、加下画线、倾斜、加粗并倾斜等实现。

2.5.1　使用"迷你工具栏"设置字体格式

"迷你工具栏"可以方便快速地设置字体格式，在文档编辑区右击（右击的快捷菜单上方）或者选择一段文本，打开"迷你工具栏"浮窗，如图2-31所示。

图 2-31　迷你工具栏

Word 2016将项目符号和编号两种段落的格式设置工具加入该工具栏，代替了较早版本的缩进和对齐方式。设置字体、字号、加粗、颜色等是"迷你工具栏"中常用的字体格式设置工具，还新加入了"样式"设置工具，可以快速为所选内容定义样式。

如果要为选定的内容快速设置字体格式，则只需在"迷你工具栏"中单击对应的按钮或在下拉列表中选择，如设置字体颜色，单击"字体颜色"按钮可为字体设置颜色，单击"字体颜色"下拉按钮，可以设置更多的颜色。

2.5.2 使用工作组设置字体格式

字体的格式是在"开始"选项卡的"字体"工具组中进行设置的，其方法与"迷你工具栏"相同。但工具组中的字体格式设置更为全面，除了常用的格式设置，还包括字体上下标、边框和底纹等设置。

◆ **设置字号**：选择需要设置字号的文本，在"开始"选项卡的"字体"工具组中，单击"字号"下拉按钮，在弹出的下拉列表中选择合适的字号，如图 2-32 所示。

◆ **加粗字体**：选择需要加粗字体的文本，在"开始"选项卡的"字体"工具组中单击"加粗"按钮，如图 2-33 所示。

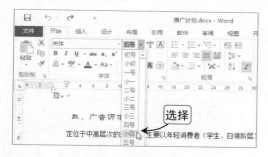

图 2-32　设置字号

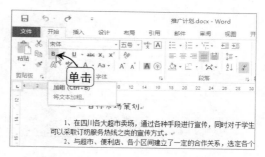

图 2-33　加粗字体

◆ **添加下画线**：选择需要添加下画线的文本，在"开始"选项卡的"字体"工具组中，单击"下画线"按钮，为所选的文本添加下画线，如图 2-34 所示，也可以单击"下画线"按钮右侧的下拉按钮，选择下画线的类型。

◆ **添加底纹**：选择需要添加底纹的文本，在"开始"选项卡的"字体"工具组中，单击"字符底纹"按钮为所选的文本添加底纹，如图 2-35 所示。

图 2-34　添加下画线

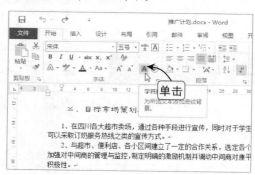

图 2-35　添加底纹

2.5.3　在对话框中详细设置字体格式

　　如果要对字体进行更为详细和精确的设置，可以在"字体"对话框中完成。单击"字体"工具组中的"对话框启动器"按钮，即可打开"字体"对话框，如图2-36所示。

图 2-36　打开"字体"对话框

　　在打开的对话框中，单击"字体"选项卡，可以进行常规的字体格式设置，还可以设置字体的效果；单击"高级"选项卡，可以对字符间距等进行设置，如图2-37所示。

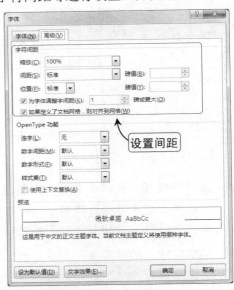

图 2-37　在"字体"对话框中设置字体格式

✖ 实战演练　设置"新员工培训计划"文档的字体格式

　　前面介绍了设置文档中字体格式的方法，下面对"新员工培训计划"文档中的字体格式进行设置。

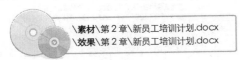

　　\素材\第 2 章\新员工培训计划.docx
　　\效果\第 2 章\新员工培训计划.docx

Step 01　设置标题格式

打开"新员工培训计划"文档并选择标题，在"开始"选项卡的"字体"工具组中设置字体格式为"黑体、四号"，单击"加粗"按钮加粗标题。

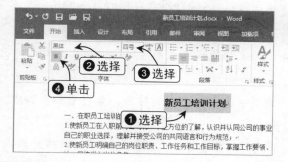

Step 02　设置二级标题格式

选中所有二级标题，设置字体格式为"黑体、小四"。单击"字符底纹"按钮，为标题添加灰色底纹。

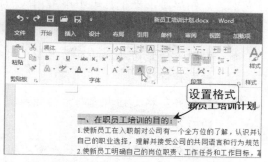

Step 03　设置数字编号的格式

按住【Alt】键选中培训方式下的数字编号，在"迷你工具栏"中单击"倾斜"按钮。

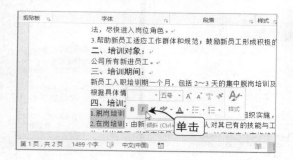

Step 04　设置字体颜色

选中培训对象的内容，在"迷你工具栏"中设置字体颜色为"红色"。

2.6　设置文档的段落格式

为文档设置段落格式，突出文档的结构层次

设置文档的段落格式是为了使文档的结构更加鲜明、有层次感。段落设置包括段落的对齐方式、行间距、段间距、段落缩进和中文版式等。

2.6.1　使用工具组设置段落样式

在"开始"选项卡的"段落"工具组中可快速设置文档的段落格式，可设置的内容如图 2-38 所示。

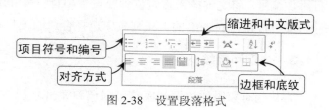

图 2-38　设置段落格式

1. 对齐方式

Word中的对齐方式有5种，分别是左对齐、居中、右对齐、两端对齐和分散对齐。选择文本后，在"段落"工具组中单击相应的按钮即可设置，5种对齐方式的含义如下。

◆ **左对齐**：将内容与左边距对齐，常用于正文文本，使文档更易于阅读。

◆ **居中**：使文档内容在页面上居中对齐，为文档提供正式的外观，通常用于封面、引言和标题。

◆ **右对齐**：将文档内容与右边距对齐，常用于小部分内容的对齐，如页眉和页脚中的内容。

◆ **两端对齐**：使文档内容在左右边距之间均匀分布，并使内容分别与左右边距对齐，这种对齐方式也能使文档内容排列整齐干净，但如果最后一行内容较短，会在字符之间添加额外的空格，以匹配段落宽度。

◆ **分散对齐**：使文档内容在边距之间均匀分布，这种对齐方式使文档内容排列整齐干净，更加优雅。

对同一文档内容采用不同的对齐方式，其效果如图2-39所示。

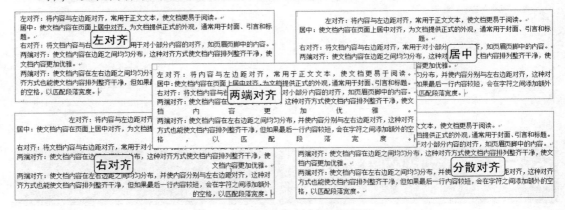

图 2-39　不同对齐方式的不同效果

2. 项目符号和编号

如果文档中有一组并列关系的段落，则可在各段前面添加项目符号，还可以为这些项目添加编号。将文本插入点定位到要设置项目符号和编号的段落，单击"项目符号"或"编号"下拉按钮，在弹出的下拉列表中选择合适的项目符号或编号样式。

3. 边框和底纹

为某些对象添加边框和底纹可强调和突出显示该对象，这些对象可以是文字、段落、表格或整个页面等，选择需要添加边框和底纹的对象，在"段落"工具组中单击"底纹"或"边框"下拉按钮，在弹出的下拉列表中进行设置，添加了底纹和边框的文字如图2-40所示。

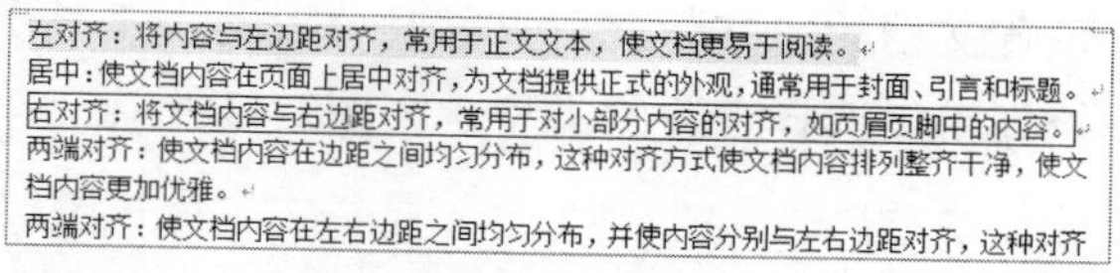

左对齐：将内容与左边距对齐，常用于正文文本，使文档更易于阅读。
居中：使文档内容在页面上居中对齐，为文档提供正式的外观，通常用于封面、引言和标题。
右对齐：将文档内容与右边距对齐，常用于对小部分内容的对齐，如页眉页脚中的内容。
两端对齐：使文档内容在边界之间均匀分布，这种对齐方式使文档内容排列整齐干净，使文档内容更加优雅。
两端对齐：使文档内容在左右边距之间均匀分布，并使内容分别与左右边距对齐，这种对齐

图 2-40　添加底纹和边框的效果

2.6.2　设置段落缩进

段落缩进是指段落左右两边的文字与页边距之间的距离。在Word 2016中有以下4种缩进方式。

◆ **左缩进**：设置段落左边的文字与页面左边距之间的距离。

◆ **右缩进**：设置段落右边的文字与页面右边距之间的距离。

◆ **首行缩进**：设置段落第一行的缩进距离，一般用于一段文字开头，缩进两个字符。

◆ **悬挂缩进**：设置段落中除了第一行的缩进距离。

在"段落"工具组中单击"缩进"按钮只能设置左缩进和右缩进，如果要进行首行缩进或悬挂缩进，需要打开"段落"对话框。在对话框中可设置更为精确的段落缩进，单击"段落"工具组中的"对话框启动器"按钮即可打开对话框。

在"段落"对话框的"缩进和间距"选项卡中，可设置文本的对齐方式、段落缩进、间距等内容，设置段落缩进只需在"左侧"（左缩进）和"右侧"（右缩进）数值框中输入数值，如果要设置特殊的缩进方式，则应该在"特殊格式"下拉列表中选择缩进方式并设置缩进值，如图2-41所示。

图 2-41　设置段落缩进

如果不需要进行精确的段落缩进，则可在水平标尺上手动拖动设置段落缩进，标尺上的缩进方式如图2-42所示。

图 2-42　在水平标尺上设置段落缩进

2.6.3　设置文档的中文版式

中文版式是用来设置段落中文字的特殊排列方式，如纵横混排、合并字符、双行合一

等。设置文档的中文版式，只需在"段落"工具组中单击"中文版式"下拉按钮，在弹出的下拉列表中选择合适的类型，如图2-43所示。

图 2-43　设置中文版式

◆ **纵横混排**：纵横混排是将所选文本的方向更改为水平，并保持其他文本的方向为垂直。选择要纵横混排的文字，单击"中文版式"下拉按钮，在弹出的下拉列表中选择"纵横混排"命令，在打开的对话框中取消选中"适应行宽"复选框，单击"确定"按钮，操作及效果如图 2-44 所示。

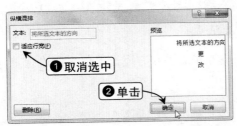

图 2-44　设置纵横混排及其效果

◆ **合并字符**：合并字符是将选中或即将输入的多个字符合并为一个字符。选择需要合并的字符（最多 6 个字），在"中文版式"下拉列表中选择"合并字符"命令，然后在打开的对话框中进行字体和字号的设置，单击"确定"按钮，操作及效果如图 2-45 所示。

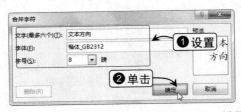

图 2-45　设置合并字符及其效果

◆ **双行合一**：双行合一是将所选或输入的文字排列成两行，并放在同一行中编排。选择需要设置的内容，在"中文版式"下拉列表中选择"双行合一"命令，然后在打开的对话框中，选中"带括号"复选框并选择括号样式（也可以不选中该复选框），单击"确定"按钮，操作和效果如图 2-46 所示。

 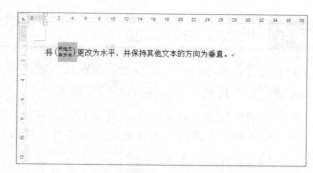

图 2-46　设置双行合一及其效果

◆　**调整宽度**：选择需要调整宽度的文字，在"中文版式"下拉列表中选择"调整宽度"命令，然后在打开的对话框中设置新文字的宽度，单击"确定"按钮，操作及效果如图 2-47 所示。

图 2-47　调整宽度及其效果

◆　**字符缩放**：字符缩放是要调整所选文字的比例。选择要调整比例的文字，在"中文版式"下拉列表的"字符缩放"子菜单中选择合适的比例，如图 2-48 所示。

打开"字体"对话框
在"字符缩放"子菜单中，选择"其他"命令可以打开"字体"对话框对字体进行设置。

图 2-48　设置字符缩放

2.6.4　设置文档的大纲级别

设置文档的大纲级别，使用导航窗格快速定位时，可以快速提出文档的目录，大纲级别是在"段落"对话框中进行设置的。选择要设置大纲级别的段落，在对话框的"缩进和间距"选项卡的"大纲级别"下拉列表中选择级别，如图2-49所示。

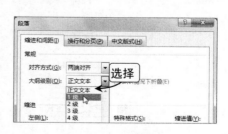

图 2-49　设置大纲级别

2.6.5 设置文档制表位

制表位是指水平标尺上的位置，在Word文档中进行排版时，可以通过制表位对不连续的文本进行整齐排列，制表位有以下3个要素。

◆ **制表位位置**：通常用制表符来标识、确定字符的起始位置，如确定制表位位置为 8 字符时，在该制表位处输入的字符是从标尺上的 8 字符处开始，然后按照指定的对齐方式向右依次排列。

◆ **对齐方式**：与段落的对齐方式一致，只是增加了小数点对齐和竖线对齐方式。在水平标尺的左端单击"制表符选择"按钮切换缩进和对齐方式。选择小数点对齐方式之后，可以保证输入的数值是以小数点为基准对齐；选择竖线对齐方式时，在制表位处显示一条竖线，在此处不能输入任何数据。

◆ **前导字符**：它是制表位的辅助符号，用来填充制表位前的空白区间。如在书籍的目录中，就经常利用前导字符来索引具体的标题位置。前导字符有实线、粗虚线、细虚线和点画线 4 种样式。

可以直接在水平标尺上创建制表位，只需在水平标尺的对应位置单击。如果要取消制表位，则将制表位拖到文本区即可。下面以使用制表位制作生产销售表为例，介绍使用制表位制作无框线表格的方法。

 操作演练：使用制表位制作生产销售表

\素材\第 2 章\无
\效果\第 2 章\生产销售表.docx

Step 01 新建 Word 文档

新建空白的Word文档，输入文本"生产销售表"，并设置文本格式为"黑体、四号、加粗、居中对齐"，然后按【Enter】键换行。

Step 02 设置制表位的位置

单击"制表位选择"按钮，切换到左对齐式制表符，在标尺2个字符位置单击，确定第一个制表位位置，再切换到居中对齐，分别在8、16、24、32个字符处单击确定位置。

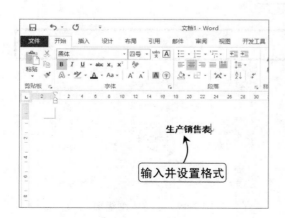

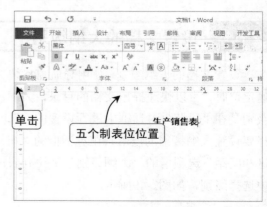

Step 03 输入文本

将第二行文本的格式设置为"等线、五号、取消加粗、两端对齐",按【Tab】键,定位到第一个制表位位置,输入文本"车间",再次按【Tab】键定位到下一个位置,输入文本"生产数量",以同样的方法输入其他文本。

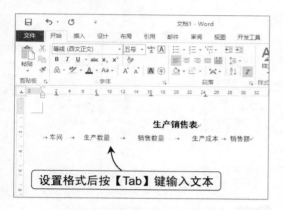

设置格式后按【Tab】键输入文本

Step 04 完成制作

按【Enter】键换行,以第三步的方法输入表格中的文本和数据,然后按【Enter】键换行继续输入表格中的其他文本和数据,最后将文档保存为"生产销售表"完成制作。

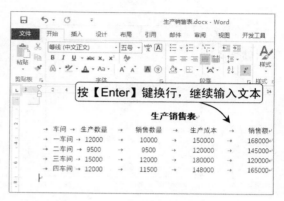

按【Enter】键换行,继续输入文本

通过"制表位"对话框可以精确创建文档的制表位,而制表位中的前导字符只能在该对话框中进行设置。在"段落"对话框的"缩进和间距"选项卡中单击"制表位"按钮,打开"制表位"对话框,也可以双击已设置的制表符打开对话框,如图2-50所示。

在"制表位位置"文本框中可输入要定位的具体位置,默认制表位为2字符;在"对齐方式"选项组中可以选择制表位的对齐方式;在"前导符"选项组中可以选择需要的前导字符,默认状态为选中"无"单选按钮,以 → 形状的箭头显示在文档中,如果选中后面的单选按钮,则会在箭头的下方显示前导符的样式。设置完成后,单击"设置"按钮创建制表符,单击"确定"按钮保存并关闭对话框。

图 2-50　"制表位"对话框

![实战演练图标] 实战演练　设置"公司行政部工作计划"文档的段落格式

已经为"公司行政部工作计划"文档设置好字体格式,要求为该文档设置段落格式,使文档内容更加鲜明,突出层次感。

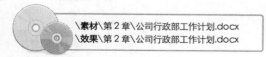

\素材\第 2 章\公司行政部工作计划.docx
\效果\第 2 章\公司行政部工作计划.docx

Step 01 设置一级标题的格式

打开"公司行政部工作计划"文档，选择标题文本，打开"段落"对话框，设置对齐方式为居中、大纲级别为1级，然后设置段前段后的间距均为0.5行，设置1.5倍行距，单击"确定"按钮。

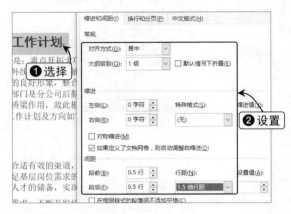

Step 02 设置二级标题的格式

选择所有的二级标题，打开"段落"对话框，设置对齐方式为左对齐、大纲级别为2级，然后设置段前段后的间距分别为0.3行和0.2行，设置单倍行距，单击"确定"按钮。

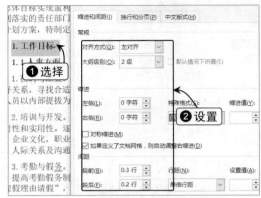

Step 03 设置段落首行缩进

将文本插入点定位到段落开头，拖动水平标尺上的"首行缩进"滑块到两个字符的位置，以同样的方式为其他段落设置首行缩进。

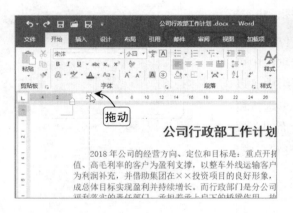

Step 04 为同类型的段落添加项目符号

选中文档中相连续的同类型段落，在"段落"工具组中单击"项目符号"下拉按钮，选择合适的项目符号，然后为其他段落添加项目符号。

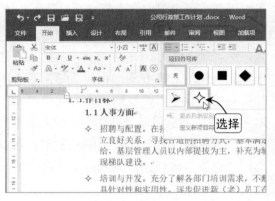

Step 05 完成格式设置

选中文档中的落款文本，单击"段落"工具组中的"右对齐"按钮，将其设为右对齐。文档中其他内容不需要再设置，单击"保存"按钮保存文档。

2.7 分割文档
分割文档中的页面，以获得不同的页面效果

在Word中，可以使用分隔符分割文档来获得不同的页面效果，为文档设置的分隔符有分页符和分节符两种类型。

如果要在文档的某个位置插入分隔符，则只需在"布局"选项卡的"页面设置"工具组中，单击"分隔符"下拉按钮，在列表中选择需要插入的分隔符类型，如图2-51所示。

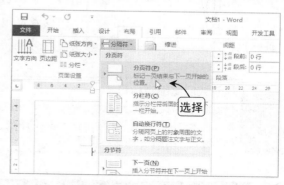

图 2-51　插入分隔符

2.7.1 在文档中使用分页符

Word 文档会自动在每页末添加分页符，具体位置取决于为页面设置的页边距位置。分页符有 3 种类型，分别是分页符、分栏符和自动换行符。

◆ **分页符**：如果在文档的某个位置插入分页符，则文档内容将在此处终止，其他的内容从下一页开始。

◆ **分栏符**：如果在文档的某个位置插入分栏符，则分栏符后面的文字将从下一栏开始。

◆ **自动换行符**：如果在文档的某个位置插入自动换行符，则该行的内容将在此处终止，其他的内容从下一行开始。

2.7.2 在文档中使用分节符

在Word中，默认一篇文档就是一个"节"，设置某一页的版式，其他的页面也会以相同的版式显示。比如，在文档中插入页眉，所有的页面都会有相同的页眉。如果把一篇文档分为多节，则可按节设置多种不同的页面版式。分节符有4种不同的类型。

◆ **下一页**：在当前文本插入点处插入分节符，从下一页开始新节。如果想在不同页面上分别应用不同的页码样式、页眉和页脚，或想改变页面的纸张方向、纸型、纵向对齐方式，则可以使用这种分节符。

◆ **连续**：在当前文本插入点处插入一个分节符，但不会强制分页，新节将在分节符后开始。如果分节符前后的页面设置不同，选择使用"连续"分节符后，则 Word 就会在分节符处强制文档分页。

◆ **偶数页**：在当前文本插入点处插入分节符后，从下一个偶数页开始新节。

◆ **奇数页**：在当前文本插入点处插入分节符后，从下一个奇数页开始新节。

Word将段落格式存储在段落末端的段落标记里，节的格式存储在节末尾的分节标记里。插入"分节符"后，要使当前"节"的页面设置与其他"节"的页面设置不同，可在"页面设置"对话框中的"应用于"下拉列表框中选择"本节"选项即可。

如果要删除分隔符，则将插入点定位到分割符标记之前，按【Delete】键即可。

显示或隐藏编辑标记

如果要显示或隐藏编辑标记，则只需在"开始"选项卡的"段落"组中单击"显示/隐藏编辑标记"按钮，如图 2-52 所示。

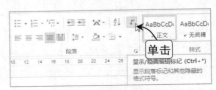

图 2-52　显示/隐藏编辑标记

2.8　创建目录和索引
为文档创建目录和索引，方便对文档进行查阅和编辑

在Word文档中，创建目录可以提供文档的概述，方便用户对文档查阅和编辑；创建索引可以列出某些特定内容在文档中的位置，能快速查看这些内容。

2.8.1　为文档创建目录

在Word文档中，如果为文档设置了大纲级别，则可以使用Word内置的目录样式引用目录。单击"引用"选项卡下"目录"工具组中的"目录"按钮，在弹出的下拉菜单中可选择Word内置的目录样式，也可以选择"自定义目录"命令，打开"目录"对话框设置所需引用的目录样式。

如果修改了文档中的内容，则需要更新目录。可在"引用"选项卡的"目录"工具组中单击"更新目录"按钮，目录将自动更新，如图2-53所示。该功能只适用于根据大纲级别自动引用的目录，手动创建的目录不能自动更新。

图 2-53　更新目录

下面以为"清河公司员工手册"文档创建目录为例，介绍创建目录的具体方法。

\素材\第 2 章\清河公司员工手册.docx
\效果\第 2 章\清河公司员工手册.docx

 操作演练：创建目录操作

Step 01 插入空白页

打开"清河公司员工手册"文档，在创建目录前，需要将目录的内容单独放在一页上，一般目录是放在正文的前面，以第2页为例，单击"插入"选项卡下"页面"工具组中的"空白页"按钮。

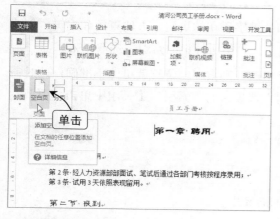

Step 02 打开"目录"对话框

将文本插入点定位到插入的空白页中，单击"引用"选项卡下"目录"工具组中的"目录"按钮，在下拉列表中选择"自定义目录"命令，打开"目录"对话框。

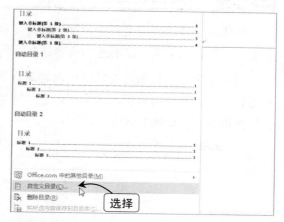

Step 03 设置目录样式

在打开的对话框中，保持选中"显示页码"和"页码右对齐"复选框，设置目录的格式和显示级别，单击"选项"按钮进行更多设置。

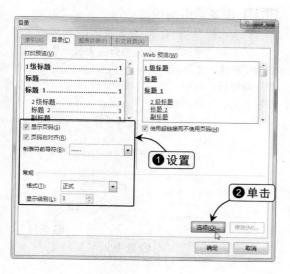

Step 04 设置大纲级别对应的目录级别

在打开的"目录选项"对话框中，设置大纲级别对应的目录级别，一般同一级大纲对应同一级目录，也可以按照自己的要求更改，然后单击"确定"按钮。

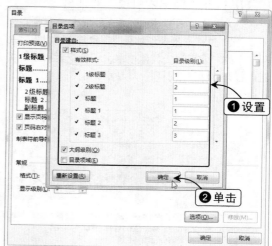

Step 05 完成目录制作

设置完成后，在"目录"对话框中单击"确定"按钮，Word自动在新建的空白页上创建目录，通过目录可以快速查阅文档和获取需要编辑的章节位置，单击"保存"按钮保存文档。

2.8.2 为文档创建索引

创建索引是要列出文档中的某些关键字和关键字所在的页码，方便查阅和编辑。创建索引需要标记索引项，将所选的内容添加到索引，再把所标记的索引项提取出来。

创建索引后，如果对文档中的内容进行了更改，则索引的位置就可能不准确，此时需要更新索引。选择需要更新的索引，在"引用"选项卡的"索引"工具组中单击"更新索引"按钮即可，如图2-54所示。

图 2-54 更新索引

下面以在"产品责任事故处理"文档中创建索引为例，介绍创建索引的具体方法。

 操作演练：创建索引

\素材\第2章\产品责任事故处理.docx
\效果\第2章\产品责任事故处理.docx

Step 01 打开"标记索引项"对话框

打开"产品责任事故处理"文档，选择需要索引的内容，如"1、产品责任事故"，然后在"引用"选项卡下的"索引"工具组中单击"标记索引项"按钮，打开"标记索引项"对话框。

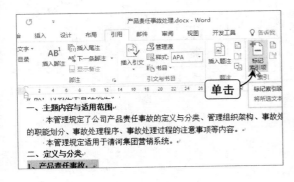

Step 02 设置索引的格式

在该对话框的"主索引项"文本框中右击，选择"字体"命令在"字体"对话框中为主索引设置字体格式为"宋体、常规、5号"，确认后返回"标记索引项"对话框，选中"倾斜"复选框，单击"标记"按钮，将其他标题按同样方法进行设置。

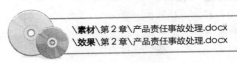

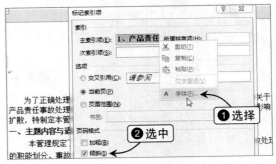

Step 03 提取标记的索引项

将文本插入点定位到索引的创建位置，如文档的末尾，然后在"索引"工具组中单击"插入索引"按钮，打开"索引"对话框，选中"页码右对齐"复选框，在"制表符前导符"下拉列表框中设置前导符的类型，在"排序依据"下拉列表框中设置排序依据。

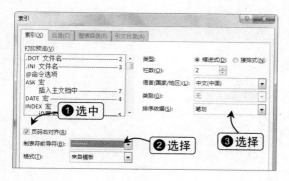

Step 04 完成索引的创建

单击"确定"按钮返回文档编辑区，在文档的末尾位置就可看到创建的索引，完成所有操作。

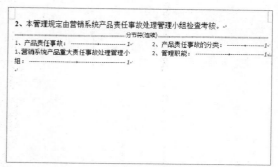

技巧 Skill

删除索引

如果某个索引内容不再使用，则选择需要删除的索引项，按【Delete】键即可删除，如果要删除全部索引项，则可将插入点定位到索引内容的分节符前，按【Delete】键删除。

第 3 章

特殊文档的编排操作

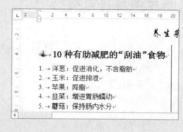

文档分栏编排的效果

首字下沉的效果

为文档添加页眉的效果

通过邮件合并生成发件人名单

3.1 | 设置项目符号和编号

为文档添加项目符号和编号，使文档更具表现力

上一章在设置文档的段落格式时介绍了添加项目符号和编号，本章将进一步介绍项目符号和编号的具体用法。

3.1.1 自定义设置图片项目符号

Word 文档中内置有几种常用的项目符号供用户快速添加，如果想要文档的表现形式更加活泼生动，则可以设置项目符号的类型，下面通过自定义设置图片项目符号来说明。

 操作演练：自定义图片项目符号类型

Step 01 选择定义

在 Word 文档中的"开始"选项卡下，单击"段落"工具组中的"项目符号"下拉按钮，在弹出的下拉菜单中选择"定义新项目符号"命令。

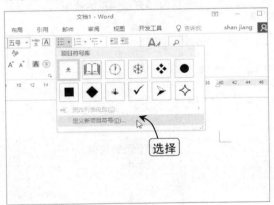

Step 02 选择项目符号字符

在打开的"定义新项目符号"对话框中单击"图片"按钮。

Step 03 选择图片来源

在打开的"插入图片"对话框中，单击"来自文件"选项后的"浏览"按钮。

图片来源

在选择图片来源时，可以在"必应 Bing 图像搜索"选项后的文本框中输入关键字，搜索网络中的图片；也可以在 OneDrive 云端上获取用户手动保存的图片。

提示
Attention

Step 04 选择图片

在打开的"插入图片"对话框中指定图片的路径，选择要插入的图片，然后单击"插入"按钮。

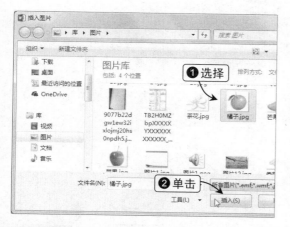

Step 05 完成操作

在返回的"定义新项目符号"对话框中单击"确定"按钮即可插入新的项目符号。在项目符号库中也可以选择该项目符号。

技巧
Skill

导入电脑中存储的图片

在"图片项目符号"对话框中单击"导入"按钮，可以将电脑中存储的图片导入"图片项目符号"对话框的列表中。

3.1.2 自定义设置编号

如果需要对文档的标题按照级别排列，使之层次鲜明，则可以为其设置编号。

默认情况下，Word的编号库只提供了常见的几种编号样式，如图3-1所示。设置了编号的文档，在编号后的内容后按【Enter】键会自动向下编号，如果到某个位置需要重新编号，则可以右击编号，选择"重新开始于1"命令，如图3-2所示。

图3-1　编号库中的编号样式

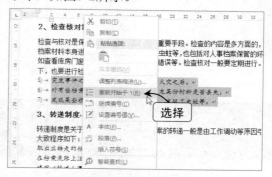

图3-2　重新开始编号

如果要设置更多级别的标题，则可以自定义设置编号的格式，将其添加到编号库中。下面以添加3级标题样式为例进行详细介绍。

操作演练：添加3级标题样式

Step 01 选择命令

在Word文档中的"开始"选项卡下单击"段落"工具组中"编号"按钮右侧的下拉按钮，选择"定义新编号格式"命令。

Step 02 定义新编号格式

在打开的"定义新编号格式"对话框的"编号样式"下拉列表中选择"1.2.3.…"样式，在"编号格式"数值框中输入"1.1.1"，默认"左对齐"方式，单击"确定"按钮。

Step 03 完成新编号添加

此时，在"编号库"栏中可以看到新添加的3级编号样式，选择该编号格式即可应用。

 技巧 Skill

改变已设置的标题级别

如果要对已经设置好的标题级别进行更改，则可以将文本插入点定位到要修改的标题，在"编号"下拉菜单中选择"更改列表级别"命令，然后在子菜单中选择标题级别。

3.2 设置文档样式
快速应用字体格式和段落格式

　　样式是字体格式与段落格式特性的设置组合，为文档中的内容应用样式时，将同时应用该样式中所有的格式设置。对文档中的内容逐一设置格式，不仅效率不高，而且设置的格式也不一定符合要求，甚至出现错误。如果为内容设置样式，则可以快速为文档应用指定的段落格式和字符样式。

3.2.1 自动套用文档样式

Word 2016自带了一个样式库，通过该样式库可以快速为文本应用系统预设的样式。

将文本插入点定位到需要快速套用样式的段落或选择要套用样式的内容，在"开始"选项卡"样式"工具组的"样式库"列表框中选择某样式，即可将其格式应用到选择的段落或内容中，如图3-3所示。

图3-3 "样式"工具组中的样式库

技巧
Skill

应用样式

为段落应用样式时，将鼠标光标移动到样式上即可预览该样式，方便用户选择。选择样式时，单击样式库右侧的▾按钮可向下翻页，获取更多的样式。

3.2.2 自定义文档样式

Word的样式库中提供的样式有限，如果需要其他格式设置，则可以自定义创建新的样式，然后根据需要将其添加到快速样式库中，便于使用，下面以创建"自定义文档样式"文档中的特殊样式为例进行介绍。

操作演练：自定义特殊的文档样式

\素材\第 3 章\自定义文档样式.docx
\效果\第 3 章\自定义文档样式.docx

Step 01 选择内容

打开"自定义文档样式"文档，选中需要定义新样式的文本内容。

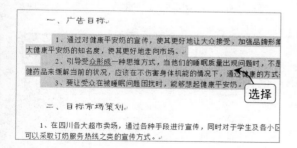

Step 02 选择"创建样式"命令

在"样式"组中单击样式库右侧的"其他"下拉按钮，选择"创建样式"命令。

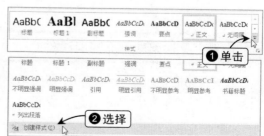

Step 03 完成自定义

在打开的对话框中输入新样式的名称，如"我的样式"，单击"确定"按钮即可将该样式添加到快速样式库中。

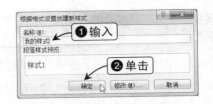

如果所选的内容是没有格式的，要在创建样式的过程中进行设置，则需在对话框中单击"修改"按钮，打开完整的对话框进行更多的设置。

在"根据格式设置创建新样式"对话框中，可以设置样式的属性和格式，并可选择是否将样式添加到样式库等，如图3-4所示。

对于已经设置好的样式，如果要修改样式的格式或属性，则可在样式库中右击需要修改的样式，选择"修改"命令，打开对话框进行设置，如图3-5所示。

图3-4　详细设置新建的样式

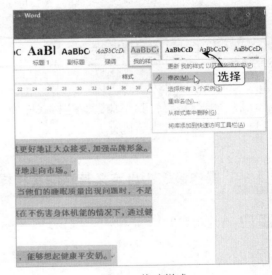

图3-5　修改样式

3.2.3　清除和重新应用样式

在编辑文档时，复制到文档中的文本会将原格式保留，影响文档编排的效率，可以先将这些文档的格式清除再进行相关设置，也可以通过"应用样式"任务窗格重新为文档内容应用样式。

1．清除格式

清除格式是在选择要清除格式的文本后，单击样式库列表框右侧的"其他"下拉按钮，在弹出的下拉菜单中选择"清除格式"选项，如图3-6所示，即可将选中文本的格式清除，还原到Word默认的文本格式。

图3-6　选择"清除格式"选项

2．重新应用样式

在快速样式库中如果有需要重新应用的样式，可直接选择需要重新应用样式的文本，应用样式。

如果要为文档内容应用新的样式，则可在"样式"下拉菜单中选择"应用样式"命令，打开"应用样式"任务窗格，选择需要应用样式的文本，在"应用样式"任务窗格中单击"样式名"下拉按钮，选择要应用的样式，如图3-7所示。

图3-7　应用样式

"样式"对话框

单击"样式"工具组中的"对话框启动器"按钮，可以打开"样式"对话框。"样式"对话框与"应用样式"任务窗格一样，可为文本应用样式，可以进行新建样式、管理样式和查看样式等操作。选择某个样式，单击"样式"下拉按钮，可以更新样式匹配的内容，如图 3-8 所示。

提示
Attention

图3-8　"样式"对话框

3.3 设置特殊的文档格式

为文档设置特殊的格式，使其更具表现力

在对文档进行编辑和排版时，可使用页面分栏、首字下沉等特殊的格式，也可为汉字添加拼音、设置带圈字符等，使文档的内容更具表现力。

3.3.1 为文档设置分栏

分栏是指将一个页面分为多列，常用于报刊、杂志和图书等文档中。分栏排版可以将页面平均分为多栏，也可以在分栏后对每栏的宽度进行设置。

下面以为"养生菜单"文档中的内容进行分栏设置为例，介绍分栏的相关操作。

 操作演练：设置分栏相关操作

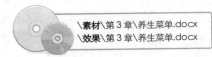
\素材\第3章\养生菜单.docx
\效果\第3章\养生菜单.docx

Step 01 选择命令

打开"养生菜单"文档并将文本插入点定位于文本"10种有助于……"前，单击"布局"选项卡"页面设置"工具组中的"分栏"按钮，在弹出的下拉菜单中选择"更多分栏"命令。

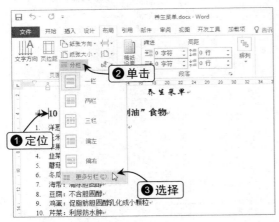

Step 03 完成分栏操作

此时可看到文档中在光标之前有一个"连续"分节符，其后的内容被分为等宽的两栏，且中间添加了一条分隔线，保存文档即完成分栏的操作。

 技巧 Skill

分栏的其他扩展设置

在"分栏"对话框中的"栏数"数值框可设置1~11栏；取消选中"栏宽相等"复选框，可在上面的"宽度和间距"栏中设置不相等的宽度，用户可根据需要进行操作。

Step 02 设置分栏

打开"分栏"对话框，在"预设"栏下选择"两栏"选项，选中"分隔线"和"栏宽相等"复选框，在"应用于"下拉列表框中选择"插入点之后"选项，单击"确定"按钮。

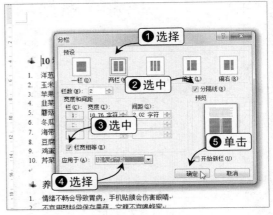

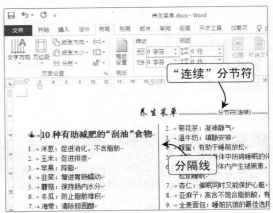

3.3.2 设置首字下沉

在报刊杂志中，经常会看到一段文章正文开始的第一个字比其他字大很多，并且沉于首行下方，这就是设置了首字下沉后的效果，下面具体介绍其操作方法。

 操作演练：实现首字下沉效果

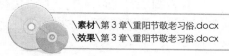
素材\第 3 章\重阳节敬老习俗.docx
效果\第 3 章\重阳节敬老习俗.docx

Step 01 选择"首字下沉选项"命令

打开素材文件，选择需要设置首字下沉段落，在"插入"选项卡的"文本"工具组中单击"首字下沉"按钮，在弹出的下拉菜单中选择"首字下沉选项"命令。

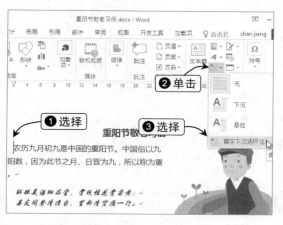

Step 02 完成设置

在打开的"首字下沉"对话框中选择"下沉"样式，并可在"选项"栏中设置字体，在"下沉行数"和"距正文"数值框中定义行数和与正文间的距离，然后单击"确定"按钮完成设置。

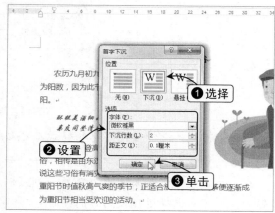

在设置首字下沉时，除了选择"下沉"样式外，还可以在"首字下沉"对话框中选择"悬挂"样式，该样式的其他文字并不围绕首字排列，首字将处于悬空在首位的状态。首字下沉的效果如图3-9所示，首字悬挂的效果如图3-10所示。

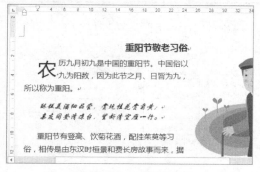

图3-9 首字下沉

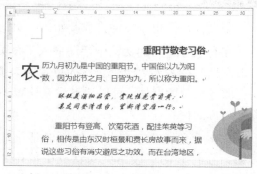

图3-10 首字悬挂

3.3.3 插入带圈字符

在某些特殊文档中，需要将某些文字进行注释，这类文字中一般包括带圈字符及构成具有特殊效果的数字符号，如①、②等。

设置带圈字符可以选中已有的字符，也可以在设置时输入所需的文字，但一次只能设置单个字符，而不能像标注拼音那样一次对多个文字设置，因此要制作多个带圈字符需要逐一设置。

在"开始"选项卡"字体"工具组中单击"带圈字符"按钮，在打开的"带圈字符"对话框中进行设置，设置完毕按【Enter】键即可，如图 3-11 所示。

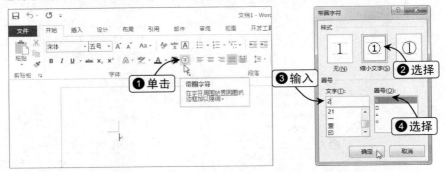

图3-11　设置带圈字符

◆ **样式**：选择带圈字符的样式，可以缩小选取的字符，也可以增大圈号。

◆ **文字**：如果选择字符后再打开"带圈字符"对话框所选的字符则会自动出现在文本框中；如果未选取字符，则可以在"文字"文本框中输入所需的字符，或者在下面选择近期使用过的字符。

◆ **圈号**：选择圈的样式，有圆圈、正方形、三角形和菱形 4 种圈号。

3.3.4 调整分页符的位置

分页符是标记一页终止并开始下一页的点，在第2章中已介绍了分页符的插入方法。

在有很多页面的文档中手动插入了分页符，在编辑文档时就需要更改分页符的位置。为了避免手动更改分页符的麻烦，可以通过设置让Word自动放置分页符的位置。

单击"段落"工具组中的"对话框启动器"按钮，在打开的"段落"对话框中单击"换行和分页"选项卡，然后在"分页"选项组中进行相应的设置，如图3-12所示。

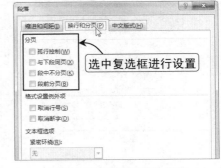

图3-12　设置分页符的位置

◆ **孤行控制**：可以避免段落的第一行出现在页面底端，也可以避免段落的最后一行出现在页面顶端。

◆ **段中不分页**：可使一个段落不被分在两个页面中。

◆ **与下段同页**：将所选段落与下一段落归于同一页。

◆ **段前分页**：在所选段落前插入一个分页符强制分页。

其他设置方式

在"插入"选项卡的"页面"工具组中单击"分页"按钮，或按【Ctrl+Enter】组合键，可快速为文档插入分页符，如图 3-13 所示。

图3-13　快速插入分页符

3.3.5　为汉字添加拼音

在Word文档中不仅能输入中文和英文字符，还可以为中文添加拼音，以便制作一些有特殊需要的文档。

选择要添加拼音的文字，在"开始"选项卡的"字体"工具组中，单击"拼音指南"按钮，打开"拼音指南"对话框进行设置如图3-14所示。

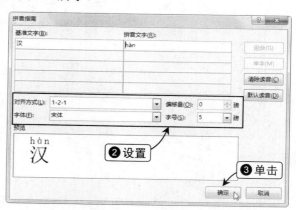

图3-14　为汉字添加拼音

默认的对齐方式为"1-2-1"，可以选择其他对齐方式，还可以设置字体和字号等，单击"确定"按钮，添加拼音。如果要取消拼音，则可以选择要取消的带拼音文字，在"拼音指南"对话框中单击"清除读音"按钮即可。

其他特殊的文档格式

为文档设置特殊的格式，除了已介绍到的分栏、首字下沉、添加拼音等，还可设置文字的特殊效果、添加字符边框等，为文档中的某些文本内容应用特殊格式，可以增加文档的效果，这些设置都在"字体"组中进行。

3.4 | Word 的页眉和页脚设置
为文档添加页眉页脚和脚注

页眉页脚显示了文档的附加信息，常用来插入时间、日期、页码、单位名称、徽标等，其中，页眉在页面的顶部，页脚在页面的底部。添加页眉和页脚主要在页眉和页脚视图中进行设置。

3.4.1 在页面中插入页眉和页脚

打开需要插入页眉和页脚的文档，在"插入"选项卡的"页眉和页脚"工具组中单击"页眉"下拉按钮，在弹出的下拉菜单中选择"编辑页眉"选项，如图3-15所示。也可以直接双击页面顶端或底部区域，使页眉和页脚区域呈编辑状态，如图3-16所示。

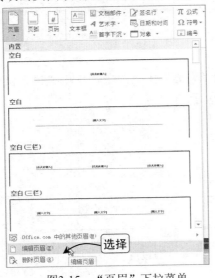

图3-15 "页眉"下拉菜单

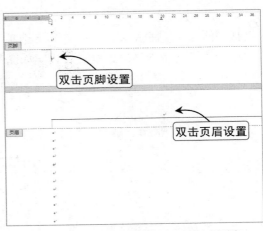

图3-16 处于编辑状态的页眉和页脚

此时Word会自动激活"页眉和页脚工具—设计"选项卡，通过该选项卡可以对页眉和页脚进行设置，如图3-17所示。

图3-17 "页眉和页脚工具—设计"选项卡

3.4.2 添加日期并详细设置

在制作某些具有时效性的文档时，需要插入时间或者日期。如果在每一页都手动输入日期，其工作量将会很大，则可以使用页眉和页脚功能在文档中的某一页插入日期，其他页面的相同位置也会插入相同的日期。

打开需要插入日期的文档，选择"插入/页眉/编辑页眉"命令，使页眉页脚处于编辑状态。在"页眉和页脚工具—设计"选项卡的"插入"工具组中，单击"日期和时间"按钮，然后在打开的"日期和时间"对话框中选择想要的格式，如图3-18所示。

可在"日期和时间"对话框的"可用格式"列表框中选择不同的格式，选中"自动更新"复选框，单击"确定"按钮，日期会随着时间进行自动更新。

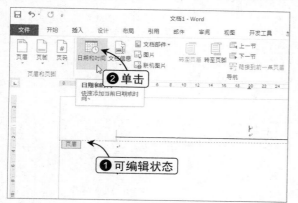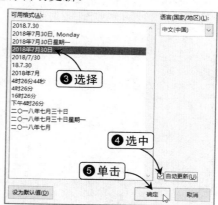

图3-18　在页眉中插入日期

3.4.3 设置脚注和尾注

脚注一般出现在文档页面的底部，或者在当页内容的下方，用于注释说明文档内容；尾注则位于节或文档的尾部，列出引用文献的出处。

打开要插入脚注和尾注的文档，在"引用"选项卡"脚注"工具组中，单击"对话框启动器"按钮，打开"脚注和尾注"对话框，如图3-19所示。

在"位置"选项组中可以选择插入脚注或尾注的位置；在"格式"选项组可设置脚注和尾注的标号格式、编号等。编号有连续编号和每节重新编号两种，根据实际情况可做相应的选择。

如果文档分为多个节，在"将更改应用于"下拉列表框中选择"本节"选项将只更改本节的脚注格式；选择"整篇文档"选项，则会更改全文的脚注格式。

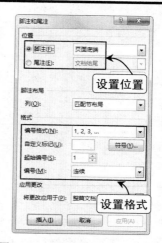

图3-19　"脚注和尾注"对话框

实战演练　为"社区活动安排计划"文档设置页眉与标注

本小节在介绍设置文档的页眉与页脚的同时，还介绍了脚注和尾注的设置方法，下面以文档"社区活动安排计划"设置页眉与标注为例来进行综合讲解。

素材\第3章\社区活动安排计划.docx
效果\第3章\社区活动安排计划.docx

Step 01　选择页面选项

打开"社区活动安排计划"文档并在页面编辑区顶端双击，让页眉页脚处于编辑状态，在"页眉和页脚工具 设计"选项卡的"选项"工具组中选中"奇偶页不同"复选框。

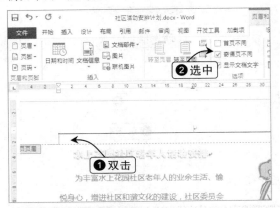

Step 02　设置页眉文本

在第一页页眉的文本输入点输入文本"水上花园社区"，并设置"楷体、加粗、四号、左对齐"格式，在第二页页眉处输入文本"老年人活动安排计划"，设置"楷体、加粗、四号、右对齐"格式。

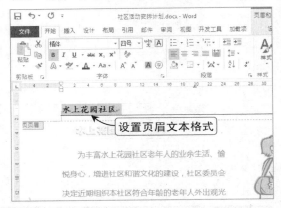

Step 03　打开"脚注和尾注"对话框

将文本插入点定位到"苏州园林"后，单击"引用"选项卡"脚注"工具组中的"对话框启动器"按钮，打开"脚注和尾注"对话框。

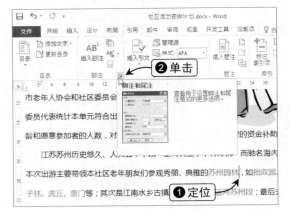

Step 04　添加脚注

在打开的对话框中选中"脚注"单选按钮，在其下拉列表框中选择"页面底端"选项，并设置相应的编号格式，单击"插入"按钮。

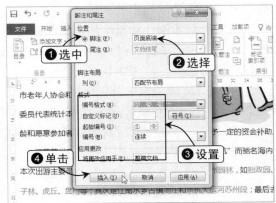

Step 05 **完成设置**

此时，在该页面底部插入脚注，在文本插入点后输入关于"苏州园林"的相关介绍，并设置格式为"宋体、小五、左对齐"，然后保存文档完成设置。

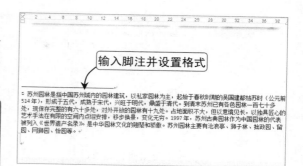

输入脚注并设置格式

页脚和尾注

在 Word 文档中插入页脚的方法与插入页眉的设置相同，插入尾注的方法与插入脚注的方法相同。

3.5 在 Word 中进行邮件合并

怎样进行邮件合并

进行邮件合并的文档是由一个主文件和一个数据源组成。主文件中包含每个分类文档所共有的标准文字和图形，数据源中包含需要变化的信息。当主文件和数据源合并时，Word能够用数据源中相应的信息代替主文件中的对应域，生成合并文档。

读者提问
Q+A
?

Q：什么是邮件合并？它的具体作用是什么？

A：邮件合并是在批量处理"邮件文档"时使用的，就是在主文档的固定内容中，合并和发送与文档相关的一组通信资料（数据源包括 Access 数据表、Outlook 联系人和 Excel 表格数据等），批量生成所需的邮件文档，批量处理与邮件相关的信函和信封等文档，还可批量制作工资单、标签、通知单和成绩单等，提高工作效率。

3.5.1 准备数据源

进行邮件合并需要准备数据源，建立一组文档中具有共通属性的数据表，合并时以字段名代替文档中的相关资料。

单击"邮件"选项卡"开始邮件合并"工具组中的"选择收件人"下拉按钮，在其下拉菜单中选择"键入新列表"命令打开"新建地址列表"对话框，如图3-20所示。

在对话框中列出了一些字段名，可在各个条目中输入相应的内容。单击"新建条目"按钮可插入一行条目；如果对话框中的字段名过多，则可以拖动对话框边缘改变对话框的大小，如图3-21所示。

图3-20 选择"键入新列表"命令

在"新建地址列表"对话框中，单击"自定义列"按钮，在打开的"自定义地址列表"对话框中可以添加新字段或修改已有的字段名，调整各字段的先后顺序，如图3-22所示。

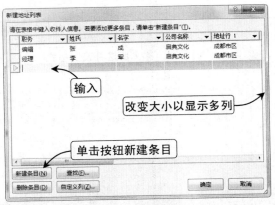

图3-21 "新建地址列表"对话框   图3-22 "自定义地址列表"对话框

在实际工作中，并不需要自己动手制作数据源，可使用已有的Excel或Access数据作为数据源，只需在准备数据源时，选择"使用现有列表"命令，根据提示进行操作。

3.5.2 创建主文档

在进行邮件合并前，还需要创建一个主文档，用户可在文档的"邮件"选项卡中单击"创建"按钮，选择相应的模板进行创建，也可以根据实际情况定义文档内容。

如果创建的是信封和标签，则可以在"邮件"选项卡的"创建"工具组中，单击"信封"或"标签"按钮，打开"信封和标签"对话框进行创建，如图3-23所示。

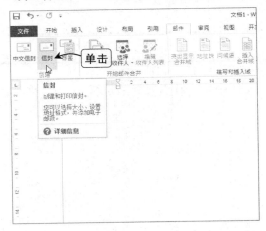

图3-23 创建信封或标签

3.5.3 进行邮件合并

邮件合并就是要将数据源合并到主文档中，在"邮件"选项卡的"编辑和插入域"工具组中单击"插入合并域"按钮，将建立的数据源字段插入到插入点，如图3-24所示。

单击"预览结果"按钮，所插入的合并域自动匹配字段中的内容，并预览合并的效果，如图3-25所示。

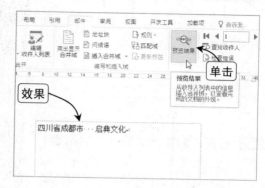

图3-24　插入合并域　　　　　　　　　　　　图3-25　预览效果

单击"完成并合并"按钮，选择如何完成邮件合并，如选择"编辑单个文档"命令，在打开的对话框中单击"确定"按钮可完成邮件合并，如图3-26所示。

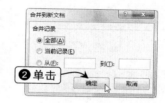

图3-26　完成邮件合并

可以利用"邮件合并分步向导"完成整个合并过程。在"邮件"选项卡的"开始邮件合并"组中单击"开始邮件合并"按钮，选择"邮件合并分步向导"命令会在文档编辑区的右侧打开"邮件合并"任务窗格，如图3-27所示。

在"邮件合并"任务窗格的"选择文档类型"栏下可选择正在使用的文档类型；单击"下一步"按钮，然后根据向导提示进行邮件合并的操作，如图3-28所示。

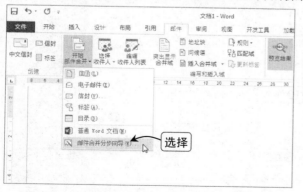

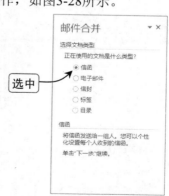

图3-27　选择"邮件合并分步向导"命令　　　　图3-28　使用向导合并邮件

实战演练　合并邮件制作"传真"文档

前面介绍了如何进行邮件合并，下面通过实战演练，批量制作"传真"文档，介绍更为具体的操作步骤。

\素材\第 3 章\传真.docx
\效果\第 3 章\传真.docx

Step 01　打开"新建地址列表"对话框

打开"传真"文档，在"开始邮件合并"工具组中单击"选择收件人"下拉按钮，选择"键入新列表"命令打开"新建地址列表"对话框。

Step 02　添加字段名

在对话框中单击"自定义列"按钮，在打开的"自定义地址列表"对话框中依次添加"姓名"、"性别"、"公司"、"公司传真"4 个字段名。

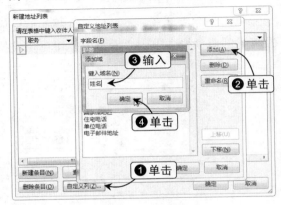

Step 03　建立数据源

在"新建地址列表"对话框中单击"新建条目"按钮新建 6 行，在"姓名"、"性别"、"公司"和"公司传真"各列中输入内容，单击"确定"按钮。

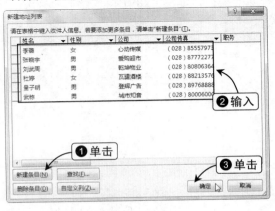

Step 04　保存数据表

打开"保存通讯录"对话框，在"文件名"文本框中输入要保存的文件名称"传真"，单击"保存"按钮将其保存到"我的数据源"文件夹中。

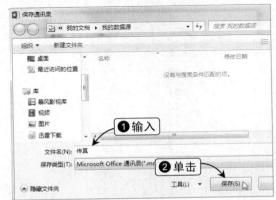

Step 05 插入合并域

将文本插入点分别定位到文本"收件人："、"单位："、"传真："末尾，单击"插入合并域"按钮旁的下拉按钮，分别选择"姓名"、"公司"和"公司传真"选项。

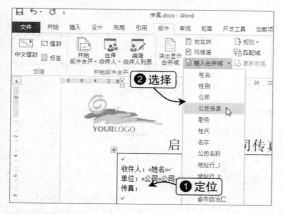

Step 06 设置"性别"规则

将文本插入点定位到插入的"姓名"字段后，单击"规则"按钮，在其下拉菜单中选择"如果…那么…否则…"命令。

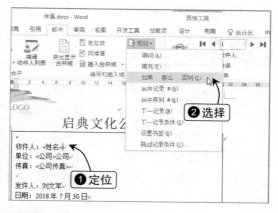

Step 07 完成"性别"规则设置

打开"插入Word域：IF"对话框，在"域名"下拉列表中选择"性别"选项，在"比较对象"文本框中输入文本"女"，然后在"则插入此文字"文本框中输入"女士"，在"否则插入此文字"文本框中输入"先生"，单击"确定"按钮。

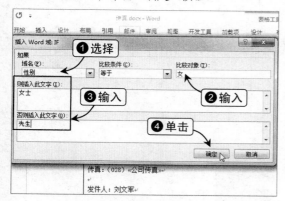

Step 08 预览结果并完成制作

完成所有设置后，单击"预览结果"按钮，可预览合并情况，然后单击"完成并合并"下拉按钮，选择如何完成邮件合并，这里选择"编辑单个文档"命令在对话框中单击"确定"按钮完成制作。

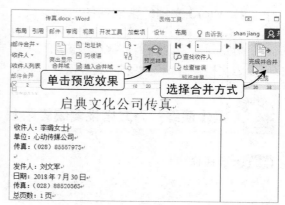

发送电子邮件

选择如何进行邮件合并时，如果选择"发送电子邮件"命令，则需要在建立数据源时建立邮件地址列表。在打开的对话框中进行设置后，单击"确定"按钮，所制作的"传真"文档就以电子邮件的形式发送给接收者，如图 3-29 所示。

图3-29　发送电子邮件

3.6 Word 文档的其他操作
保护文档、查看翻译内容、打印文档等

在使用Word文档进行编排操作时，对文档的内容和页面进行一系列的设置后，还会涉及文档的保护、查看翻译内容、打印文档等操作，下面具体介绍这些操作。

3.6.1 插入批注

在对文档内容进行编辑或审阅的过程中，需要给某些特定的内容添加注释，以便让其他读者明白这些内容的意思或做一定的意见或说明。

在文档中插入批注的方法很简单，选择需要批注的文字或其他对象，在"审阅"选项卡的"批注"工具组中单击"新建批注"按钮，然后输入批注内容即可，如图3-30所示。

图3-30　单击"新建批注"按钮

3.6.2 保护 Word 文档

对于比较重要或机密的文档，可以通过Word的权限功能将其保护起来，防止他人未经许可就查看或对文档进行修改。

1．Word 文档的常规保护

防止他人修改文档是常规保护的一种方式。如果允许他人查看但不允许修改文档，则可以为文档设置编辑限制，具体操作步骤如下。

 操作演练：为文档设置编辑限制

Step 01 选择命令

打开需要保护的文档，在"文件"选项卡下"信息"选项卡中单击"保护文档"下拉按钮，在弹出的下拉菜单中选择"限制编辑"命令。

提示
Attention

编辑限制
文档的编辑限制设置是设置文档可以被打开查阅，但不可以修改文档中的内容。

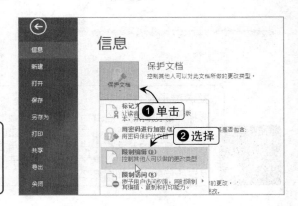

Step 02 设置编辑权限

在打开的"限制编辑"任务窗格中，选中"仅允许在文档中进行此类型的编辑"复选框，在其下拉列表中选择"不允许任何更改（只读）"选项。

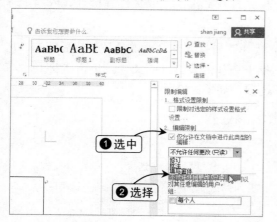

Step 03 设置强制保护

单击"是，启动强制保护"按钮。在打开的对话框中保持选中"密码"单选按钮，在文本框中输入密码，然后单击"确定"按钮。

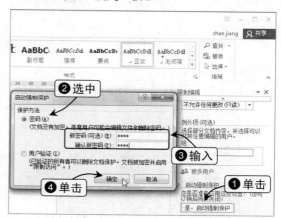

在设置编辑权限时，不一定选择不允许任何更改，也可以设置特定的编辑权限，如可修订或添加批注等。

提示 Attention

打开"限制编辑"任务窗格

在"审阅"选项卡的"保护"工具组中直接单击"限制编辑"按钮也可打开"限制编辑"任务窗格，进行相关设置。

防止他人打开文档也是常规保护的一种方式，如果文档极度机密，不允许他人将其打开，则可以直接为文档设置打开权限密码，设置密码后，在打开该文档时就会出现一个要求输入密码的对话框，只有输入了正确的密码后才能打开文档。

在"信息"选项卡"保护文档"下拉菜单中选择"用密码进行加密"命令打开"加密文档"对话框，在"密码"文本框中输入密码，单击"确定"按钮即可，如图3-31所示。

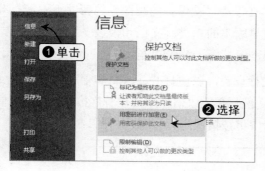
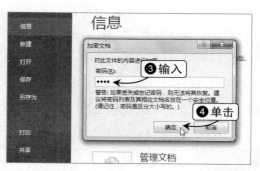

图3-31　选择并设置文档机密

2. 以"受保护的视图"模式打开文档

来自 Internet 或其他不安全位置的文档可能包含病毒等恶意插件，会对电脑造成危害，窃取用户隐私信息。可以以"受保护的视图"模式打开文档，读取文件并检查其内容，降低可能发生的风险。

在"文件"选项卡下单击"打开"选项卡，选择需要打开的文档的位置，然后双击"这台电脑"按钮，打开"打开"对话框，在对话框中选择需要打开的文档，单击"打开"右击下拉按钮，选择"在受保护的视图中打开"选项，如图3-32所示。

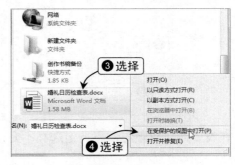

图3-32　以"受保护的视图"模式打开文档

以"受保护的视图"模式打开的文档，会自动切换到阅读模式，如果要编辑文档，则必须单击"启用编辑"按钮，退出受保护视图状态，如图3-33所示。

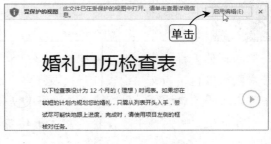

图3-33　启用编辑

打开未知安全的文档

打开未知安全系数的文档，Word 会默认以受保护的视图模式打开，甚至出现红色的警告提示。

为了文档的安全，Word 设置了文件阻止，在没有"受保护的视图"的帮助下不能打开某些早期版本文档类型，如 Word 2.0 文档或更早版本的二进制文档和模板。默认情况下，在"受保护的视图"模式中可以打开这些文档，但禁用了编辑功能。

用户可在信任中心的"文件阻止"区域进行设置，以便打开、编辑和保存被阻止的文件，在打开对话框中单击"信任中心"选项卡，然后单击"信任中心设置"按钮，打开"信任中心"对话框，在"文件阻止设置"选项卡中可按情况进行设置，如图3-34所示。

文件阻止设置

Word 已设置了默认的阻止情况，在没有特殊需要时建议用户不对其进行更改，以免引起安全风险或某些文档无法编辑。

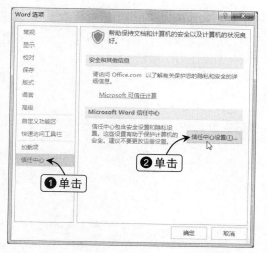
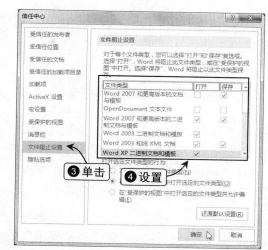

图3-34 文件阻止设置

3. 作者许可保护

当处理存储在工作区站点中的文档时，可以阻止作者更改特定内容，其操作为：选择要处理的文档的部分，在"审阅"选项卡的"保护"工具组中，单击"阻止作者"按钮。

一般情况下，"阻止作者"按钮呈灰色状态显示，只有将文档保存到支持工作区的站点时才可使用该功能。

3.6.3 查看文本的翻译内容

在查阅电子邮件或文档时，可能会遇到一篇其他语言的文档，无法确定某些语句的意思；在编辑文档时，可能会在文档中穿插其他语言文字，但不知道怎么输入。

遇到以上情况时，可在Word 2016中使用翻译功能进行翻译。选择需要翻译的词或句子，在"审阅"选项卡的"语言"工具组中，单击"翻译"下拉按钮，在弹出的下拉列表中选择"翻译所选文字"命令打开"信息检索"窗格，在窗格中查看翻译内容，如图3-35所示。

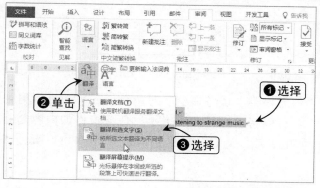

图3-35 翻译所选文字

"翻译屏幕提示"是一个非常有用的翻译小工具，打开翻译屏幕提示后，只需将鼠标指向一个单词或一个选定的短语，就会在一个小窗口中显示翻译，具体从以下三个方面进行介绍。

1. 打开或关闭翻译屏幕提示

在"审阅"选项卡的"语言"工具组中单击"翻译"下拉按钮，在弹出的下拉列表中选择"翻译屏幕提示"命令即可打开或关闭翻译屏幕提示功能，如图3-36所示。

当"翻译屏幕提示"处于选中状态，说明该功能已打开；当"翻译屏幕提示"处于未选中状态，说明该功能已关闭。

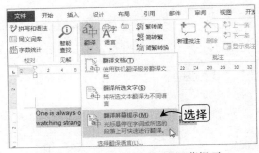

图3-36 打开或关闭翻译屏幕提示

2. 设置翻译屏幕提示语言

在"翻译"下拉菜单中选择"选择转换语言"命令可打开"翻译语言选项"对话框，如图3-37所示。程序默认将中文翻译成英文，如果要翻译为其他语言，则可以在对话框中进行设置。

3. 翻译屏幕提示功能

打开翻译屏幕提示后，将鼠标光标指向某个单词，打开"双语词典"浮窗，如图3-38所示。

图3-37 "翻译语言选项"对话框

图3-38 "翻译屏幕提示"对话框

单击"展开"按钮 可打开"信息检索"任务窗格，对所翻译的单词进行更为详细的翻译说明；单击"复制"按钮 ，可以将"翻译屏幕提示"任务窗格的内容复制到剪贴板上，可以粘贴到其他文档（例如电子邮件）中；单击"播放"按钮 可以听到该单词翻译后的发音。

3.6.4 打印 Word 文档

在实际工作中，常需要将制作好的文档打印出来，所以，掌握好快速打印的方法和打印的相关设置操作很重要。

1. 快速打印 Word 文档

快速打印Word文档是指不进行其他打印设置直接进行的打印，其操作为：打开需要打印的文档，在"文件"选项卡下单击"打印"选项卡，然后单击"打印"按钮，Word将使用默认的打印机打印一份当前的文件，如图3-39所示。

 提示 Attention

打印预览

在"文件"选项卡中单击"打印"选项卡后，其界面的右侧会自动显示打印预览。

图 3-39　快速打印文档

2. 调整打印设置

要使打印出的文档获得满意的效果，在打印时需要进行打印设置。在"打印"选项卡中根据需要，对打印机、打印份数和页数及打印的文档页面进行设置。

打印文档时，需要设置打印的数量，在"打印份数"数值框中可以设置；要保证文档能够正常打印，需要打印机正常连接，单击"打印机"栏中的"打印机状态"按钮，选择可以使用的打印机，如图3-40（左）所示。

在"设置"栏下可以设置打印文档的页数、单面或双面打印和文档的页面边距等，若要将多页打印到同一页纸上，Word提供了2、4、6、8、16页文档的选项，如图3-40（右）所示。单击"页面设置"超链接，打开"页面设置"对话框，可进行更详细的设置。

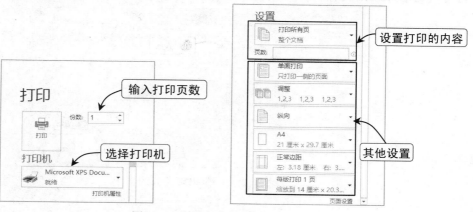

图 3-40　调整打印设置

"调整"下拉列表中的打印设置是针对多份打印，如选择"1，2，3"选项为将第一份打印完再继续打印第二份，选择"1，1，1"选项为同时打印多份首页，在再打印多份第二页，依此类推，直到打印多份最后一页。

提示
Attention

双面打印
Word 默认的打印方式为单面打印，如果设置了"手动双面打印"，则打印机就会在打印时提示打印第二面时手动加载纸张，这需要打印机支持双面打印。

3.6.5　在 Word 中创建和编辑 PDF 文档

在实际工作中，常常需要将Word文档以PDF的格式导出，在Word 2016中可以直接导出，也可以直接在Word程序中编辑PDF格式的文件。

1．以 PDF 的格式导出文档

单击"文件"选项卡，然后单击"导出"选项卡，选择"创建PDF/XPS文档"选项，单击"创建PDF/XPS"按钮，如图3-41所示。

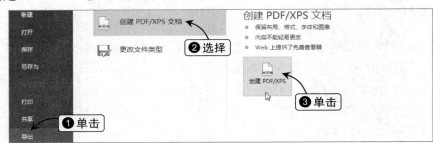

图 3-41　以 PDF 的格式导出文档

在打开的对话框中选择文件保存的路径，输入文件名称，然后单击"发布"按钮即可将文档保存为PDF格式的文件，如图3-42所示。

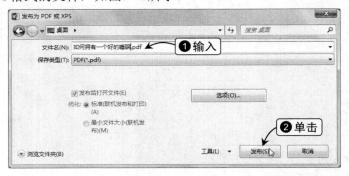

图 3-42　保存 PDF 格式的文件

2. 在 Word 中编辑 PDF 文件

Word 2016融入了编辑PDF文件的功能，但打开的PDF文件可能出现乱码或版面混乱。打开一个PDF文件，可以像在Word中编辑文档一样，对文件进行删除、修改、添加、标记等操作，如图3-43所示。

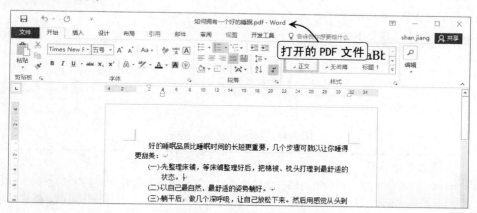

图 3-43 在 Word 2016 中打开的 PDF 文件

3.6.6 对共享的文档进行修订

共享一个文档后，不只是一个人要对其进行查阅或修改，为了强调所作的更改，可以使用修订功能来标记添加、删除或修改的文本。

在"审阅"选项卡的"修订"工具组中单击"修订"下拉按钮，在弹出的下拉列表中选择"修订"命令使"修订"按钮呈打开状态，如图3-44所示。

选择修订状态后，更改文档中的内容，就会以红色标记显示出来，将鼠标光标移到修改标记上，会显示修改作者名称和修改时间，如图3-45所示。

图 3-44 选择修订状态图

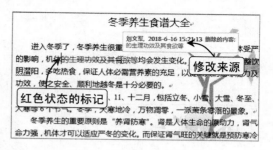

图 3-45 修订状态下更改文档后的效果

单击"审阅"选项卡的"修订"工具组中"审阅窗格"下拉按钮，可以选择打开垂直审阅窗格或水平审阅窗格，集中显示所有的修订项，如图3-46所示。

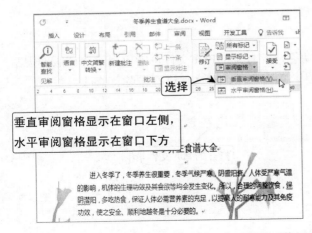 

图 3-46　显示"修订"窗格

修订选项设置

提示
Attention

启用后开始编辑，用户可对修订的标记、格式等做出调整。在"审阅"选项卡的"修订"工具组中单击"对话框启动器"按钮，在打开的"修订选项"对话框中可以调整修订设置，如改变使用的颜色、标记样式和批注框的格式等。

如果要查看他人对文档的修改，而对方又没有在修订中修改文档，则可以通过"比较"的功能来比较原文档和修改后的文档，查看修改内容。

在"审阅"选项卡的"比较"工具组中单击"比较"下拉按钮，选择"比较"命令打开"比较文档"对话框，选择需要比较的原文档和修订的文档进行比较，单击"更多"按钮还可以进行比较设置，如图3-47所示。

查看完修订内容后，可单击"接受"下拉按钮，选择"接受并移到下一条"命令，接受此条修订内容并查看下一条修订，如图3-48所示。如果要拒绝修改，则可以单击"拒绝"按钮进行选择。

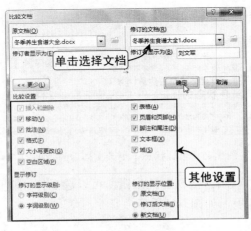

图 3-47　"比较文档"对话框

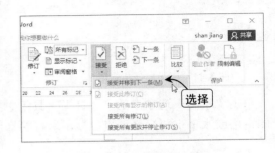

图 3-48　接受修订

第4章

Word 文档中的表格和图表

在 Word 中插入表格的效果

为表格设置斜线表头的效果

将产品表的数据按照产品型号排序

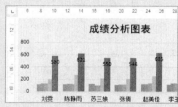

使用图表分析成绩

4.1 在 Word 中使用表格

通过表格充实文档的内容，组织文档中的信息

在Word文档中使用表格是组织信息的一种好方法，能对文档内容进行快速引用和分析，清晰简明地将所要展示的内容展示出来。

4.1.1 在文档中插入表格

表格是由多个单元格按行、列的方式组合而成的，在单元格中不仅可以输入文字，还可以插入图片。在Word中创建表格的方法有很多种，常见的有快速插入表格、通过对话框插入表格和手动绘制表格3种方法。

1．快速插入表格

在Word 2016中，用户可以根据实际需要，快速插入8行10列以内的任意表格，所插入的表格会根据页面调整宽度，根据插入点的段落格式调整高度。

在"插入"选项卡的"表格"工作组中单击"表格"按钮，在下拉菜单的表格区域拖选表格的行数和列数，如9×7表格，拖选时在文档中会预览表格，如图4-1所示。

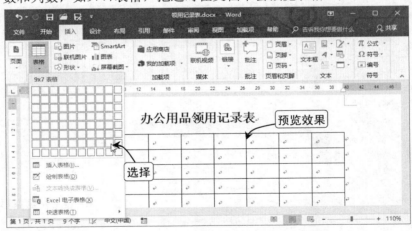

图4-1　快速插入表格

在"表格"下拉菜单中选择"快速表格"命令在其子菜单中可快速插入模板表格。这些Word自带的模板表格都已设计好属性，插入后即可使用。

插入 Excel 表格

在"表格"下拉菜单中，还可以选择"Excel 电子表格"命令，通过此命令可以在文档编辑区插入一个 Excel 表格，制作出效果一样的 Excel 表格。

2. 通过对话框插入表格

如果要在Word文档中插入8行10列以上的表格，此时只能通过"插入表格"对话框来进行插入，该方式允许用户则可以直接插入32 767行63列以内的表格。下面以使用对话框制作一个5列4行的表格，且列宽为"2厘米"为例介绍其操作方法。

 操作演练：通过对话框插入办公用品领用记录表格

Step 01 打开对话框

单击"插入"选项卡的"表格"工具组中的"表格"下拉按钮，在弹出的下拉菜单中选择"插入表格"命令，打开"插入表格"对话框。

Step 02 设置表格尺寸

在打开的对话框中"表格尺寸"组中分别输入表格的行数和列数，并调整表格的固定列宽为"2厘米"，单击"确定"按钮。

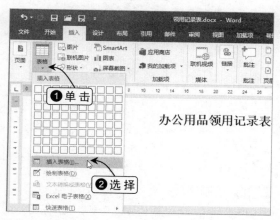

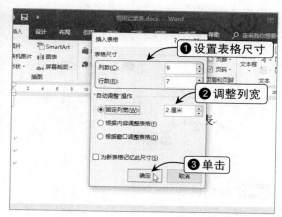

Step 03 完成操作

返回编辑区中，可以看到插入的9列7行且列宽为2厘米的表格，可在表格中输入文字或插入图片。

"表格工具"选项卡组

选择表格或将插入点定位到表格中，会显示"表格工具—设计"和"表格工具布局"选项卡，可对表格属性进行设置。

3. 手动绘制表格

某些表格包含不同高度的单元格或每行包含不同列数的表格，对于这类不规则的表格，可通过手动绘制的方法来创建。

在"插入"选项卡的"表格"工具组中单击"表格"下拉按钮，在弹出的下拉列表中选择"绘制表格"命令，此时鼠标光标变成铅笔形状 ∥，按住鼠标左键拖动即可绘制表格。

下面将通过手动绘制一个5行5列的"生产数量表"为例介绍手动绘制表格的具体操作。

 操作演练：手动绘制生产数量表表格

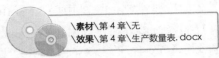

Step 01 选择命令

新建"生产数量表"文档，输入"生产数量表"文本并设置格式。将文本插入点定位在文档下一行行首，在"插入"选项卡的"表格"工具组中单击"表格"下拉按钮，选择"绘制表格"命令。

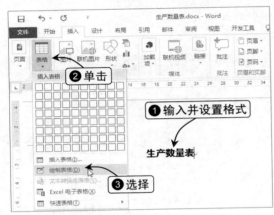

Step 02 绘制表格边框

当鼠标光标变成 ∥ 形状时，按住鼠标左键并拖动鼠标，会出现一个表格的虚框，拖动到合适大小后，释放鼠标即生成表格的边框。

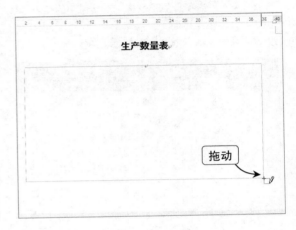

Step 03 绘制横线

用鼠标在表格边框两侧的某个位置选择一个起点，按住鼠标左键不放向右拖动绘制横线，确定表格有多少行。

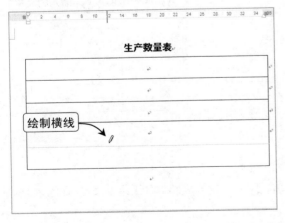

Step 04 绘制竖线

绘制完横线后，用相同的方法绘制表格的竖线，确定表格有多少列。

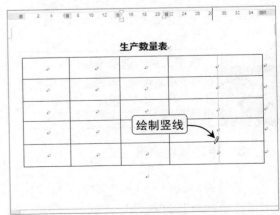

Step 05 绘制斜线

用鼠标移动到第一行第一个单元格左上角顶点，按住鼠标左键不放向对角拖动来绘制出一条斜线。

Step 06 完成表格制作

绘制完成后，在空白处双击退出绘制表格状态，然后在表格中输入所需的文本和数据，完成表格的绘制（输入方法将在4.1.2节中进行讲解）。

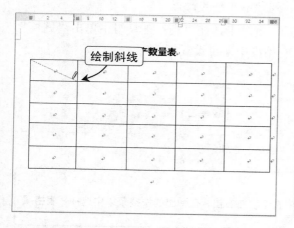

4.1.2 在文档中编辑表格

插入表格后，即可在表格的单元格中输入文本、插入图片等，如果表格的结构不符合需要，则可以通过设置表格样式，改变表格的行高与列宽、删除、添加、合并与拆分单元格等方法来调整表格的结构，使其满足实际需要。

1. 编辑表格内容

在创建好表格后，表格的每个单元格中自动出现段落标记，要在表格中输入内容等操作首先要定位文本插入点。在表格中定位文本插入点有以下几种方法：

◆ 在任意单元格中单击，可以将文本插入点定位在该单元格中。

◆ 按【→】、【←】、【↑】或【↓】方向键可以将文本插入点移到相应方向的单元格中。

◆ 按【Tab】键可以逐行由左向右依次切换单元格。

◆ 按【Shift+Tab】组合键可由当前单元格逐行由右向左依次切换单元格。

将文本插入点定位到需要输入内容的单元格中就可直接输入所需的文本或插入图片等对象，当输入的文本内容到达单元格的右边界时，将自动在单元格中换行，也可以在单元格中输入段落。

输入表格中的文本内容和图片等也可以进行格式设置和相应的编辑，其方法与直接在文档中编辑文本内容或图片的方法相同，在此不再赘述。

2. 设置表格属性

为了使表格在文档的整个页面中更加协调，可以通过设置表格的属性来进行调整。表格属性的设置包括对整个表格，表格中的行、列和单元格的设置。

选择任意单元格，单击"表格工具—布局"选项卡，在"表"工具组中单击"属性"按钮，如图4-2所示，在打开的"表格属性"对话框中即可设置。

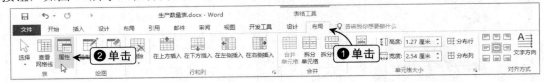

图4-2　单击"属性"按钮

 技巧
Skill

打开"表格属性"对话框

在表格区域的表格线上右击，或者选中整个表格右击，在弹出的快捷菜单中选择"表格属性"命令也可打开"表格属性"对话框。

在"表格属性"对话框中，可以对整个表格、行、列和单元格分别进行设置。在"表格属性"对话框的"表格"选项卡中，可以对整个表格的尺寸、对齐方式和文字环绕进行设置，如图4-3所示。

在"表格属性"对话框的"行"选项卡中，可以设置各行的高度和是否允许跨页断行等，如图4-4所示；在"列"选项卡中可指定各列的固定宽度。

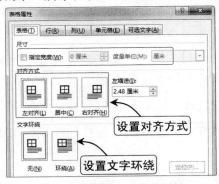

图4-3　设置整个表格的属性

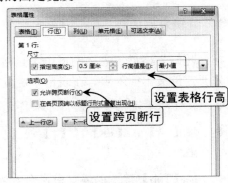

图4-4　设置各行的属性

单元格属性包括单元格的宽度、单元格内容的对齐方式等方面的设置。在"表格属性"对话框的"单元格"选项卡中可以进行详细设置，如图4-5所示。

在"单元格"选项卡中单击"选项"按钮，可以打开"单元格选项"对话框，对单元格的边

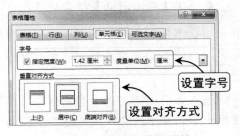

图4-5　设置单元格的属性

距和是否自动换行等进行设置，如图4-6所示。

快速设置单元格内容对齐方式

在"表格工具—布局"选项卡中可以直接进行表格属性调整，如"对齐方式"组中有 9 个对齐方式按钮选项，是水平对齐和垂直对齐组成的不同形式的组合，将文本插入点定位到要设置的单元格，单击相应按钮即可设置，如图 4-7 所示。

图4-6 "单元格选项"对话框　　　　　　图4-7 直接设置单元格对齐方式

3．设置表格样式

在文档中插入的表格，默认情况只是具有表格的框架结构，可以根据实际需要对其进行美化，使其更符合文档的风格和内容。

可在"表格工具—设计"选项卡的"表格样式选项"工具组和"表格样式"工具组中进行相关设置，如图4-8所示。

图4-8 "表格工具—设计"选项卡

在"表格样式"工具组的样式库中套用样式的方法同文本样式的套用基本相同，这里不再详细介绍，主要介绍"表格样式选项"工具组和"边框"工具组。

◆ **"表格样式选项"工具组**：在该组中包含一组有关行和列的复选框，选中其中的"标题行"、"汇总行"、"第一列"或"最后一列"复选框，在表格样式中对应的行列位置将显示为特殊格式。选中"镶边行"或"镶边列"复选框，在表格中相应的奇数和偶数行列单元格区域会不相同。

◆ **"边框"工具组**：在该组中可以设置绘图边框的样式效果，如设置边框线样式、宽窄等，如在"边框"下拉菜单中，可以快速为表格添加边框。

如果要对表格添加边框和底纹，则还可以在"表格工具—设计"选项卡的"边框"工具组中单击"对话框启动器"按钮，打开"边框和底纹"对话框即可自定义表格的边框和底纹。

在对话框的"边框"选项卡中可设置边框的样式、颜色和宽度等；在"底纹"选项卡中可以设置表格的填充颜色、图案的样式等，如图4-9所示。

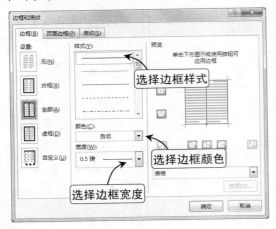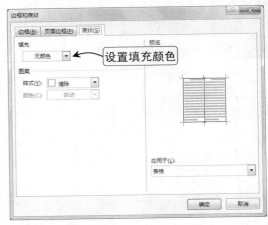

图4-9　自定义表格边框和底纹

4. 在表格中插入行或列

在Word中使用表格时，可能所制作的表格不能将所有的信息都组织起来，需要再添加一列或者一行。可将插入点定位到需要插入的位置，右击并选择"插入"命令，在弹出的子菜单中选择插入的位置和类型，如图4-10所示。

将鼠标光标移动到表格边缘的交点，或者各行各列的边缘，待出现如图4-11所示的形状时，单击⊕形状即可快速添加一列或一行。

图4-10　插入行或者列　　　　　图4-11　快速插入行或者列

4.1.3　管理表格数据

Word虽然在数据处理方面没有Excel那么强大，但仍可以对表格数据进行一些简单的处理，如排序数据、对数值进行求和等。

1. 数据求和

如果Word表格中记录的是一组数据，如学生成绩或销售数据等，则可以通过"表格工具—布局"选项卡的"数据"工具组来进行处理。如果使用公式对数据进行汇总统计，则可以单击"公式"来实现，下面以统计"产品销量表"文档中的表格数据为例，讲解使用公式进行数据汇总的方法。

 操作演练：计算产品总销量

\素材\第 4 章\产品销量表.docx
\效果\第 4 章\产品销量表.docx

Step 01 单击"公式"按钮

打开素材文件，将文本插入点定位到求和数据显示的单元格，在"表格工具—布局"选项卡"数据"工具组中单击"公式"按钮。

Step 02 求和数据

打开"公式"对话框，Word会自动在"公式："文本框中输入公式"=SUM（ABOVE）"，单击"确定"按钮计算上面单元格内数据的总和。在其他需要求和的单元格中以相同的方法求和。

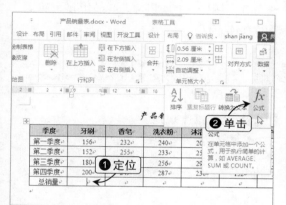

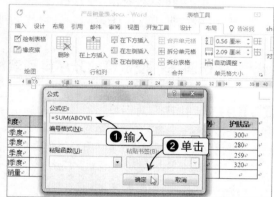

在Word中使用自动求和功能时，如果需要求和的行或列中有空单元格存在，公式将忽略该单元格前面的单元格中的数据，则只计算该单元格后面的单元格中的数据之和，如果有空白单元格又要计算整行或整列数据之和，则可以在空单元格中输入0再进行求和。

 提示 Attention

粘贴函数

在"公式"对话框中，单击"粘贴函数"下拉按钮，选择函数可以快速粘贴到"公式"文本框中，函数的使用将在 Excel 的相关章节进行介绍。

2．将表格转换成文档

如果文档中的某个表格不使用了，而要将表格中的内容转换成常规文字，在Word中则可以直接实现。

将插入点定位到表格中，在"表格工具—布局"选项卡的"数据"组中单击"转换为文本"按钮，打开"表格转换成文本"对话框，选择文字分隔符（一般选择制表符，转换成文本的效果比较好），然后单击"确定"按钮即可，如图4-12所示。

 提示 Attention

文本转换成表格

在插入表格时，如果要将具有占位符的单列文本拆分为多列分布在表格中，则也可以选择"文本转换成表格"命令，快速将文本转换成表格。

图4-12　将表格转换成文本

3. 对数据进行排序

在Word中，可以对表格中的数据按照某种规则进行排序，下面以对"产品价格一览表"文档中的表格数据进行排序为例，讲解数据排序的具体方法。

 操作演练：按价格的升序排列表格

\素材\第 4 章\产品价格一览表.docx
\效果\第 4 章\产品价格一览表.docx

Step 01 打开"排序"对话框

打开"产品价格一览表"文档，将文本插入点定位到表格任意位置，在"表格工具—布局"选项卡的"数据"工具组中单击"排序"按钮，打开"排序"对话框。

Step 02 设置排序规则

在对话框的"主要关键字"下拉列表框中选择"价格"选项，在类型下拉列表框中选择"数字"选项，并选中后面的"升序"单选按钮。

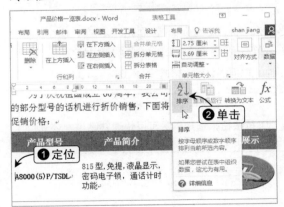

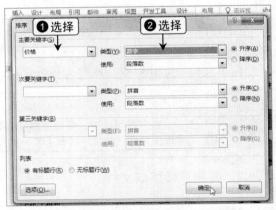

Step 03 完成排序

单击"确定"按钮，除首行外的所有行会按照价格的高低顺序进行升序排列。价格相同时，会保持原来的排序不变，也可以在设置排序规则时，设置第二排序规则，让价格相同的按照第二规则排序。

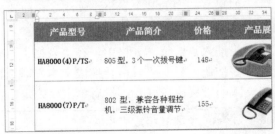

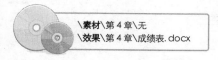 **实战演练** 在 Word 中制作"成绩表"表格

前面介绍了怎样在Word文档中插入表格、调整表格属性和管理表格数据等内容，了解了在Word中使用表格的方法。下面通过实战操作在Word中制作"成绩表"表格，进一步介绍表格的使用方法。

　　\素材\第 4 章\无
　　\效果\第 4 章\成绩表.docx

Step 01 新建表格

新建"成绩表"文档，输入"成绩表"文本并设置格式。将文本插入点定位在文档下一行行首，在"插入"选项卡的"表格"组中单击"表格"下拉按钮，新建一个6列7行的表格。

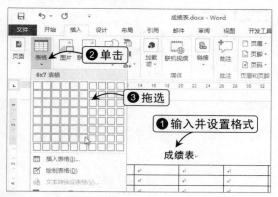

Step 02 打开"表格属性"对话框

选择表格的第一行，右击，在弹出的快捷菜单中选择"表格属性"命令，打开"表格属性"对话框。

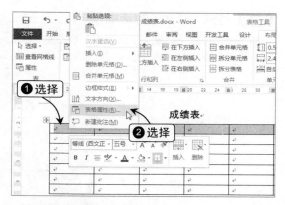

Step 03 调整表头的行高

在打开对话框的"行"选项卡下选中"指定高度"复选框，并在数值框中输入"0.8厘米"，然后设置其他行的行高为"0.6厘米"。

Step 04 设置对齐方式

在对话框中分别切换到"表格"选项卡和"单元格"选项卡，将对齐方式均设置为"居中"，然后单击"确定"按钮。

Step 05 为表头添加底纹

保持第一行为选择状态，在"表格工具—设计"选项卡下的"表格样式"工具组中单击"底纹"下拉按钮，为表头添加一个底纹。

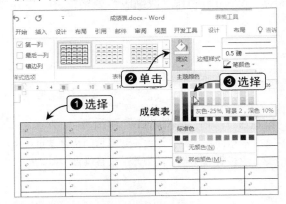

Step 07 打开"公式"对话框

将插入点定位到"总分"下的第一个单元格，单击"表格工具—布局"选项卡下"数据"工具组中的"公式"按钮，打开"公式"对话框。

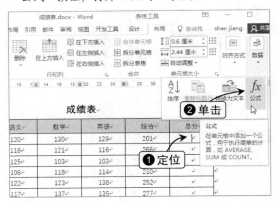

Step 09 计算其他人的总分

选择下一个总分单元格，单击"公式"按钮，在"公式"对话框中的"公式："文本框中Word自动填充了公式"=SUM(ABOVE)"，将"ABOVE"修改为"LEFT"，单击"确定"按钮，并以同样的方式计算其他人的总分。

SUM()函数

提示 Attention

在表格中计算求和时，SUM()函数自动填充的公式优先计算插入点之上的数据，然后是插入点左边的数据。

Step 06 录入数据并设置段落格式

在表格中录入数据，然后选择所有的单元格，单击"开始"选项卡，在"段落"工具组中单击"居中"按钮，将文本内容在单元格中左右居中。

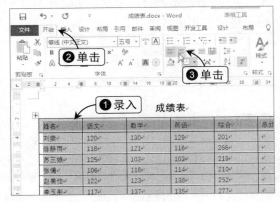

Step 08 计算总分

在"公式"对话框的"公式："文本框中，Word自动填充了公式"=SUM(LEFT)"，单击"确定"按钮计算总分。

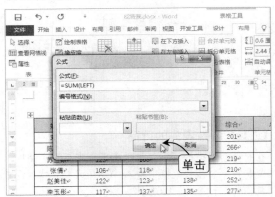

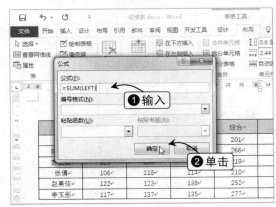

Step 10 标记特殊的单元格

在计算出的总分中，按住【Ctrl】键选中总分大于等于600分的成绩，在"开始"选项卡的"字体"工具组中单击"颜色"按钮右侧的下拉按钮，选择"红色"选项。也可以为单元格设置底纹来突出显示所需内容。

提示 Attention

表格属性
本例在调整并美化表格属性时，并没有设置单元格的宽度，也没有设置表格中的字体格式，用户可自行设置。

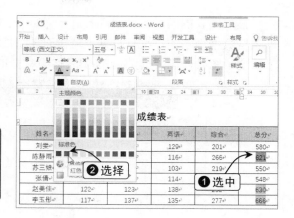

4.2 在 Word 中使用图表
用图表形象直观地展示表格数据

图表可以直观展示统计信息属性（时间性、数量性等），能够将对象属性的数据直观、形象地展示出来。在Word 2016中可以插入多种图表类型，包括柱形图、折线图、饼图、条形图、面积图等。

4.2.1 在文档中插入图表

在Word中，可以直接插入图表。单击"插入"选项卡，在"插图"工具组中单击"图表"按钮，打开"插入图表"对话框，选择插入的图表类型，如图4-13所示。

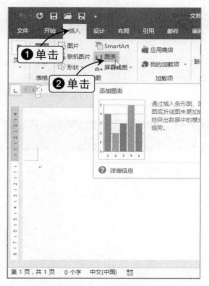
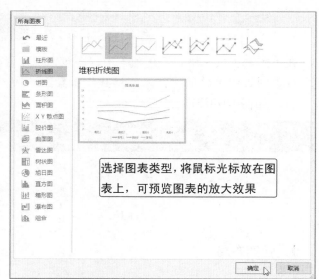

图4-13　插入图表

插入图表的同时，会自动打开一个嵌入的Excel表格数据，如图4-14所示。图表都是依据表格数据产生的，没有数据也就没有图表的展示对象。编辑Excel表格中的数据，就相当于改变了图表，图表会随着Excel表格中数据的变化而变化。

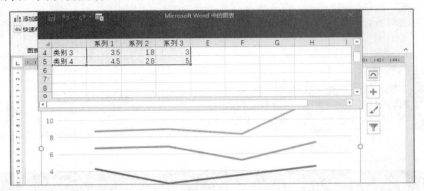

图4-14　插入的图表和表格数据

4.2.2　设置图表样式

插入图表后，会打开相应的"图表工具"选项卡，其中包含"设计"和"格式"两个选项卡。与表格样式的设置相同，在"图表工具—设计"选项卡中也有一个供选择的图表样式库，如图4-15所示，用户可以按需要进行选择。

图4-15　"图表工具—设计"选项卡

在"图表工具—格式"选项卡中，还包含了设置图表中形状样式的"形状样式"工具组和设置图表中字体的"艺术字样式"工具组，选择想要设置的对象，即可做相应的样式设置，如图4-16所示。

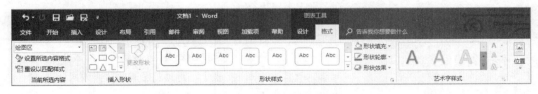

图4-16　"图表工具—格式"选项卡

1．快速布局

如果要更改图表的整体布局，则可以在"图表工具—设计"选项卡的"图表布局"工具组中单击"快速布局"下拉按钮，在弹出的下拉列表中选择合适的图表布局，如图4-17所示。

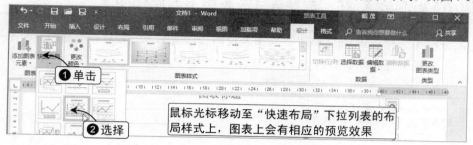

图4-17　快速布局

2. 图表元素

如果要选中图表中的某个元素，则可以在"图表工具—格式"选项卡下的"当前所选内容"工具组中单击"图表区"下拉按钮，在弹出的下拉列表中选择对应的图表元素，如图4-18所示。

如果要显示或隐藏图表中的元素，则可以选中图表，单击图表右侧的"图表元素"按钮，选中某元素则显示该图表元素，取消选中则隐藏该元素，如图4-19所示。

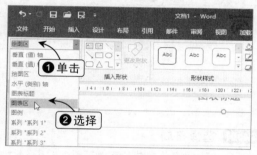

图4-18　选中图表元素

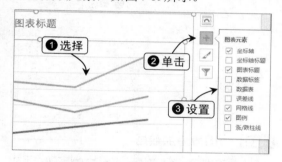

图4-19　增加或删除图表元素

3. 快速更改数据系列的颜色

插入图表后，数据系列的颜色都是Word默认的颜色，如果要更改数据系列的颜色，则可以单击"图表工具—设计"选项卡下"图表样式"组中的"更改颜色"下拉按钮，在下拉列表中选择合适的颜色进行更改，如图4-20所示。

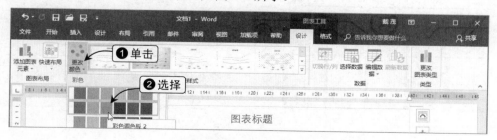

图4-20　更改数据系列的颜色

实战演练　在"成绩表 1"表格下方制作图表

前面介绍了怎样在Word文档中插入图表及图表样式的一些设置，下面通过实战操作在"成绩表"表格下方制作图表，进一步介绍图表的使用方法。

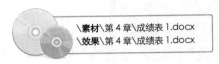

\素材\第 4 章\成绩表 1.docx
\效果\第 4 章\成绩表 1.docx

Step 01　打开"插入图表"对话框

打开"成绩表1"文档，将文本插入点定位到表格下方，然后在"插入"选项卡下"插图"工具组中，单击"图表"按钮，打开"插入图表"对话框。

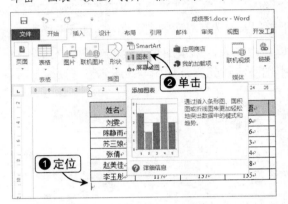

Step 02　选择图表类型

在打开的对话框中，单击"柱形图"选项卡，选择"簇状柱形图"（默认的图表类型）选项，然后单击"确定"按钮。

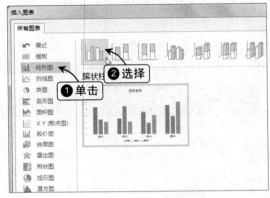

Step 03　为图表追加数据

复制"成绩表"表格中的内容，在Excel数据表中选中原有数据并拖选适当的区域，粘贴数据，图表上的数据系列就自动改变了。

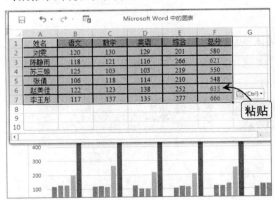

Step 04　选择布局

关闭Excel数据表并选中图表，在"图表工具—设计"选项卡的"图表布局"工具组中，单击"快速布局"下拉按钮，选择"布局10"选项。

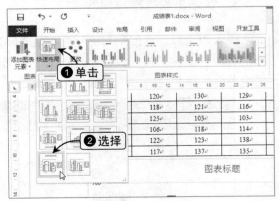

Step 05 设置图表样式

选中图表，在"图表工具—格式"选项卡的"形状样式"工具组中选择"彩色轮廓—橙色，强调颜色2"选项，然后单击"形状填充"按钮右侧的下拉按钮，选择"橙色2，淡色，淡色80%"选项，设置图表样式。

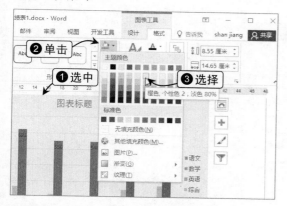

Step 06 添加图表标题

选中图表标题，输入新的标题"成绩分析图表"，然后设置标题的字体格式为"黑体，16号"。

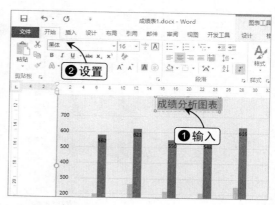

Step 07 为标题设置艺术字样式

选中标题，在"图表工具—格式"选项卡的"艺术字样式"工具组中，选择"填充—黑色，文本1，阴影"选项为标题设置艺术字效果。

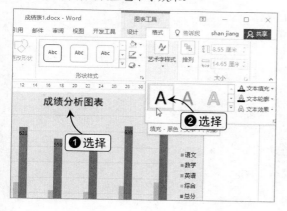

Step 08 改变图表大小

将鼠标光标移动至图表的边缘，当变成双箭头时，拖动鼠标可以改变图表的大小，然后单击任意空白处即可完成操作。

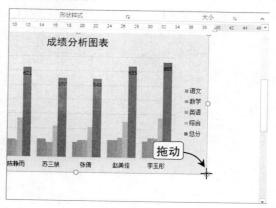

第 5 章

利用对象制作图文混排的文档

使用联机图片

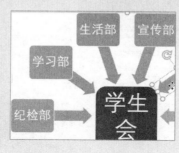

使用 SmarArt 图形展示学生组织结构

使用艺术字的效果

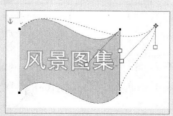

插入形状作为艺术字背景的效果

5.1 在 Word 中使用图片

插入并编辑图片，丰富文档内容和结构

在Word文档中可以插入合适的图片，丰富文档的内容，并可对图片进行一些编辑和设置，使其更好地与文本融合在一起，制作出图文混排的文档。

5.1.1 插入图片

在Word 2016中插入图片的来源有3种，可以直接插入本地电脑上的图片或者插入联机图片，也可以采用屏幕截图的方式插入当前打开的各个窗口截图。

1．插入本地图片

插入本地图片需通过"插入图片"对话框来选择图像文件，可以将存储在本地磁盘中的图片插入Word文档中。

将文本插入点定位在要插入图片的位置，在"插入"选项卡的"插图"工具组中单击"图片"按钮打开"插入图片"对话框，选择要插入的图片，单击"插入"按钮可将图片插入文档文本插入点位置，如图5-1所示。

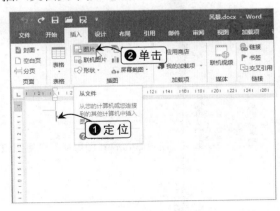

图5-1 插入图片

提示 Attention

插入图片的尺寸

如果插入图片的尺寸小于页面尺寸，则图片保留原本的大小；如果插入图片的尺寸大于页面尺寸，则图片会自动调整至页面范围内。

2．插入联机图片

插入联机图片需连接网络，通过网络搜索，插入网络中的图片和剪贴画，也可以连接到用户的OneDrive云端，选择用户保存在OneDrive的图片。

下面通过具体的操作来说明在Word 2016中插入联机图片的方法。

 操作演练：插入"小狗"联机图片

Step 01 **打开"插入图片"对话框**

打开一个Word文档，将插入点定位到需要插入图片的位置，单击"插入"选项卡的"插图"工具组中的"联机图片"按钮打开"插入图片"对话框。

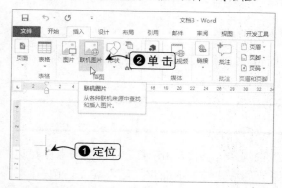

Step 02 **搜索图片**

在打开的对话框中选择"必应图像搜索"选项，在右侧的文本框中输入关键字，如"小狗"，然后单击"搜索"按钮。

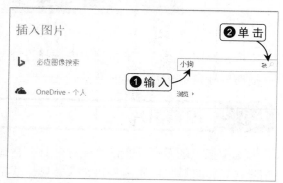

Step 03 **选择图片来源**

在搜索到的结果中选择合适的图片，单击"插入"按钮即可将其插入文档中。

插入其他来源的图片

提示 Attention

在插入联机图片时，如果选择在OneDrive 云端上获取用户保存的图片，与本地电脑一样，则需要在文件夹中选择保存的图片。

你需尊重他人的权利，包括版权。单击此处了解更多。

3. 插入截屏的图片

Word提供了屏幕截图的功能，可以自动截取当前打开的所有窗口。用户可根据实际需要选择所截取的窗口图片，将其插入到Word文档中。

要插入屏幕截图，可在"插入"选项卡的"插图"工具组中，单击"屏幕截图"下拉按钮，在弹出的下拉列表中选择需要使用的窗口截图，如图5-2所示。

图5-2 插入屏幕截图

可在"屏幕截图"下拉列表中选择"屏幕剪辑"选项，当鼠标光标变成十字形状，可以拖动鼠标自定义截取当前屏幕。

5.1.2 编辑图片

选中插入的图片，激活"图片工具—格式"选项卡，如图5-3所示。在该选项卡中可以删除背景、调整图片的颜色和艺术效果、设置图片的样式等，下面将介绍在Word 2016中编辑图片的具体方法。

图5-3 "图片工具—格式"选项卡

1. 改变图片大小

插入到文档中的图片的大小通常都不太可能恰如其分，需要用户根据需要调整其大小。

改变图表大小的方法有两种，一种是通过手动拖动来调整；另一种是在对话框中进行精确调整。

◆ **手动调整**：选中图片，图片的4角和各边的中点会出现控制点，将鼠标光标移动到某个控制点，待鼠标光标变成双箭头，按住鼠标左键，此时鼠标光标变成十字形状，拖动鼠标来调整图片的大小，如图5-4所示。

图5-4 手动调整图片大小

◆ **在对话框中调整**：选中图片后，在"图片工具—格式"选项卡的"大小"工具组中列有"高度"和"宽度"数值框，可直接输入数据，调整图片的大小，如图5-5所示。也可单击该组右下角的

"对话框启动器"按钮,打开"布局"对话框,在"大小"选项卡中对图片的缩放比例进行设置,如图 5-6 所示。

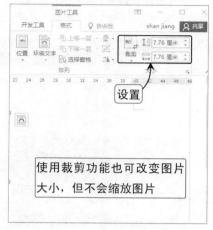

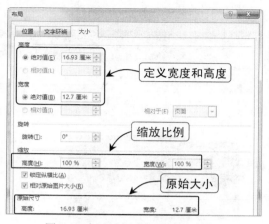

图5-5　在"大小"工具组中调整图片大小　　　　图5-6　在对话框中调整图片大小

2. 删除图片背景

如果要将插入的图片衬于文字下方或者做文字环绕布局效果,图片的背景将影响文字的清晰度。此时,则可以使用删除背景的方法,来清除图片中不必要的部分,突出显示图片主题,下面通过"删除背景"删除文档中的图片背景,介绍具体的操作方法。

 操作演练:删除风景图片的背景

\素材\第 5 章\删除背景.docx
\效果\第 5 章\删除背景.docx

Step 01 单击按钮

打开"删除背景"文档并选中文档中的图片,在"图片工具—格式"选项卡的"调整"工具组中单击"删除背景"按钮打开"背景消除"选项卡。

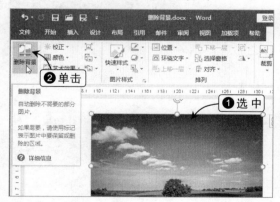

Step 02 设置操作区大小

此时,图片呈现删除背景操作状态,颜色覆盖区域为删除区,鼠标拖动操作区域的8个控点,使其与图片边缘线重合。

Step 03 单击按钮

在"背景消除"选项卡的"优化"工具组中单击"标记要删除的区域"按钮。

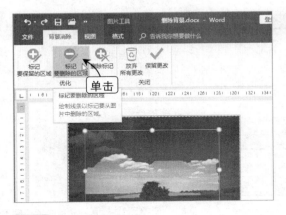

Step 05 标记保留区域

单击"优化"工具组中的"标记要保留的区域"按钮，在需要保留的区域标记带加号的圈形，如果保留时有些删除的区域又显示出来，可再次将其删除。

Step 07 完成操作

此时可以看到图片最初的背景被删除了，只保留了花的主体部分，然后单击"保存"按钮保存文档。

添加或删除标记

在添加或删除标记时，将图片放大或者将窗口的视图放大，可以更准确的添加或删除标记，以获取更美观的图片。

Step 04 标记删除区域

鼠标光标变为铅笔状，在需删除的区域单击标记带减号的圈形，程序会将标记的背景区域显示删除。

Step 06 保留更改

标记完成后，单击"关闭"工具组中的"保留更改"按钮，或单击文档的空白编辑区保留更改。

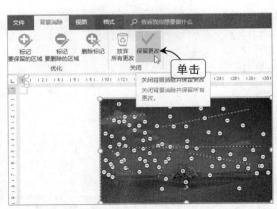

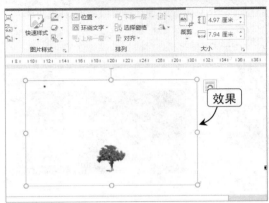

删除背景后还可以右击图片，在弹出的快捷菜单中选择"设置图片格式"命令，打开"设置图片格式"任务窗格，然后单击"填充与线条"选项卡，可选择颜色、纹理和图案等为图片填充内容，也可以选择填充图片和图案作背景。

例如，选中"纯色填充"单选按钮，然后设置颜色为蓝色，透明度为80%，所获取的图片效果如图5-7所示。

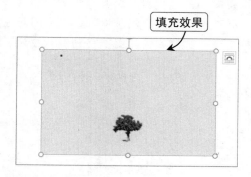

图5-7　为图片填充背景

3. 设置图片版式

为图片设置版式是将所选的图片转换为SmartArt图形，使图片与文本相结合，并可调整图形的大小。

选中图片后，单击"图片样式"工具组中的"图片版式"下拉按钮，在弹出的下拉列表中有多种预设的SmartArt图形样式供用户选择，选择选项后会激活"SmartArt工具"选项卡，如图5-8所示，具体设置将在编辑SmartArt图形章节进行介绍。

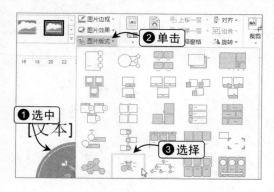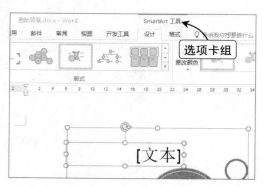

图5-8　为图片设置版式

4. 设置图片位置

图片位置的排列方式主要包括对图片的环绕方式、位置、旋转和翻转等设置。

◆ **图片环绕方式**：单击"排列"工具组中的"环绕文字"下拉按钮，其下拉菜单中有 7 种环绕方式，除"嵌入型"环绕不能移动图片，其他方式都可使用鼠标拖动的方式自由移动，如图 5-9 所示。选择"编辑环绕顶点"（选择"嵌入型"之外的 6 种方式后该选项会呈现可用状态）选项可以拖动图片的 4 个顶点改变环绕情况，也可以拖动环绕边增加新的环绕顶点。

◆ **位置**：单击"排列"工具组中的"位置"下拉按钮，在"文字环绕"栏中有"四周型环绕"、"顶端居中"、"中间居左"和"底端居右"等 9 种图片位置，选择其中一种可直接将图片移动到相应位置，如图 5-10 所示。

图5-9 图片环绕方式　　　　　　　　　　图5-10 设置图片位置

设置图片所在图层

如果在文档中插入了多张图片，则可以将多张图片的环绕方式均设置为非嵌入式，然后将这些图片叠放，调整每张图片的叠放顺序，以获取最佳的排列效果。在"排列"组中通过单击"上移一层"按钮或者单击"下移一层"按钮来设置图片的叠放顺序，以及图片与其他对象的叠放顺序。

◆ **旋转和翻转**：在"图片工具—格式"选项卡的"排列"工具组中，单击"旋转"下拉按钮，可以选择相应选项设置图片的旋转和翻转，如图 5-11 所示。选择"其他旋转选项"命令可打开对话框进行具体设置。如果不需要具体设置，还可以选中图片，将鼠标光标移动到图片上方的旋转控柄，拖动鼠标来使图片旋转，如图 5-12 所示。

图5-11 设置旋转和翻转　　　　　　　　图5-12 手动旋转

5. 图片更正设置

有时某些图片不够明亮或有些灰暗，使得打印出来的效果不理想，用户可以设置图片的亮度和对比度来改善图片的显示效果；若图片显得太过模糊或清晰，还可以调整图片柔化和锐化程度。

选中图片后，在"图片工具—格式"选项卡的"调整"工具组中单击"更正"下拉按钮，弹出的下拉菜单中有"锐化/柔化"与"亮度/对比度"两组预设的选项，可以直接选择设置，如图5-13所示。

选择"更正"下拉菜单中的"图片更正选项"命令可打开"设置图片格式"任务窗格，并直接展开到"图片"选项卡的"图片更正"目录，可以对图片的"锐化/柔化"和"亮度/对比度"效果进行更为细致的调整，如图5-14所示。

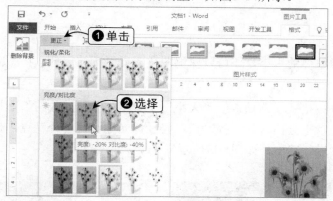

图5-13　设置图片更正

图5-14　详细设置图片更正

6. 图片颜色选项

对图片颜色的调整，除了重新设置颜色以外，还可以调整图片颜色的色调和饱和度。

选中图片，单击"图片工具—格式"选项卡"调整"工具组中的"颜色"下拉按钮，在弹出的下拉菜单中包含"颜色饱和度"、"色调"和"重新着色"3项预设选项，可直接选择相应的选项进行设置，如图5-15所示。

如果选择"图片颜色选项"命令则可以打开"设置图片格式"任务窗格，并切换到"图片"选项卡的"图片颜色"栏，可详细设置图片的颜色，如图5-16所示。

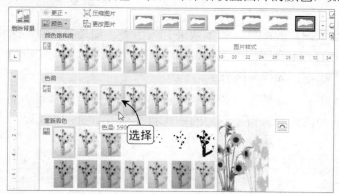

图5-15　"颜色"下拉菜单

图5-16　详细设置图片颜色

选择"其他变体"命令，在弹出的子菜单中可为图片重新着色，只需选择对应的颜色即可，所选择的颜色会代替原有图片的所有颜色。

 设置透明色
Skill

在"颜色"下拉菜单中选择"设置透明色"选项，鼠标光标会变为 ✍ 形状，在图片中的某个颜色上单击，可将图片中的该颜色设置为透明色。

7. 裁剪图片

裁剪图片不仅可以调整图像整体的大小，还可以保留图片需要显示的部分，将不需要的部分隐藏。

选中图片后，在"图片工具—格式"选项卡的"大小"工具组中单击"裁剪"下拉按钮，选择"裁剪"命令后图片边框上会出现裁剪控制点，将鼠标光标移向各控制点，按住鼠标左键不放进行拖动可对图片进行裁剪，如图5-17所示。

图5-17 裁剪图片

如果在"裁剪"下拉菜单中选择"裁剪为形状"命令，在弹出的子菜单中有各种形状样式供用户选择，则可以将图片自动裁剪为相应形状样式；在"纵横比"菜单的子菜单中可以选择具体的纵横裁剪比例。

8. 其他操作

为图片添加了样式或者调整了图片的颜色、艺术效果、大小等，如果要恢复原来的图片，只需单击"调整"工具组中的"重设图片"下拉按钮，在弹出的下拉列表中选择"重设图片"或"重设图片和大小"选项，如图5-18所示。

如果为图片设置好格式和大小后，则需要更换图片，可单击"调整"工具组中的"更改图片"按钮重新插入图片，新的图片会保留原图片的格式和大小，如图5-19所示。

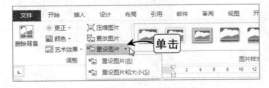

图5-18 重设图片　　　　　　　　　图5-19 更改图片

5.1.3 为图片设置艺术效果

图片艺术效果的设置是将艺术效果应用于图片或图片填充，使图片看上去更像草图、绘图或绘画。一次只能将一种艺术效果应用于图片，因此，应用不同的艺术效果会删除以前应用的艺术效果。

选中图片，在"图片工具—格式"选项卡的"调整"工具组中单击"艺术效果"下拉按钮，在弹出的下拉菜单选择相应效果，如选择"水彩海绵"命令，如图5-20所示，图片应用艺术效果的前后对比如图5-21所示。

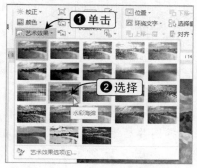

图5-20　"艺术效果"下拉菜单

图5-21　"水彩海绵"效果的前后对比

如果要对选择的艺术效果做进一步的设置，则可以选择"艺术效果"下拉菜单中的"艺术效果选项"命令，打开"设置图片格式"任务窗格，并且自动展开到"效果"选项卡的"艺术效果"目录，对每个艺术效果进行调整。

每个艺术效果的调整选项都不一样，但都可以调整透明度。用户可在实际操作中自行尝试对其他艺术效果的参数做调整。单击"艺术效果"栏下的"重置"按钮可删除应用于图片的艺术效果。

5.1.4 设置页面背景

页面的背景设置包括设置页面水印、页面颜色和页面边框，页面边框的设置方法已在第2章介绍了，这里不再赘述，下面介绍设置页面水印和页面颜色的具体方法。

1．设置页面水印

水印是添加在页面内容下面的虚影文字，可作为特定的标记表明文档需要特殊对待或者标识文档的归属，不会影响阅读文档内容。

Word 2016内置了机密、紧急和免责声明3种水印，如果要为文档添加水印，只需在"设计"选项卡的"页面背景"工具组中单击"水印"下拉按钮，选择某种水印效果快速添加到文档中，如图5-22所示。

图5-22　快速添加水印

可在"水印"下拉菜单中选择"自定义水印"命令打开"水印"对话框，自定义添加图片水印或者文字水印。

◆ **图片水印**：在打开的"水印"对话框中，选中"图片水印"单选按钮，然后单击"选择图片"按钮，打开"插入图片"对话框，选择图片后返回"水印"对话框，单击"应用"按钮，水印的缩放一般保持自动即可，如图 5-23 所示。

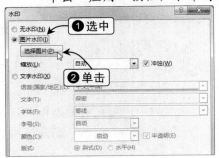

图5-23　添加图片水印

◆ **文字水印**：在打开的"水印"对话框中选中"文字水印"单选按钮，输入文字及设置文字的字体、字号和颜色等，输入文字时可以直接选择内置的水印文字，然后单击"应用"按钮，如图 5-24 所示。

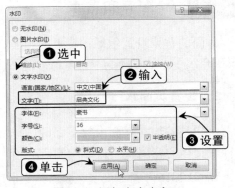

删除水印

提示
Attention

如果要删除文档中的水印，则只需在"页面背景"工具组的"水印"下拉菜单中选择"删除水印"选项，文档中的水印效果即可删除。

图5-24　添加文字水印

2. 设置页面颜色

为页面添加背景颜色，可以让文档内容更加多姿多彩。单击"设计"选项卡"页面背景"工具组中的"页面颜色"下拉按钮，选择合适的主题颜色为背景颜色，如图5-25所示。

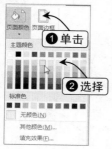

图5-25　添加背景颜色

在"页面颜色"下拉菜单中选择"填充效果"命令打开"填充效果"对话框，可以选择渐变颜色、纹理、图案和图片设置为页面背景。

◆ **渐变颜色**：在打开的"填充效果"对话框中单击"渐变"选项卡，可以设置单色、双色等渐变效果为页面设置背景颜色，如图 5-26 所示。

◆ **纹理**：在打开的"填充效果"对话框中单击"纹理"选项卡，可在"纹理："列表中选择系统内置的纹理设置为页面背景，也可单击"其他纹理"按钮选择网络上的纹理设置为页面背景，如图 5-27 所示。

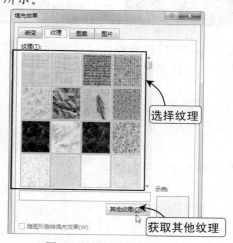

图5-26　设置渐变颜色的背景　　　　　图5-27　设置纹理背景

◆ **图案**：在打开的"填充效果"对话框中单击"图案"选项卡，可在"图案："列表中选择系统内置的图案设置为页面背景，在"前景"和"背景"下拉菜单中选择颜色，为图案设置不同的颜色，如图 5-28 所示。

◆ 图片：在打开的"填充效果"对话框中单击"图片"选项卡，然后单击"选择图片"按钮打开"插入图片"对话框，选择图片来源和图片后，返回"填充效果"对话框单击"确定"按钮，如图 5-29 所示。

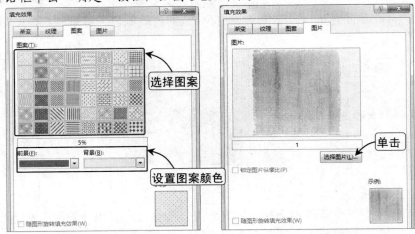

图5-28 设置图案背景　　　　图5-29 设置图片背景

删除背景颜色

如果要删除文档中的背景颜色，则只需在"页面背景"工具组的"页面颜色"下拉菜单中选择"无颜色"选项，文档中的页面颜色即可删除。

实战演练　在"黄龙溪古镇"文档中插入并编辑图片

在文档中对图片的操作丰富多彩，前面主要介绍其主要的功能设置，下面通过在"黄龙溪古镇"文档中添加水印、插入图片等来进行综合运用。

\素材\第5章\黄龙溪古镇.docx、黄龙溪.jpg、黄龙溪1.jpg
\效果\第5章\黄龙溪古镇.docx

Step 01 打开"水印"对话框

打开"黄龙溪古镇"文档，在"设计"选项卡的"页面背景"工具组中单击"水印"下拉按钮，选择"自定义水印"命令打开"水印"对话框。

Q：为什么在本章介绍页面背景，而不放在页面设置章节？

A：可以使用图片作为页面背景，包括插入图片和编辑图片等操作，放在本章讲解，可以快速了解图片的使用技巧，增加文档的色彩。

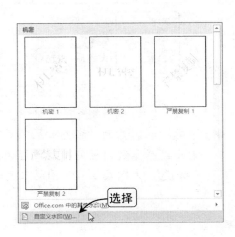

Step 02 设置水印

在打开的对话框中选中"文字水印"单选按钮,在"文字"文本框中输入"黄龙溪古镇",然后设置字体为"隶书"、字号为"自动"、颜色为"绿色,着色6"的斜式水印,单击"确定"按钮。

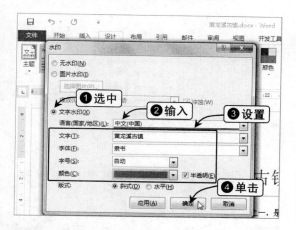

Step 03 打开"插入图片"对话框

将文本插入点定位到标题之后,在"插入"选项卡的"插图"工具组中单击"图片"按钮打开"插入图片"对话框。

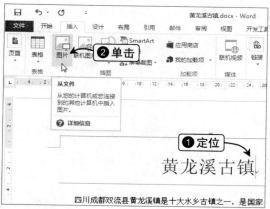

Step 04 选择图片

在打开的对话框中指定图片的路径,选择"黄龙溪"图片选项,然后单击"插入"按钮。

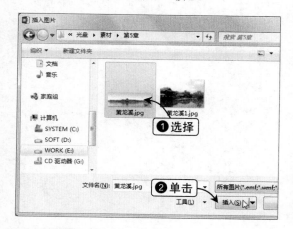

Step 05 调整图片位置

在"图片工具—格式"选项卡的"排列"工具组中单击"位置"按钮,选择"顶端居中"选项。

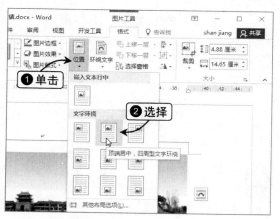

Step 06 裁剪图片

选中图片,在"大小"工具组中单击"裁剪"按钮下方的下拉按钮,选择"裁剪"选项,裁剪掉图片上方的部分,裁剪图片后再次调整图片位置。

提示 Attention

调整图片大小
插入图片后,由于图片自动缩放到适合页面的大小,因此不需要调整图片的大小。

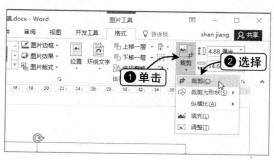

Step 07 设置图片布局

选中图片，在"排列"工具组中单击"环绕文字"下拉按钮，选择"衬于文字下方"选项，文档中的标题和内容自动浮于图片上方，将文本插入点定位到标题之前，按【Enter】键换行，保证只有标题在图片上方。

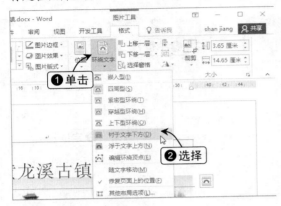

Step 08 设置图片样式

选中图片，在"图片工具—格式"选项卡下的"图片样式"工具组中选择快速样式库中的"棱台矩形"样式，为图片添加棱台矩形的边框。

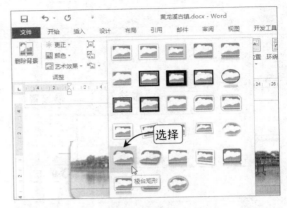

Step 09 设置图片效果

单击"图片样式"工具组中的"图片效果"下拉按钮，选择"半映像，4pt偏移量"选项，为图片设置倒影效果。

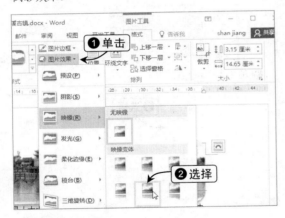

Step 10 插入并调整"黄龙溪 1"图片

将文本插入点定位到第5段开头，插入图片"黄龙溪1"，然后打开"布局"对话框，在"大小"选项卡中设置图片的缩放比例为"40%"，单击"确定"按钮。

Step 11 编辑图片并完成操作

在"图片样式"工具组中的快速样式库中选择"简单框架，白色"样式，然后在"排列"工具组中单击"环绕文字"下拉按钮，选择"紧密型环绕"选项。然后将图片移动到段落的最右边，单击"保存"按钮完成图片编辑操作。

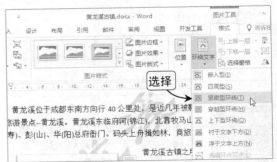

5.2 在 Word 中使用 SmartArt 图形
用形状与文字相结合的图形展示内容

　　SmartArt图形是信息的视觉表示形式，相对于常规的图形，它具有更高级的图形功能。使用SmartArt图形可以从多种不同布局中进行选择，从而快速轻松地创建示意图、组织结构图、流程图，以及其他现实中存在的各种图示，高效地传达信息和观点。

5.2.1 快速插入 SmartArt 图形

　　在Office 2016中，系统提供了多种样式的SmartArt图形，可以分为列表、流程、循环、层次结构、关系、矩阵、棱锥图和图片8种类型。

　　在"插入"选项卡的"插图"工具组中单击"SmartArt"按钮，打开"选择SmartArt图形"对话框，即可看到系统提供的8种图形样式，如图5-30所示。在对话框中选择需要的图形，单击"确定"按钮即可将相应样式的SmartArt图形插入文档中。

图5-30　　"选择SmartArt图形"对话框

5.2.2 编辑 SmartArt 图形的形状

　　插入SmartArt图形后，会打开"SmartArt工具"选项卡组，可以编辑SmartArt图形。在"SmartArt工具—设计"选项卡中可创建图形、设置布局、选择SmartArt样式等；在"SmartArt工具—格式"选项卡中可以更改形状、选择形状样式及设置艺术字样式等，如图5-31所示。

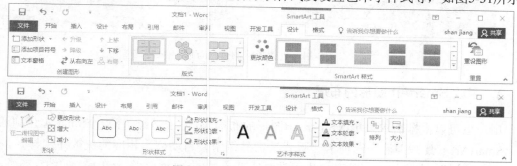

图5-31　　"SmartArt工具"选项卡

1. 添加形状

默认插入的SmartArt图形中只包含特定数量的形状，用户可以根据需要在所插入的图形中添加形状。

选中一个图形形状，单击"SmartArt工具—设计"选项卡的"创建图形"工具组中"添加形状"下拉按钮，在弹出的下拉列表框中选择添加形状的位置，如图5-32所示。

单击"创建图形"工具组中的"文本窗格"按钮，或者单击SmartArt图形左侧的折叠按钮，打开"在此处键入文字"对话框，选择需要添加形状各个分支，按【Enter】键可在该分支后面添加相应形状，按【Delete】键可删除插入的形状，如图5-33所示。

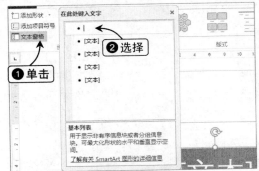

图5-32　添加形状　　　　　　　　　图5-33　快速添加形状

2. 更改 SmartArt 图形中形状的方向

SmartArt图形中形状都是按照从左到右方向进行排列的，用户可以根据需要逆向调整形状的排列顺序，将形状从左到右的方向更改为从右到左。

选中整个SmartArt图形，单击"创建图形"工具组中的"从右向左"按钮，即可将形状排列方向更改为从右到左，如图5-34所示。

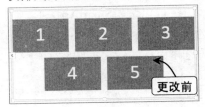
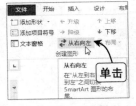

图5-34　更改形状的排列方向

3. 更改 SmartArt 图形的布局

用户也可以根据需求来更改SmartArt图形的布局。其方法是：选择整个SmartArt图形后，在"SmartArt工具—设计"选项卡"版式"工具组中会自动列出相应的更改布局样式，单击"其他"按钮，在弹出的下拉菜单中可选择需要更改的SmartArt图形布局，如图5-35所示。

4. 更改 SmartArt 图形的颜色和样式

选择整个SmartArt图形后，在"SmartArt工具—设计"选项卡的"SmartArt样式"工具组中单击"更改颜色"下拉按钮，选择某个选项为图形重新着色，在快速样式库中可更改图形的三维样式，如图5-36所示。

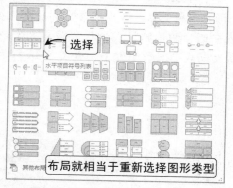

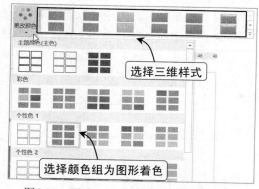

图5-35　更改SmartArt图形的布局　　　　图5-36　更改SmartArt图形的颜色和样式

提示
Attention

编辑 SmartArt 图形的形状

在编辑 SmartArt 图形的形状时，要考虑输入的文字量，因为文字量通常决定了所用布局及布局中所需的形状个数。如果文字量较大，则会分散 SmartArt 图形的视觉吸引力，使图形难以直观地传达用户要表达的信息。

5.2.3　在 SmartArt 图形中输入文字

选择SmartArt的单个图形时，会显示占位符，如"[文本]"，用户只需将需要添加的文本内容输入形状中即可代替占位符文本。

可以直接单击需要输入文本的形状，文本插入点将定位到该形状中，然后输入文字；也可以单击"创建图形"工具组中的"文本窗格"按钮（或单击所选图形边框左侧的折叠按钮）打开"在此处键入文字"对话框，在其中的各个分支中输入文字，如图5-37所示。

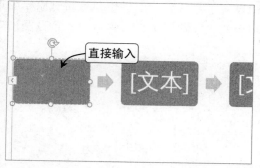

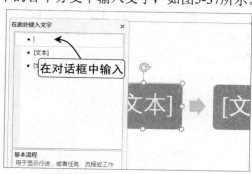

图5-37　在SmartArt图形中输入文字

5.2.4　自定义 SmartArt 图形的外观样式

SmartArt图形的外观样式可在"SmartArt工具—格式"选项卡中进行自定义设置，该设置与图片的样式设置相同，可以设置图形的形状、形状样式及艺术字样式等。

◆ **更改图形形状**：一个 SmartArt 图形是由若干形状组成的，插入 SmartArt 图形后，在"形状"工具组中可以对图形中的各个形状进行更改，并调整各个形状的大小。单击"更改形状"下拉按钮，在下拉列表中选择的形状样式会代替需要更改的图形，单击"增大"或"减小"按钮可以增大或减小图形的大小，如图 5-38 所示。

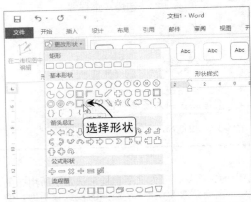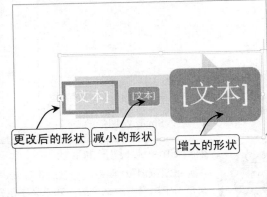

图5-38　更改图形形状

◆ **设置形状样式**：选中图形中的一个形状后，可在"形状样式"工具组的快速样式中应用新的样式，并可对该形状填充颜色、轮廓和效果等进行设置。

◆ **设置艺术字样式**：在"艺术字样式"工具组的列表框中可为选择的文字应用艺术字样式，并可对选择文字的填充颜色、轮廓和效果等进行设置。

插入一个SmartArt图形后，默认以适合页面的大小展示，可以选中所有的图形进行增大或减小，也可以使用鼠标拖动的方法，将鼠标光标移动到SmartArt图形的边框上，按住【Shift】键，拖动鼠标进行固定比例的增大或缩小，如图5-39所示。

对SmartArt图形更换了图形、增大、减小或设置了样式后，如果想要重新对原始图形进行编辑，则可在"SmartArt工具—设计"选项卡的"重置"工具组中单击"重设图形"按钮，如图5-40所示，图形就恢复到原始的状态。

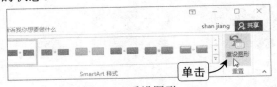

图5-39　手动更改图形的大小　　　　图5-40　重设图形

 实战演练 用 SmartArt 图形制作 "学生会组成图"

在前面的介绍中,主要了解了SmartArt图形的插入方法及对图形的编辑和设置,下面将通过制作"学生会组成图"为例来具体讲解其操作。

\素材\第5章\无
\效果\第5章\学生会组成图.docx

Step 01 打开对话框

新建空白文档,在"插入"选项卡"插图"工具组中单击"SmartArt"按钮,打开"选择SmartArt图形"对话框。

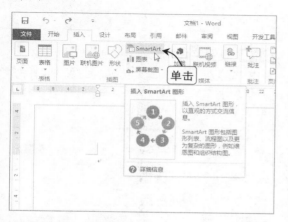

Step 02 选择图形

在打开的对话框中单击"关系"选项卡,选择"聚合射线"选项,然后单击"确定"按钮。

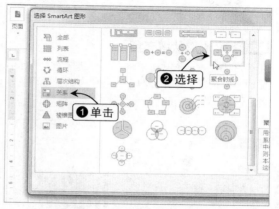

Step 03 添加形状

选中第二层的某个形状,在"SmartArt工具—设计"选项卡的"创建图形"工具组中单击"添加形状"下拉按钮,在图形后面添加3个图形。

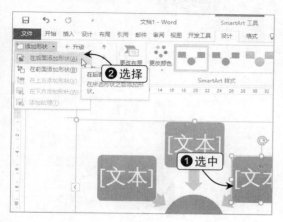

Step 04 输入文本

选中整个图形,单击图形左侧的折叠按钮,在"在此处键入文字"对话框中,输入要填充的文字。

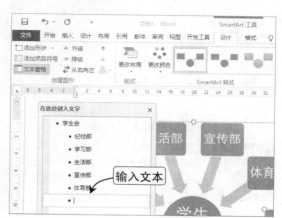

Step 05 设置图形颜色

选中整个图形，在"SmartArt工具—设计"选项卡的"更改颜色"下拉列表中，选择"彩色"栏的第2个选项。

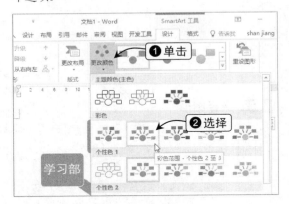

Step 06 更改形状

选中"学生会"形状，在"SmartArt工具—格式"选项卡下的"形状"工具组中单击"更改形状"下拉按钮，选择"同侧圆角矩形"选项。

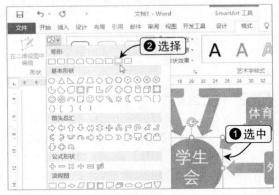

Step 07 设置形状填充色

在"形状样式"工具组中单击"形状填充"按钮右侧的下拉按钮，在弹出的下拉菜单中选择"橙色，着色2，50%"选项，填充形状颜色。

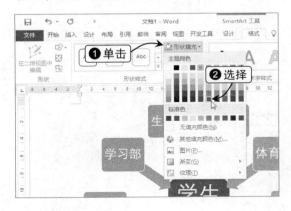

Step 08 设置字体样式

保持"学生会"形状为选中状态，在"艺术字样式"组中的快速样式中选择"填充—蓝色，着色1，阴影"选项，其他形状的颜色保持不变。

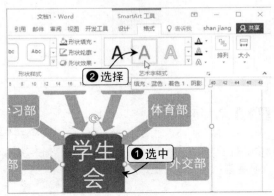

Step 09 完成制作

调整图形中各个形状的大小和位置，将文档保存为"学生会组成图"，完成图形制作。

提示
Attention

为图形设置三维效果

在制作 SmartArt 图形时，可在"SmartArt—样式"工具组的快速样式库中选择三维样式，为图形添加更多的效果。

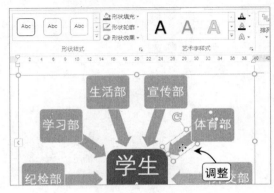

5.3 制作艺术字标题

使用艺术字为文本增加艺术特色

在Word中可以制作色彩绚丽、形状奇特的具有艺术效果的文字，并对所制作的艺术字进行编辑和设置，使文档呈现出不同的效果，让其看起来既轻松，又美观。

5.3.1 快速创建艺术字

艺术字的插入分为两个步骤，首先需要选择艺术字的样式，其次再输入艺术字的文本内容，具体操作如下。

 操作演练：为文档创建艺术字标题

Step 01 插入艺术字类型

定位艺术字的插入位置，在"插入"选项卡的"文本"工具组中单击"艺术字"下拉按钮，在弹出的下拉列表中选择要插入的艺术字样式。

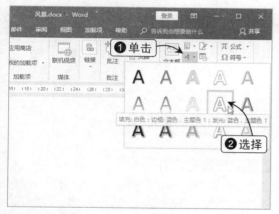

Step 02 完成创建

插入相应艺术字文本框后，文本框中的占位符显示了该艺术字的样式，单击将文本插入点定位到其中，然后输入文字。

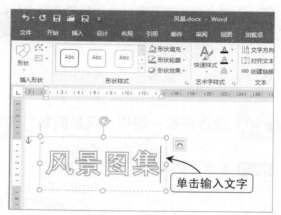

技巧 Skill | **快速将文字转换为艺术字**
如果用户要将文档中已经存在的文字转换为艺术字，则可以选中该文字，然后单击"插入"选项卡中的"艺术字"下拉按钮，在其下拉列表中直接选择艺术字样式即可。

5.3.2 更改艺术字的内容

在Office 2016中，所插入的艺术字是可以直接输入的文本框形式显示的，可用修改文本的方式直接修改艺术字，只需选中艺术字，输入新的内容即可覆盖原有的艺术字。用户也可以在"开始"选项卡中对艺术字的字体和段落格式进行更改。

5.3.3 编辑艺术字的样式

插入艺术字后，会打开"绘图工具—格式"选项卡，可以设置插入的艺术字样式，以及对艺术字的文本框形状样式进行设置，如图5-41所示。

图5-41 "绘图工具—格式"选项卡

提示 Attention 插入文本框编辑艺术字
当插入文本框后，也会打开相同的"绘图工具—格式"选项卡，通过该选项卡，可将文本框中的文字设置成艺术字样式。

1. 设置形状样式

在"绘图工具—格式"选项卡的"形状样式"工具组中提供有快速样式供用户选择，可对形状的填充内容、轮廓和效果进行设置，这些设置与SmartArt图形的形状样式设置相同。下面介绍更改艺术字的形状的具体方法。

在"插入形状"工具组中单击"编辑形状"下拉按钮，选择"更改形状"命令，在弹出的子菜单中选择合适的形状，将艺术字的文本框设置为所选的形状。选择"编辑顶点"选项还可进一步编辑形状，具体操作如下。

 操作演练：编辑"风景图集"艺术字标题的文本框形状

Step 01 更改形状

插入艺术字样式并输入文字后，在"绘图工具—格式"选项卡下的"插入形状"工具组中单击"编辑形状"按钮，选择"更改形状"子菜单中的"波形"形状。

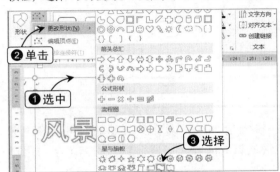

Step 02 设置形状填充色

选中整个文本框，单击"形状样式"工具组中的"形状填充"下拉按钮，选择"蓝色，个性色1，淡色60%"颜色选项，为形状填充颜色。

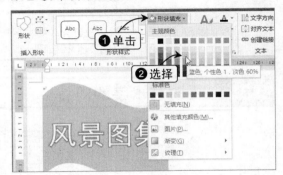

Step 03 选择"编辑顶点"选项

选中艺术字文本框，在"绘图工具—格式"选项卡的"插入形状"工具组中单击"更改形状"下拉按钮，选择"编辑顶点"选项。

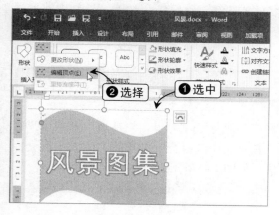

Step 04 编辑顶点

拖动形状的控制点，可以自由改变形状样式，但文字不会随着形状的变化而变化。不同形状的控制点数量和位置不同。

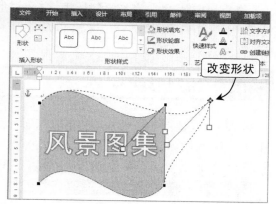

2. 设置艺术字样式

艺术字样式的设置与SmartArt图形中艺术字样式的设置基本相同，可对艺术字的填充、轮廓和效果等进行设置。

在"绘图工具—格式"选项卡的"文本"工具组中，可以改变文本的方向和对齐方式，也可以为文本添加链接。单击"文字方向"下拉按钮，在下拉菜单中可选择文字的方向，选择"文字方向选项"命令可打开对话框，查看预览效果并设置文字方向，如图5-42所示。

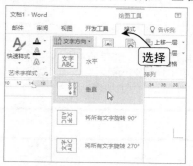

图5-42 设置艺术字的文本方向

在"文本"工具组中单击"对齐文本"按钮，可以选择"顶端对齐"、"中部对齐"和"底端对齐"3种文字相对文本框的对齐方式。

提示
Attention

创建链接

创建链接是将文本框中的文字链接到其他的空白文本框。选择要创建链接的文本框，单击"创建链接"按钮，待鼠标光标变成🔗形状，选择目标空白文本框，可将该文本框未显示出来的文字流向空白文本框。

5.4 插入形状图形

绘制、编辑并设置自选图形

在Word中可以自定义绘制形状，并可对形状的样式等进行编辑和设置。Word中的形状包括直线、矩形、圆等基本形状，以及各种线条、连接符、箭头、流程图符号、星与旗帜、标注等特殊效果形状。

5.4.1 绘制形状

绘制形状是指选择要添加的形状，通过鼠标拖动进行绘制。单击"插入"选项卡"插图"工具组中的"形状"下拉按钮，在弹出的下拉列表中选择需要的形状，此时鼠标光标变为十字形状，按下鼠标拖动即可绘制所选形状，如图5-43所示。

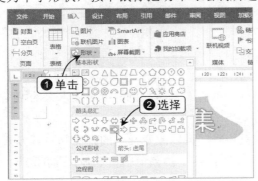

图5-43 绘制形状

技巧
Skill

在形状中添加文本

如果要在形状中添加文本内容，则可以选中形状，然后直接输入文本，也可以选中形状右击，选择"添加文字"命令，在形状中出现的文本插入点处输入文本内容。

5.4.2 美化形状

在插入形状后，会打开"绘图工具—格式"选项卡，在其中可对形状进行美化，方法与图片、SmartArt图形、艺术字的美化操作一样。

在没有输入文字前，只能对形状进行设置，输入文字后，即激活设置文字的功能，如"艺术字样式"工具组和"文字方向"按钮，如图5-44所示。

图5-44 激活设置文字的功能

5.5 使用"文档部件"制作文档
插入预设格式的文本、自动图文集或文档属性等

"文档部件"是在文档编辑时，用来快速输入常用内容的功能项，在文档部件库中可以创建、存储和查找可重复使用的内容片段，内容片段包括自动图文集、文档属性（如标题和作者）和领域。

对于一些常用的或需重复输入的内容，可以直接通过"文档部件"直接插入文档中。在"插入"选项卡的"文本"工具组中单击"文档部件"下拉按钮，选择自动图文集、文档属性和领域可以插入不同的内容，如图5-45所示。

图5-45 "文档部件"下拉菜单

◆ **自动图文集**："自动图文集"可以访问自动图文集库，程序会自带一些常用的内容，文本插入点定位到需插入的位置后，选择要插入的内容即可。还可以手动存储需要重复使用的内容，通过选择要重复使用的文本，选择"自动图文集/将所选内容保存到自动图文集库"命令打开"新建构建基块"对话框，填写信息后将自动图文集保存到自动图文集库以便以后使用，如图 5-46 所示。

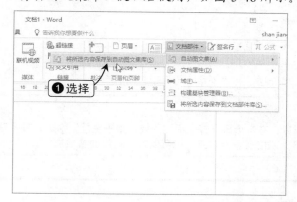

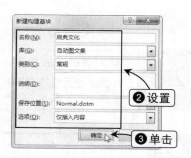

图5-46 将所选内容保存到自动图文集库

◆ **文档属性**：选择"文档属性"命令可从其子菜单中选择文档属性。选择后即在文档中插入一个相应的文档属性框，填写内容以创建伴随文档的属性，完成后在后台视图的"信息"选项卡中显示创建的属性内容。

◆ **域**：使用域代码可以插入域，它可以提供自动更新的信息，如时间、标题、页码等。

◆ **构建基块管理器**：选择"构建基块管理器"命令可打开其对话框，其中包含自动图文集中的内容和常用的图形、表格或其他特定对象，在该对话框中可对这些内容进行插入、编辑和删除等操作。

◆ **将所选内容保存到文档部件库**：选择文档中的内容，选择"将所选内容保存到文档部件库"命令可将选择的内容添加到部件库中。

5.6 在文档中进行图文排版
改变对象的叠放次序、对齐与分布对象、组合与解散对象

图文排版主要是对文档中的图形元素的设置，当文档中有多个浮动版式的图片、自选图形、文本框等对象时，可以根据需要对它们进行排版，主要包括改变对象的叠放次序、对齐与分布对象、组合和解散对象等。

5.6.1 改变对象的叠放次序

当文档中有多个浮动版式的对象，且这些对象的位置相互重叠时，可以设置它们的叠放次序，或将其置于文本层的下方或上方。

选择要设置叠放次序的浮动对象，在对象的"格式"选项卡下的"排列"工具组中单击"上移一层"或"下移一层"按钮，使对象做上移或下移变化。

单击"上移一层"或"下移一层"下拉按钮，可以进行更多的移动选择，如置于顶层或底层、浮于文字上方或衬于文字下方等设置，如图5-47所示。

图5-47 "上移一层"和"下移一层"下拉列表

技巧 **改变对象的叠放次序**
Skill
选中需要设置叠放次序的对象，右击选择"置于顶层"或"置于底层"命令，其子菜单与"上移一层"和"下移一层"下拉列表相对应，也可以改变对象的叠放次序。

5.6.2 对齐与分布对象

当文档中有多个浮动版式的对象，若需要将它们在某个位置上对齐，可以利用对齐功能快速对齐；当需要在某一范围内均匀分布多个浮动对象时，则可使用分布功能使它们在水平或垂直方向上均匀分布。

选中要进行操作的对象，在对象的"格式"选项卡的"排列"工具组中单击"对齐"下拉按钮，在弹出的下拉菜单中可选择对齐和分布选项，如图5-48所示。

下拉菜单中的对齐方式选项有6个，包括水平方向的左对齐、右对齐和左右居中；垂直方向的顶端对齐、底端对齐和上下居中。

选择"对齐"下拉菜单中的"横向分布"或"纵向分布"选项，可将选择的多个对象以第一个和最后一个的距离为基准，横向或纵向均匀分布。

技巧 Skill **选择对象**

为了方便对象的选取，可单击"排列"工具组中的"选择窗格"按钮，打开"选择"任务窗格。在窗格中可以显示或隐藏特定的对象，按住【Ctrl】键可选择多个对象，如图 5-49 所示。

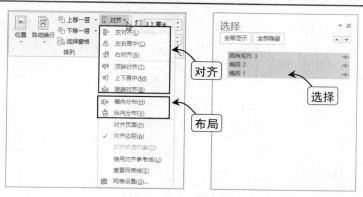

图5-48 "对齐"下拉菜单　　　图5-49 "选择"任务窗格

5.6.3 组合或解散对象

将多个需要保持相对位置关系的浮动对象移到所需的位置后，可以将这些浮动的对象组合起来成为一个整体，防止在排版过程中某个对象被不慎移动。

选中要组合的对象，在对象的"格式"选项卡的"排列"工具组中单击"组合"按钮，选择"组合"选项，将所选对象组合为一体，如图5-50所示。

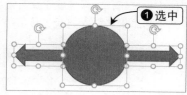 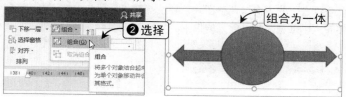

图5-50 组合对象

移动对象时会将多个对象以一个对象的形式移动，若要解散组合对象，可以单击组合对象，在"组合"下拉列表中选择"取消组合"选项。

实战演练　排列"认识动物"文档中的对象

图文排版包括很多内容，如前面介绍的设置图片版式，图片位置等，其他图形对象也可参照前面图片位置的设置进行相关操作。

下面将以排列"认识动物"文档中的对象为例，进一步介绍图文排版的具体操作，包括设置对象的环绕方式、选择对象、设置叠放次序等。

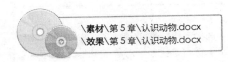

\素材\第5章\认识动物.docx
\效果\第5章\认识动物.docx

Step 01 设置图片环绕方式

打开"认识动物"文档并选中图片，将各个图片的环绕方式由"嵌入型"设置为"浮于文字上方"。

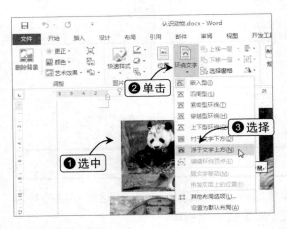

Step 02 打开"选择"任务窗格

此时各对象排列混乱，可选中一个对象，单击"排列"工具组中的"选择窗格"按钮，打开"选择"任务窗格进行选择。

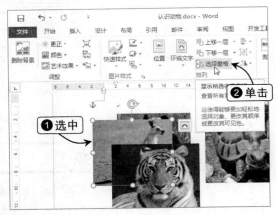

Step 03 调整对象的位置

在"选择"任务窗格中选中图片，通过鼠标拖动并配合键盘上的方向键调整图片位置。然后将动物名称的文本框调整到可看见的位置。

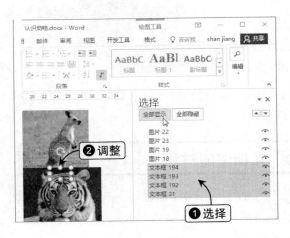

Step 04 设置图片的叠放次序

选中袋鼠图片，单击"排列"工具组中的"下移一层"按钮右侧的下拉按钮，选择"置于底层"选项，其他图片从下到上依次为大熊猫、乌龟、老虎。

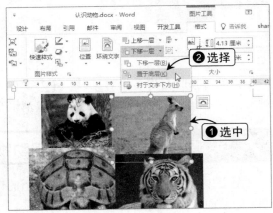

Step 05 将文本框置于顶层

选中所有的文本框，单击"排列"工具组中的"上移一层"下拉按钮，选择"置于顶层"选项。

Step 06 匹配动物名称

选中代表动物名称的文本框，将其移动到对应图片的适当位置。

Step 07 组合各个对象

选中所有的对象，单击"排列"工具组中的"组合"下拉按钮，选择"组合"选项。

提示
Attention

统一设置对象

选中所有对象或组合对象后，将打开"绘图工具—格式"选项卡和"图片工具—格式"选项卡，可对对象进行统一设置。

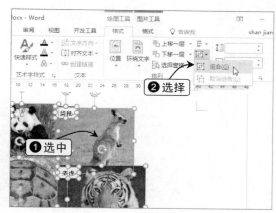

第6章

Excel 的基础操作

选择不连续单元格的效果

设置色阶的效果

应用主题美化表格的效果

为表格设置多种格式的效果

6.1 工作表的基本操作
熟练掌握工作表的插入、选择、重命名以及移动和复制等操作

工作表是工作簿文件的基本组成，一个工作簿中可以包含 1～255 张工作表。工作表是数据存储的主要场所，由 1 048 576 行和 16 384 列单元格组成。工作簿、工作表和单元格是包含与被包含的关系，如图 6-1 所示。

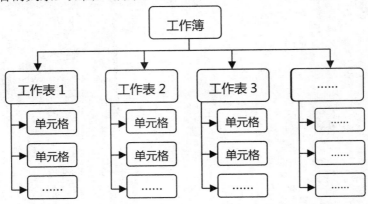

图 6-1　工作簿、工作表与单元格之间的相互关系

6.1.1 插入工作表

默认情况下，Excel 2016 中只包含 1 张工作表，如果这张工作表不能满足用户的需要，用户则可以再插入一张或者多张工作表。插入工作表的方法有两种，具体操作方法如下。

◆ **通过菜单命令插入**

在"开始"选项卡的"单元格"工具组中单击"插入"下拉按钮，选择"插入工作表"选项，可在当前选择的工作表左侧插入空白工作表。

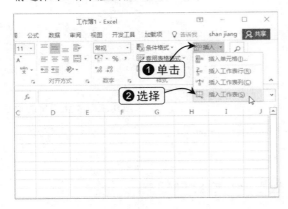

◆ **通过快捷菜单插入**

在工作表标签处右击，选择"插入"命令，在打开的"插入"对话框中选择"工作表"选项，单击"确定"按钮可在标签左侧插入空白工作表。

另外，在工作表的标签处，单击"新工作表"按钮，可在当前工作表的右侧相邻位置快速插入一张新的空白工作表，如图6-2所示。

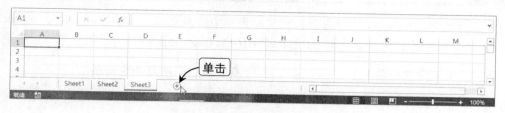

图6-2　快速插入空白工作表

6.1.2　选择工作表

在工作表中处理数据时，需要对工作表进行选择。在Excel 2016中，选择工作表可以是选择一张工作表、选择连续多张工作表、选择不连续的多张工作表和选择全部工作表，这4种情况的具体操作如下。

◆　**选择一张工作表**

将鼠标光标移动需要选择的工作表标签上，单击该标签即可选择该工作表，被选择的工作表将以白底状态显示。

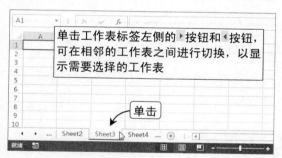

◆　**选择连续多张工作表**

选择第一张工作表，然后按住【Shift】键不放，再选择连续多张工作表的最后一张工作表可选择这两张工作表之间的所有工作表。

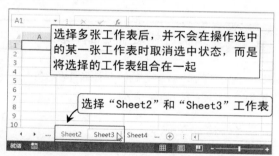

◆　**选择不连续的多张工作表**

选择第一张工作表，然后按住【Ctrl】键不放，再选择其他工作表即可选择不连续的多张工作表。

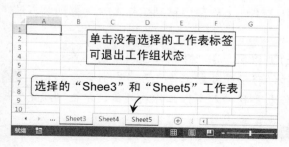

◆　**选择全部工作表**

在任意工作表标签上右击，在弹出的快捷菜单中选择"选定全部工作表"命令，可选择工作表标签组中的所有工作表。

6.1.3 重命名工作表

为了方便记忆和操作，用户可以根据实际表格中的数据将默认的"Sheet1"、"Sheet2"、"Sheet3"……工作表进行重命名。在Excel 2016中，重命名工作表的操作主要有以下两种。

◆ **通过菜单命令重命名**

选择目标工作表，在"开始"选项的"单元格"工具组单击"格式"下拉按钮，选择"重命名工作表"选项使工作表标签进入可编辑状态，输入工作表名称按【Enter】键或在编辑区任意位置单击即可确认。

◆ **通过快捷菜单重命名**

在需要重命名的工作表标签上右击，选择"重命名"命令将工作表标签变为可编辑状态，输入新名称后按【Enter】键或在工作表编辑区的任意位置单击即可确认输入。

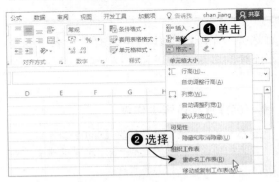

6.1.4 移动和复制工作表

为了提高工作效率，对于结构完全相同的工作表的制作，可以使用系统提供的移动和复制工作表的功能来完成。

1．移动工作表

移动工作表是将指定的工作表从一个地方移动到另一个地方，对于同一个工作簿中的工作表移动，实质相当于将工作表的位置进行改变；对于不同工作簿中的工作表移动，进行移动操作后，源工作簿中的指定工作表被移动到目标工作簿，在源工作簿中不存在该工作表。

无论是在同一工作簿中移动工作表，还是在不同工作簿中移动工作表，其移动的方法都基本相同，具体的操作方法如下。

◆ **通过菜单命令移动**：选择需要移动的工作表，在"开始"选项卡的"单元格"工具组中单击"格式"下拉按钮，选择"移动或复制工作表"命令打开"移动或复制工作表"对话框，然后选择该工作表要移动到哪张工作表之前，单击"确定"按钮完成移动操作，如图6-3所示。

图6-3　通过菜单命令移动工作表

◆ **通过快捷菜单移动或复制**：在工作表标签上右击，选择"移动或复制"命令，在打开的"移动或复制工作表"对话框中即可对工作表进行移动或复制操作，如图 6-4 所示。

技巧
Skill

在同一工作簿中快速移动工作表

选择工作表，按住鼠标左键不放，当鼠标光标变为 形状时拖动鼠标，当拖动到目标位置时，在工作表标签组上将出现▼标记，释放鼠标可将工作表移动到该位置，如图 6-5 所示。

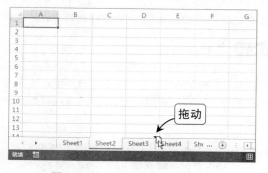

图6-4　通过快捷菜单移动工作表　　　　图6-5　快速移动工作表

2．复制工作表

复制工作表就是将指定的工作表从一个地方复制到另一个地方，在目标位置建立副本，而源工作簿中的工作表依然存在。

复制工作表的操作与移动工作表的操作相似，只是在"移动或复制工作表"对话框中勾选"建立副本"复选框，即可在目标工作簿的某个位置建立该工作表的副本。

下面通过在"产品销量统计"工作簿中，将"图表"工作表移动到"数据"工作表的后面，然后将"图表"工作表复制到新的"产品销量分析"工作簿中为例，讲解移动和复制工作表的具体操作。

操作演练：移动和复制工作表

\素材\第 6 章\产品销量统计.xlsx
\效果\第 6 章\产品销量统计.xlsx，产品销量分析.xlsx

Step 01 移动工作表

打开"产品销量统计"工作簿，将鼠标光标移动到"数据"工作表的标签上，按住鼠标左键不放将其拖动到"图表"工作表标签的左侧。

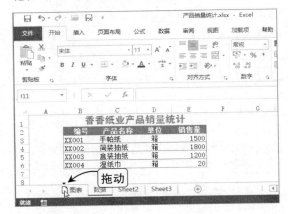

Step 02 打开"移动或复制工作表"对话框

选择"图表"工作表，在工作表标签上右击，在弹出的快捷菜单中选择"移动或复制"命令打开"移动或复制工作表"对话框。

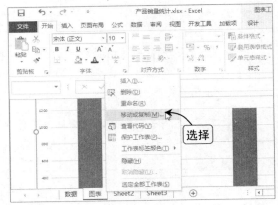

Step 03 复制工作表

在"将选定工作表移至工作簿："下拉列表框中选择"新工作簿"选项，然后选中"建立副本"复选框，单击"确定"按钮即可将工作表复制到新工作簿中。

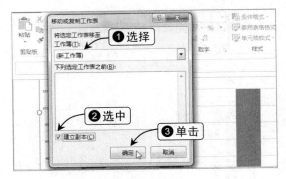

Step 04 保存工作簿

在新建的工作簿中的"文件"选项卡中单击"另存为"按钮，在"另存为"对话框的名称文本框中输入"产品销量分析"，然后单击"保存"按钮将工作簿保存到本地电脑上。

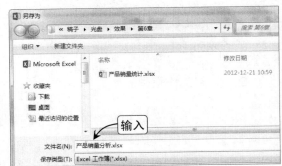

 技巧 Skill

快速在同一工作簿复制工作表

在同一工作簿中，按住【Ctrl】键不放，选中工作表标签进行拖动，可以快速复制工作表。所复制的工作表名称是在原名称的基础上添加了"(2)"，如"图表"工作表，复制后的工作表名称为"图表 (2)"。

6.1.5 删除工作表

在Excel 2016中，用户可以根据需要删除不需要的工作表。删除工作表的方法有两种，一种是通过菜单命令删除，另一种是通过快捷菜单删除，具体操作方法如下。

◆ **通过菜单命令删除**

选择需要删除的工作表对应的工作表标签，在"开始"选项卡的"单元格"工具组中单击"删除"下拉按钮，在弹出的下拉列表中选择"删除工作表"选项即可将该工作表删除。

◆ **通过快捷菜单删除**

在需要删除的工作表对应的工作表标签上右击，在弹出的快捷菜单中选择"删除"命令即可将该工作表删除。

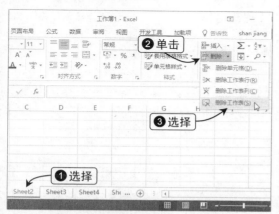

提示 Attention	**删除包含数据的工作表**

在删除工作表时，如果被删除的工作表中包含有数据，选择"删除"命令后，则会打开一个提示对话框，提示当前删除的工作表中包含数据，单击"删除"按钮将删除该工作表，单击"取消"按钮则放弃删除工作表的操作。

6.2 单元格的基本操作

选择、插入、删除、合并等单元格的基本操作和设置

在Excel中，对单元格的操作主要包括选择、插入、删除、合并与拆分，以及调整行高和列宽等，下面分别对其进行详细介绍。

6.2.1 选择单元格

选择单元格是对单元格进行操作的第一步，在Excel 2016中，选择单元格主要包括以下几种情况。

◆ 选择单个单元格

将十字形状的鼠标光标直接移动到目标单元格，单击鼠标左键选中该单元格。被选择的单元格以绿色的边框显示，并且该单元格对应的列标和行号也会以绿色文本加灰色底纹突出显示。

◆ 选择连续多个单元格

在连续单元格区域的左上角的单元格上按住鼠标左键不放，拖动鼠标光标至连续单元格右下角的单元格位置上；或者选择左上角的单元格后，按住【Shift】键不放，再选择单元格区域右下角的单元格。

◆ 选择不连续的单元格

选择一个单元格或者单元格区域，按住【Ctrl】键不放，再选择其他单元格或者单元格区域可选择不连续的单元格或单元格区域。所选择的单元格或单元格区域以灰色底纹显示，只有最后一个单元格或单元格区域的第一个单元格有绿色边框。

◆ 选择整行

将鼠标光标移动到需要选择整行单元格的行号上，当鼠标光标变为 ➡ 形状时，单击鼠标左键即可选择该行。

◆ 选择整列单元格

将鼠标光标移动到需要选择的整列单元格的列标上，当鼠标光标变为 ↓ 形状时，单击鼠标左键即可选择该列。

◆ 选择全部单元格

单击行号和列标交叉处位置的标记，或者直接按【Ctrl+A】组合键可以选择工作表中的全部单元格。

读者提问
Q+A

Q：单元格用什么来标识呢？

A：在 Excel 中用行号和列标来标识单元格的地址，如第 3 行第 F 列的单元格地址为 F3。如果需要表示连续的单元格区域，则此时需要使用冒号来表示，如第 4 行第 C 列单元格和第 6 行第 D 列单元格之间的单元格表示为 C4:D6。

6.2.2 插入与删除单元格

在编辑工作表的过程中，有时候需要在已有工作表的中间某处位置添加数据，此时就需要在该位置插入单元格，然后输入数据。对于不需要的单元格，则可以将其删除。

1. 插入单元格

在Excel 2016中，插入单元格有两种方法，分别是通过快捷菜单插入和通过菜单命令插入，其具体的操作如下：

◆ **通过快捷菜单插入**

右击目标单元格，在弹出的快捷菜单中选择"插入"命令，在打开的"插入"对话框中设置插入单元格的位置，单击"确定"按钮即可插入单元格。

◆ **通过菜单命令插入**

选择目标单元格，在"开始"选项卡"单元格"工具组中单击"插入"下拉按钮，在弹出的下拉菜单中选择"插入单元格"命令，在打开的"插入"对话框中即可设置插入单元格的位置。

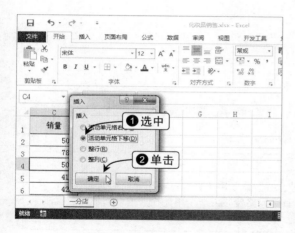

提示 Attention

"插入"对话框中各单选按钮的作用

在"插入"对话框中，"活动单元格右移"单选按钮表示在当前位置插入一个单元格，原单元格右移；"活动单元格下移"单选按钮表示在当前位置插入一个单元格，原单元格下移。"整行"单选按钮表示在选择的单元格所在位置插入整行，原来的整行单元格下移；"整列"单选按钮表示在选择的单元格所在位置插入整列，原来的整列单元格右移。

2. 删除单元格

在Excel 2016中，删除单元格有3种情况，分别是删除一个单元格、删除整行单元格和删除整列单元格。

删除单元格的方法与插入单元格的方法相似，可以通过右击单元格选择"删除"命令，打开"删除"对话框，选择该单元格以何种方式删除；也可以选择单元格，在"单元格"工具组中单击"删除"按钮下方的下拉按钮，选择"删除单元格"命令打开对话框进行选择。

6.2.3　合并与拆分单元格

在设计表格布局的过程中，可以根据内容的需要，将多个单元格合并为一个单元格。如果不需要将其合并，则可以使用拆分单元格功能将其拆分。在Excel 2016中，合并单元格和拆分单元格是一个互逆的过程。

选择需要合并的单元格区域，在"对齐方式"工具组的"合并后居中"下拉列表中选择"合并单元格"选项即可，合并单元格后，在"合并后居中"下拉菜单中即可选择"取消单元格合并"选项，将合并的单元格进行拆分，如图6-6所示。

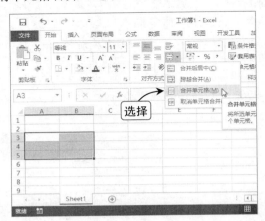 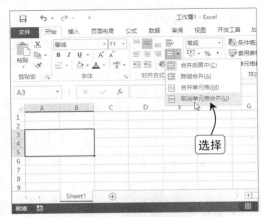

图6-6　合并与拆分单元格

单元格的合并方式

在"合并后居中"下拉菜单中，"跨越合并"命令用于将同行中相邻的单元格进行合并；"合并单元格"命令用于将选择的所有单元格合并为一个单元格，单元格中的数据按照合并前的格式进行显示。

6.2.4　设置单元格的行高和列宽

为了使各个单元格的大小适应表格内容，以便数据内容良好地显示出来，可以自定义单元格的行高和列宽。

1．快速调整行高和列宽

在Excel 2016中，用户可以通过手动拖动的方式对单元格的行高和列宽进行快速调整，也可以使用表格的自动调整功能来进行调整。

◆ 通过拖动鼠标调整

将鼠标光标移动到需要调整单元格行高（或列宽）的行标记（或列标记）上，当鼠标光标变为➕形状（或➕形状）时，按住鼠标不放进行拖动即可调整单元格的行高（或列宽）。

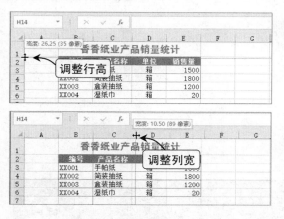

◆ 通过**自动调整**功能调整

选择需要自动调整行高或者列宽的单元格区域，在"开始"选项卡的"单元格"工具组中单击"格式"下拉按钮，在弹出的下拉菜单中选择"自动调整行高"或"自动调整列宽"选项即可。

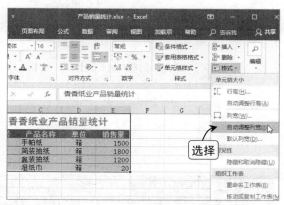

2．精确调整行高和列宽

如果要精确调整行高和列宽，则就需要在"行高"和"列宽"对话框中进行设置。下面将通过为"生产记录表"工作簿中的单元格设置行高和列宽为例，讲解精确调整行高和列宽的具体方法。

 操作演练：在对话框中调整行高和列宽

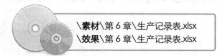
\素材\第 6 章\生产记录表.xlsx
\效果\第 6 章\生产记录表.xlsx

Step 01 打开"行高"对话框

打开"生产记录表"工作簿并选择第1行单元格区域，在"单元格"工具组中单击"格式"下拉按钮，选择"行高"命令打开"行高"对话框。

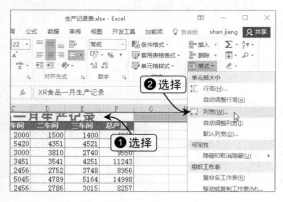

Step 02 设置行高

在"行高："文本框中输入"30.25"，单击"确定"按钮，然后选择其他需要调整行高的单元格区域，分别为其设置行高。

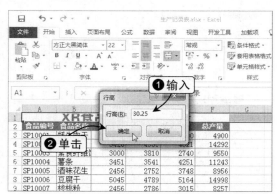

Step 03 打开"列宽"对话框

选择B列单元格区域并在其上右击，在弹出的快捷菜单中选择"列宽"命令打开"列宽"对话框。

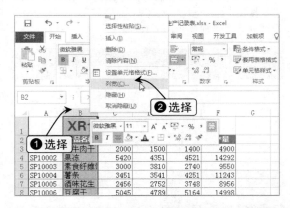

Step 04 设置列宽

在打开的对话框的"列宽："文本框中输入"12"，单击"确定"按钮完成调整列宽的操作。

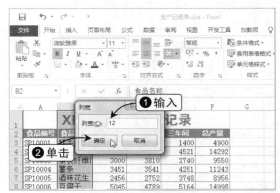

6.3 拆分和冻结窗格
固定某部分窗格，更利于数据的查看和对比

为了更方便地查看和对比表格中的数据，可以根据不同的需要对工作表进行拆分和冻结操作，下面将分别介绍各操作的具体应用。

6.3.1 拆分窗格

如果工作表中存储的数据记录比较多，为了查看不同数据记录之间的对照关系，则可以使用系统提供的拆分工作表窗口的方法将工作表拆分为2个或4个独立的窗格，然后在独立的窗格中查看。

在Excel 2016中，选中拆分的中心单元格，在"视图"选项卡的"窗口"工具组中单击"拆分"按钮，即可从该单元格处将窗口拆分为4个独立的窗格，如图6-7所示。

图6-7 拆分窗格

如果要取消该窗格，则可以再次单击"拆分"按钮，使其处于未选中的状态，窗口又恢复到原来的样式。

6.3.2 冻结窗格

如果工作表中存储的数据比较多，若要查看工作表中超出第一屏的数据与表头数据的对应关系，此时则可以通过冻结窗格的方法来实现。

在Excel 2016中单击"视图"选项卡，在"窗口"工具组中单击"冻结窗格"下拉按钮，在弹出的下拉列表中选择所需的冻结方式即可，如图6-8所示。

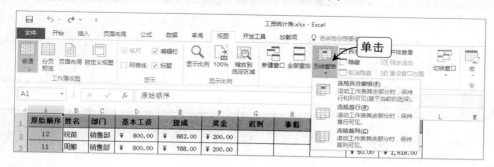

图6-8　冻结工作表窗口

系统共提供了3种冻结方式，分别是冻结拆分窗格、冻结首行和冻结首列，其具体的含义如下：

◆ **冻结拆分窗格**

以中心单元格左侧和上方的框线为边界将窗口分为4个部分，冻结后拖动滚动条查看工作表中的数据时，中心单元格左侧和上方的行和列的位置不变。

◆ **冻结首行**

冻结工作表的首行，在垂直滚动查看工作表中的数据时，保持工作表的首行位置不变。

◆ **冻结首列**

冻结工作表的首列即在水平滚动查看工作表中的数据时，保持工作表的首列位置不变。

> **提示**
> Attention
>
> **冻结首行和冻结首列**
> 在冻结窗格时，选择冻结首行或者冻结首列，并不是工作表的第一行或者第一列，而是当前窗口显示的第一行或第一列。

在执行冻结窗格命令后，"冻结窗格"下拉菜单中的"冻结拆分窗格"选项自动变成"取消冻结窗格"选项，选择该选项即可解除所有的窗口冻结。

6.4 在工作表中输入和编辑数据
输入并编辑不同类型的数据，填充工作表内容

用户可在Excel工作表中输入文本、数字及特殊符号等类型的数据，其输入方法和数据的编辑等操作与在Word中输入文本和编辑文本的方法基本相同。下面再做一些简单的介绍，并了解在Excel中输入和编辑数据的独特方法。

6.4.1 输入数据

在Excel中，承载数据的位置是单元格，输入数据有两种方法，一种是在单元格中直接输入数据，另一种是在编辑栏中输入数据。

◆ **直接在单元格中输入**

选择需要输入数据的单元格，直接输入数据后按【Enter】键或在其他空白位置单击完成输入。也可双击单元格，将插入点定位到单元格中再输入数据。

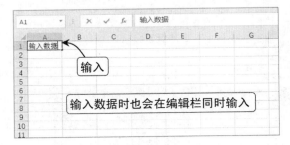

◆ **通过编辑栏输入**

选择需要输入数据的单元格，单击编辑栏将文本插入点定位到编辑栏，输入数据后按【Enter】键或在其他空白位置单击完成输入。

在Excel中输入特殊字符的方法与在Word输入特殊字符的方法基本相同，在"插入"选项卡的"符号"工具组中单击"符号"按钮打开"符号"对话框（在Word中需要在下拉菜单中选择"其他符号"命令），选择需要插入的特殊字符。

6.4.2 自动填充数据

在Excel中，经常需要输入许多连续或相同的数据，如学生的学号、相同的产品等。对于这些有规律或者相同的数据，可以使用自动填充功能快速在表格中录入，提高工作效率。

1．通过填充柄填充数据

填充柄是指选择单元格后，将鼠标光标移到单元格的右下角，鼠标光标的形状变成黑色的十字形状✚。填充柄填充数据时分为4种情况，分别是左键填充、【Ctrl】键+左键填充、【Shift】键+左键填充、左键双击填充和右键填充。

◆ **左键填充**：当选择一个数据区域（可以是一个单元格或单元格区域）后，拖动填充柄，可以根据数据的类型和规律进行自动填充或复制。一般情况下，拖动到目标位置后，可以单击旁边的"自动填充选项"按钮，选择填充的方式，下面列举一些数据的填充效果，如图 6-9 所示。

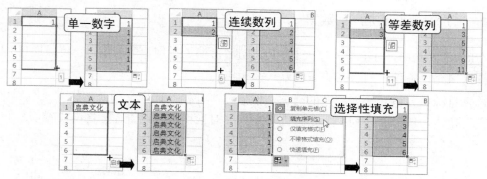

图6-9　填充各类数据

填充多列

如果选择的单元格区域有多列，则拖动填充柄向左或向右填充，是复制这个单元格区域；向下填充是根据单元格区域中的主句类型和规律，进行有序填充或复制；向上拖动则是要向上清除数据，包括原内容。

◆ **按【Ctrl】键+左键填充**：选择单元格或单元格区域后，拖动填充柄时按住【Ctrl】键，默认的填充是复制数据，也可以单击"自动填充选项"按钮，进行填充选择。

◆ **按【Shift】键+左键填充**：选择单元格或单元格区域后，拖动填充柄时按住【Shift】键，此时鼠标光标变成⇳形状，则会在拖动的区域中插入单元格，如图 6-10 所示。

◆ **左键双击填充**：当要填充的数据有很多列或很多行时，双击填充柄可以快速进行填充。如果选中的单元格区域下方无内容，Excel 会参照该区域左边或上方的数据内容，则自动填充到有内容的行或列；如果所选区域的下方有内容，则会自动填充到该内容所在的行或列。

◆ **右键填充**：当按住鼠标右键进行填充时，释放鼠标后会弹出一个快捷菜单，除了常规的自动填充选项外，还有针对日期、等比或自定义序列的选项，如图 6-11 所示。如果对多列多行进行右键填充时，则向单方向拖动区域，也是要清除该区域中的内容。

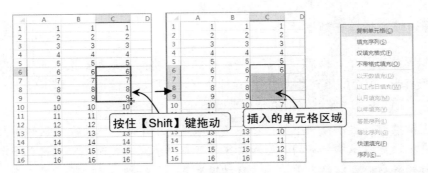

图6-10　按住【Shift】键+左键填充　　　　图6-11　右键填充的快捷菜单

2．通过对话框填充序列数据

在Excel 2016中，对于等差序列、等比序列、日期等有规律的数据，还可以通过"序列"对话框来填充，各种序列数据的填充方式都相似。

选择目标单元格并输入起始的数据，然后在"开始"选项卡的"编辑"工具组中单击"填充"按钮，选择"序列"命令打开"序列"对话框进行设置，如图6-12所示。

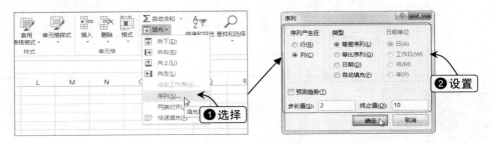

图6-12　通过对话框填充序列数据

6.4.3　编辑数据

在工作表中，对数据进行修改、移动和复制、查找和替换等操作都称之为编辑操作，下面将分别对其进行介绍。

1．修改数据

输入数据有两种不同的方式，所以修改数据也可以在单元格中修改和在编辑栏中修改。对于错误数据的修改，主要包括修改全部数据和修改部分数据两种，其具体操作如下所述。

◆　**修改全部数据**：选择该单元格后重新输入所需的数据即可。

◆　**修改部分数据**：选择该单元格后，在单元格中或者编辑栏中定位文本插入点，选择需要修改的部分数据，然后重新输入所需的数据。

2．移动和复制数据

在Excel中，移动和复制数据的操作与Word中的操作相似，也分为通过"剪贴板"组和按快捷键。

选择单元格对数据进行移动和复制的操作，其实质是对单元格进行移动和复制操作，这个操作过程中不仅包含数据，还包含单元格的格式。如果只对单元格数据进行移动和复制操作，则可以直接选择单元格中的数据，然后进行移动和复制操作。

下面将通过更改"福利表"工作簿中"李丹"、"刘小明"和"张炜"员工的车费补助为例，讲解移动和复制数据具体方法。其中"李丹"没有车费补助，"刘小明"和"张炜"有车费补助。

 操作演练：编辑福利表中的数据

\素材\第 6 章\福利表.xlsx
\效果\第 6 章\福利表.xlsx

Step 01 剪切数据

打开"福利表"工作簿并选择D3单元格，单击"剪贴板"组中的"剪切"按钮。

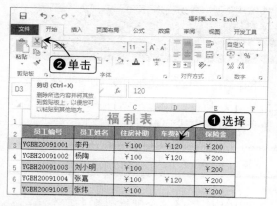

Step 02 粘贴数据

选择D5单元格，单击"剪贴板"工具组中的"粘贴"下拉按钮，选择"粘贴"选项。

Step 03 通过快捷键复制数据

选择D5单元格，按【Ctrl+C】组合键进行复制，选择D7单元格，按【Ctrl+V】组合键粘贴数据完成整个操作。然后单击"保存"按钮保存工作簿。

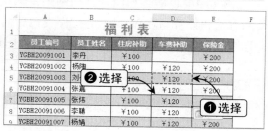

3．查找和替换数据

Excel 2016也提供了查找和替换功能，利用该功能可以快速查找指定的数据，并同时对指定的多个相同数据进行一次性修改。

在"开始"选项卡的"编辑"工具组中单击"查找和选择"下拉按钮，选择"查找"命令，打开"查找和替换"对话框。

在"查找"选项卡的"查找内容"下拉列表框中输入查找的内容，单击"查找全部"或者"查找下一个"按钮即可查找数据；单击"替换"选项卡，在"替换为"下拉列表框中输入替换内容，单击"全部替换"按钮即可替换数据，如图6-13所示。

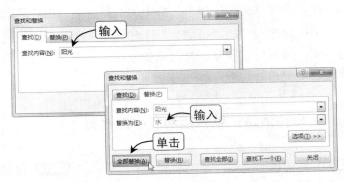

图6-13　查找和替换数据

6.5 | 美化工作表
在工作表中添加对象、设置工作表样式和主题，使工作表更美观

在Excel中，可为工作表添加对象充实工作表的内容。如添加边框和底纹效果来美化工作表的外观，如果需要制作具有专业水准的表格样式，则可以使用系统自带的表格样式和单元格样式。此外，使用不同的主题，还可以使套用的样式达到不一样的效果。

6.5.1　在表格中使用对象

在Excel中也能添加图片、剪贴画、形状、SmartArt图形及文本框等对象，插入这些对象的方法和设置与在Word中的操作类似。插入对象后，也会打开相应的工具选项卡，可以进行格式设置。如插入图片后，会激活"图片工具—格式"选项卡，如图6-14所示。

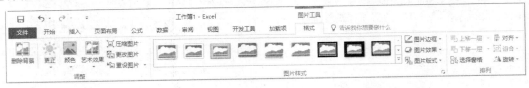

图6-14　Excel中的"图片工具—格式"选项卡

下面将以在"化妆品销售"工作簿中插入"唇膏.png"图片并为其设置图片格式为例，介绍在Excel中使用对象的操作方法。

操作演练：在表格插入"唇膏"图片

\素材\第 6 章\化妆品销售.xlsx，唇膏.png
\效果\第 6 章\化妆品销售.xlsx

Step 01 插入图片

打开"化妆品销售"工作簿，在"插入"选项卡的"插图"工具组中单击"图片"按钮，打开"插入图片"对话框，选择需要插入的图片，单击"插入"按钮。

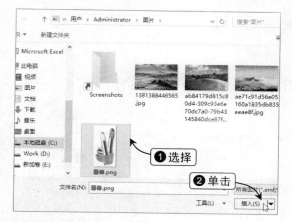

Step 02 设置图片大小

选中图片，在"图片工具—格式"选项卡下"大小"工具组的"高度"数值框中输入"8厘米"，按【Enter】键应用图片尺寸，然后将图片移动到合适位置。

Step 03 裁剪图片

在"大小"工具组中单击"裁剪"按钮，移动鼠标光标到图片左侧控制点上，当鼠标光标变为┣形状时按住鼠标左键不放进行拖动对图片进行裁剪，按【Esc】键退出裁剪状态，再将图片调整到合适位置。

Step 04 应用图片样式

选中图片，在"图片工具—格式"选项卡"图片样式"工具组的快速样式库中选择"旋转，白色"选项，为图片应用样式。

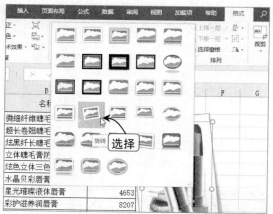

 提示 Attention

在工作表中粘贴对象

可以选择其他 Office 组件中的对象，复制后将其粘贴到 Excel 工作表中，但不可以从本地电脑上或其他位置复制对象粘贴到工作表中。粘贴对象时可以选择以源格式粘贴或者以图片粘贴等方式。

6.5.2 快速套用表格格式

根据不同的主题颜色和边框样式，Excel提供了60种表格格式，用户可以直接套用这些预设的表格格式，快速应用于所选的单元格区域。

选择需要套用表格样式的单元格区域，在"开始"选项卡的"样式"工具组中单击"套用表格格式"下拉按钮，在弹出的下拉菜单中选择需要的表格格式，然后在打开的对话框中确认选择的区域，单击"确定"按钮，如图6-15所示。

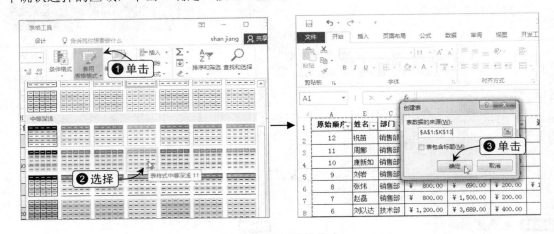

图6-15　套用表格格式

为单元格区域套用了表格格式后，该区域会变成具有独立样式的表格，如图6-16所示。如果要取消这些样式，则可将插入点定位到该区域，在"表格工具—设计"选项卡的"工具"工具组中单击"转换为区域"按钮，即可将套用的格式清除，如图6-17所示。

	A	B	C	D	E	F
1	原始顺序	姓名	部门	基本工资	提成	奖金
2	12	祝苗	销售部	￥ 800.00	￥ 862.00	￥ 200.00
3	11	周鄜	销售部	￥ 800.00	￥ 768.00	￥ 200.00
4	10	康新如	销售部	￥ 800.00	￥ 1,000.00	￥ 200.00
5	9	刘岩	销售部	￥ 800.00	￥ 320.00	￥ 200.00
6	8	张炜	销售部	￥ 800.00	￥ 690.00	￥ 200.00
7	7	赵磊	销售部	￥ 800.00	￥ 1,500.00	￥ 200.00
8	6	刘以达	技术部	￥ 1,200.00	￥ 3,689.00	￥ 400.00
9	5	李涛	技术部	￥ 1,200.00	￥ 3,150.00	￥ 400.00
10	4	何阳	技术部	￥ 1,200.00	￥ 2,670.00	￥ 400.00

图6-16　套用表格格式后的效果

清除格式后，会保留套用格式中的边框和底纹。

图6-17　取消套用的表格格式

6.5.3 套用单元格的样式

在Excel中，不仅可以套用表格格式，还可以为单元格套用样式。系统内置的单元格样式主要是对单元格的填充色、边框色和字体格式等效果进行预定义。该样式包括标题文本样式和表格正文内容样式，可以直接为指定单元格或单元格区域套用样式。

选择目标单元格或单元格区域,在"开始"选项卡的"样式"工具组中单击"单元格样式"下拉按钮,在弹出的下拉菜单中选择某一样式即可,如图6-18所示。

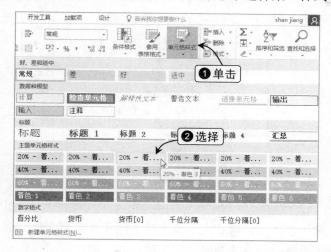

图6-18　套用单元格样式

6.5.4　设置条件格式

在Excel中,可以使用数据条、颜色和图标等标记单元格区域中的数据,直观地突出重要数据,轻松地浏览趋势和比较数据大小或者分析数据分布情况。

选择需要设置条件格式的数据区域,在"开始"菜单的"样式"工具组中单击"条件格式"下拉按钮,选择"突出显示单元格规则"命令,在弹出的子菜单中进一步选择条件规则,然后在打开的对话框中进行设置。

如选择"大于"命令,在打开的对话框中设置参照的单元格数值或直接在文本框中输入数值,单击"确定"按钮即可,如图6-19所示。

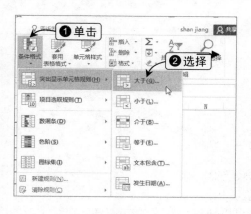
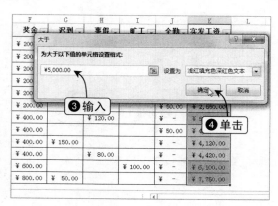

图6-19　设置条件格式

如果在"条件格式"下拉菜单中选择"色阶"命令，在弹出的子菜单中选择一种色阶，则可对选择的单元格区域以不同的颜色进行填充，使用单一颜色表示最特殊的值，如图6-20所示。

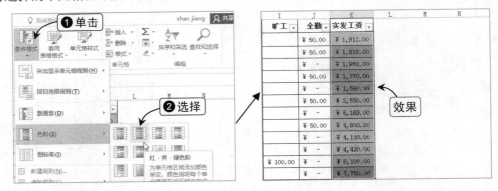

图6-20　设置色阶类型的条件格式

如果要清除所应用的条件格式，则可在"条件格式"下拉菜单中选择"清除规则"命令，在子菜单中选择清除规则的位置。设置条件格式的操作方法都相似，用户可根据自己的需要进行合理选择和应用，这里不再介绍具体的操作方法。

6.5.5　使用主题

主题是一种格式选项，是按某种样式来显示的一组颜色、字体（包括标题字体和正文字体）和效果（包括线条和填充效果）。

在Excel 2016中，系统预设了多种主题样式，用户可以通过选择这些主题来快速设置表格的样式。在工作表中单击"页面布局"选项卡，在"主题"工具组中单击"主题"下拉按钮，在弹出的下拉菜单的"Office"栏中选择一种主题选项即可，如图6-21所示。

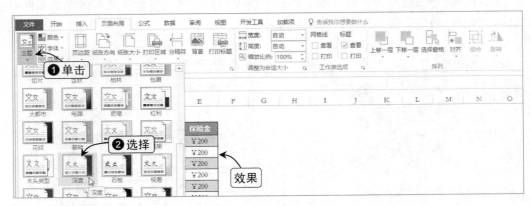

图6-21　使用主题

如果预设的主题样式不符合需要，用户则还可以通过自定义的方式来分别对主题的字体、颜色和效果进行设置，在"主题"工具组中分别单击"颜色"、"字体"和"效果"

按钮，在对应的菜单中分别进行设置，如图6-22所示。

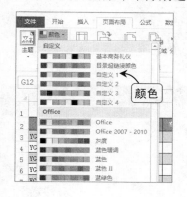 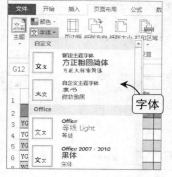 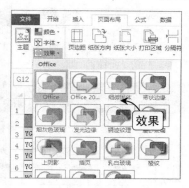

图6-22 自定义主题

实战演练 制作"采购记录表"

本章对Excel 2016中工作表、单元格的基本操作进行了讲解，了解了如何录入数据、编辑数据和美化工作表的相关操作。

下面将通过制作"采购记录表"工作表为例进行综合讲解，该工作表的标题和表头字段、行高和列宽等已确定，涉及录入数据、填充有规律的数据、套用单元格样式、设置字体格式、套用表格格式等操作。通过演练以期对这些操作和技巧进行提升和巩固。

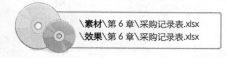

素材\第 6 章\采购记录表.xlsx
效果\第 6 章\采购记录表.xlsx

Step 01 填充编号

打开"采购记录表"工作簿，在A3单元格中输入"QD-A001"文本，拖动A3单元格的填充柄到A10单元格，自动填充产品编号。

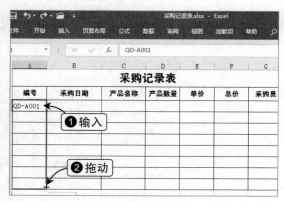

Step 02 填充采购日期

在B3单元格中输入日期"2018.6.24"，按住【Ctrl】键拖动填充柄，复制日期到B10单元格。

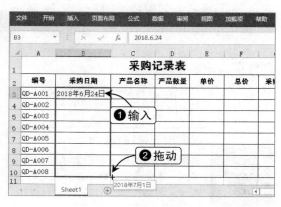

Step 03 录入其他数据

在"产品名称"、"产品数量"、"单价"等字段中录入其他数据，对有规律的或相同的数据也可使用填充柄，"总价"是采用公式计算的，将在后面的章节中统一介绍。

Step 04 为表格标题套用单元格样式

选择A1单元格，在"开始"选项卡的"样式"工具组中单击"单元格样式"下拉按钮，在下拉菜单的"标题"栏中选择"标题"选项为表格标题套用内置的单元格样式。

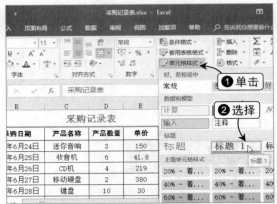

Step 05 设置标题文本的字体格式

保持A1单元格的选择状态，在"开始"选项卡"字体"工具组中将标题的字体格式设置为"华文行楷，22"。

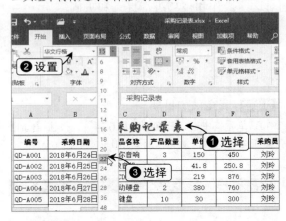

Step 06 选择表格格式

选择A2:G10单元格区域，在"样式"组中单击"套用表格格式"下拉按钮，选择"浅蓝，表样式浅色16"选项。

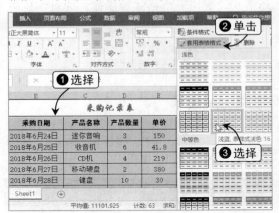

Step 07 确定表格格式

在打开的"套用表格式"对话框中保持默认的设置，单击"确定"按钮确认套用的表格格式。

设置单元格格式

提示 Attention

表格中的某些单元格设置了单元格格式，选择需要设置的单元格。右击选择"单元格格式"命令即可设置。

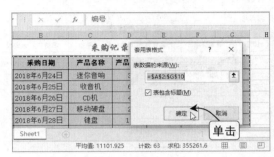

Step 08 转换区域

在"表格工具—设计"选项卡的"工具"工具组中单击"转换为区域"按钮，在打开的提示对话框中单击"是"按钮。

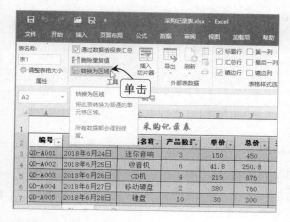

Step 09 设置条件格式

选择F列，在"开始"选项卡的"样式"工具组中单击"条件格式"下拉按钮，选择"色阶"命令，在弹出的子菜单中选择"绿—黄—红色阶"命令。

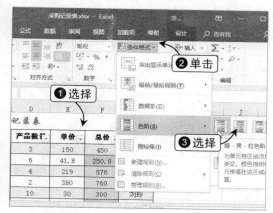

Step 10 完成操作

单击"保存"按钮即可完成"采购记录表"的制作。

设置主题

制作"采购记录表"时，并没有设置主题，因为主题和套用的表格格式相冲突，二者只能保存一个。

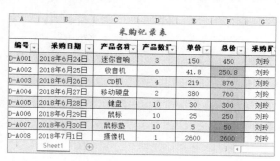

第7章

公式、函数和图表的应用

输入公式计算水果利润

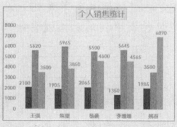

使用函数判断员工考核是否合格

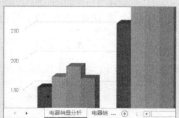

美化个人销售统计图表的效果

使用数据透视图的效果

7.1 使用公式计算数据
了解公式的构成和使用方法

Excel中的公式与数学运算中的公式相似，在Excel中的公式不需要手动计算数据结果，而是直接在表格中输入或引用相应的公式后，结果便会自动计算出来。

7.1.1 了解公式

要灵活运用公式进行计算，应先了解一些公式的基础知识，如公式的结构，公式的运算符及运算的优先级等。

1. 公式的结构

公式是对工作表中的数值执行计算的等式。公式必须以等号"="开始，公式的结构表达式如图7-1所示。如=3*2+5，表示结果等于3乘以2的积再加上5的和。

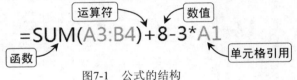

图7-1 公式的结构

公式表达式中可能包含的元素有以下几种。

◆ **运算符**：指对公式中的元素进行特定类型的运算，不同的运算符进行不同的运算，如"*（乘）"、"=（等号）"、"&（文本连接符）"和"，（逗号）"等。

◆ **数值或任意字符串**：包括文本或数字等各类数据，如客户信息、6 和 A001 等。

◆ **函数及其参数**：函数及函数的参数也是公式中的基本元素之一，如图 7-1 中的公式就包含了 SUM()函数。

◆ **单元格引用**：即指定要进行运算的单元格地址，它包括单个单元格、单元格区域、同一工作簿中其他工作表中的单元格或其他工作簿中某张工作表中的单元格。

2. 公式的运算符

运算符用于指定要对公式中的元素执行的计算类型。Excel中常用运算符有以下几种。

◆ **数学运算符**：用于进行基本的数学运算，如加、减、乘和除等。

◆ **比较运算符**：用于比较两个不同数据的值，其结果将返回逻辑值 TRUE 或 FALSE。

◆ **文本连接运算符**：是指用符号（&）连接一个或更多文本字符串以产生一串文本。

◆ **引用运算符**：是指通过使用相应的运算符将单元格区域合并计算。

各个运算符具体的运算符号如表7-1所示。

表 7-1 常见运算符

数学运算符	比较运算符	文本运算符	引用运算符
+（加号）	=（等号）	用符号&将两个文本值连接或串起来而产生一个连续的文本值，如输入"="启典"&"文化""输出的结果是"启典文化"	"：（冒号）"：区域运算符，用于产生对包括在两个引用之间的所有单元格的引用，如 C1:C5
−（减号或负号）	>（大于号）		
*（乘号）	<（小于号）		"，（逗号）"：联合运算符，用于将多个引用合并为一个引用，如 SUM(A2:A9,C3:C15)
/（除号）	>=（大于等于号）		
%（百分比）	<=（小于等于号）		"（空格）"：交叉运算符，用于对两个引用共有的单元格的引用，如 (A1:A5 C3:C5)
^（乘幂运算）	<>（不等号）		

3. 运算符的优先级

当公式中同时用到多个运算符时，Excel会根据公式中运算符的特定顺序从左到右进行计算。Excel运算符从高到低的优先顺序如表7-2所示。

表 7-2 运算符优先级

运算符	说明
：（冒号）　（单个空格），（逗号）	引用运算符
−	负号（如−2）
%	百分比
^	乘幂
*和/	乘和除
+和−	加和减
&	连接两个文本字符
=　<　>　<=　>=　<>	比较运算符

4. 嵌套括号的使用

对公式的计算有一个默认的次序，但可以使用括号更改计算次序。如要更改求值的先后顺序，则可以为公式中要先计算的部分添加括号。如公式"=3+10-2*4"，表示先计算乘，然后才依次计算，其结果为"5"；而加上形如"=（3+（10-2））*4"的括号后，其计算顺序将变为先计算10与2的差，再将所得到的差与3求和，最后计算乘，其结果为"44"。

公式中的括号必须成对出现

无论是使用公式，还是使用函数，其中的所有左括号和右括号都必须成对出现。特别是在使用多层嵌套括号时，如果输入的括号不匹配，在确定公式或函数时，则 Excel 将会弹出提示信息说明公式或函数存在问题，必须加以更正后才能执行出结果。

7.1.2 输入并编辑公式

了解了公式的结构和运算过程后，那么，在Excel中怎样使用公式呢？下面就来介绍在Excel中输入公式的方法，以及输入公式后对公式的复制、修改及将公式转换成数值等编辑方法。

1．输入公式

在单元格中输入公式进行数值计算的方法与在单元格中输入数据的方法类似。只是公式以输入"="符号开头，然后输入参与计算的单元格地址和运算符号即可。

下面以在"水果利润表"工作簿中输入公式计算每种水果的利润为例，介绍输入公式的具体操作方法。

 操作演练：利用公式计算利润数据

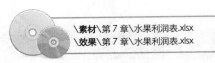

\素材\第 7 章\水果利润表.xlsx
\效果\第 7 章\水果利润表.xlsx

Step 01 输入符号"="

打开"水果利润表"工作簿，在工作表中选择存放计算结果的单元格，这里选择E3单元格，然后输入符号"="。

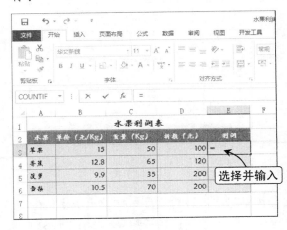

Step 02 选择参与计算的单元格地址

选择参与计算的第一个单元格，这里选择B3单元格，该单元格地址将显示在编辑栏中，同时该单元格周围出现闪烁的虚线框。

Step 03 输入运算符并选择单元格地址

输入乘号"*"，然后选择C3单元格，在单元格中将自动输入该单元格的地址。再输入减号"-"，选择D3单元格。

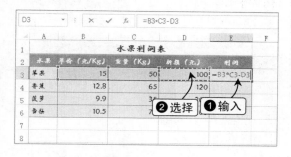

Step 04 计算结果

按【Ctrl+Enter】组合键，在E3单元格中将计算出公式的结果。

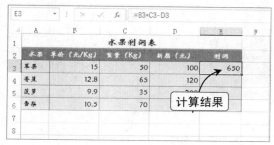

2. 复制公式

在工作表中有很多需要进行计算的数据，如果在单元格中逐个输入公式进行计算，则会增加计算的工作量。对于相同的计算可以使用复制公式的方法达到快速计算数据的效果。

下面以在"水果利润表1"工作簿中通过复制公式计算全部的利润数据为例，介绍复制公式的具体方法。

 操作演练：计算其他水果的利润

\素材\第7章\水果利润表1.xlsx
\效果\第7章\水果利润表1.xlsx

Step 01 复制公式

打开"水果利润表1"工作簿选择需要复制并包含公式的单元格，这里选择E3单元格，然后在"开始"选项卡的"剪贴板"工具组中单击"复制"按钮。

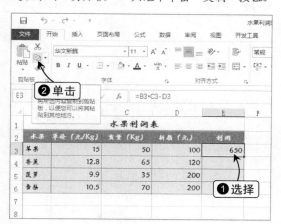

Step 02 粘贴公式

选择目标单元格，如E4单元格，在"开始"选项卡的"剪贴板"工具组中单击"粘贴"按钮，在E4单元格中计算出"B4*C4-D4"的结果。

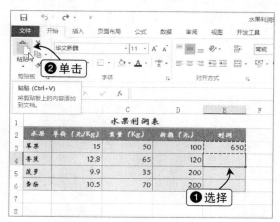

Step 03 复制公式到其他单元格

用同样的方法复制公式到E5:E6单元格区域中计算其他产品的利润。

快速复制单元格公式

将鼠标光标移动到含有公式的单元格的右下角的控制柄上，使用填充柄快速复制公式。所复制的公式会自动匹配单元格。

提示
Attention

3. 修改公式

工作中计算数据的准确性是相当重要的。如果单元格引用错误或运算符使用错误，则会造成错误的计算结果，因此发现后需要立即修改错误的公式。

"水果利润表2"工作簿中对折损率的计算公式错误地写成了折损除以利润的商，正确的应该是折损除以总价的商，下面以修改"水果利润表2"工作簿中的错误公式为例，介绍修改公式的具体方法。

操作演练：修改折损率的计算公式

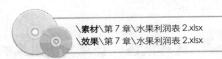

\素材\第 7 章\水果利润表 2.xlsx
\效果\第 7 章\水果利润表 2.xlsx

Step 01 选择错误公式

打开"水果利润表2"工作簿，选择F3单元格，将鼠标光标移动到编辑栏中，选择错误的单元格地址。

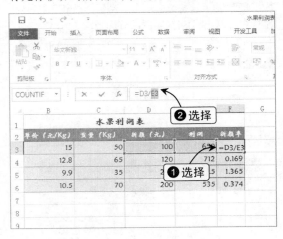

Step 02 修改公式

按【Delete】键将错误的部分删除，并输入计算总价的正确公式"(B3*C3)"。

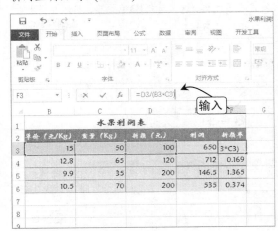

Step 03 确认并填充公式

确认输入的公式无误后，按【Ctrl+Enter】组合键计算结果，然后选择F3单元格，拖动填充柄到F6单元格，填充公式以更正其他的折损率。

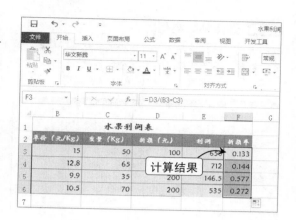

提示
Attention

删除公式

要删除单元格中的计算结果和公式，只需选中要删除的单元格，然后按【Delete】键即可。

4. 将公式转换为数值

为了使单元格中引用的公式结果不发生改变，可以利用Excel的选择性粘贴功能将公式的结果转换为数值，这样即使改变单元格中引用公式的数据，其结果也不会改变。

下面以将"生产记录表1"工作簿中计算折损率的公式转换为数值为例，介绍将公式转换为数值的具体方法。

操作演练：将总产量公式结果转换为数值

\素材\第7章\生产记录表1.xlsx
\效果\第7章\生产记录表1.xlsx

Step 01 复制公式

打开"生产记录表1"工作簿并选择要将公式结果转化为数值的单元格或单元格区域，这里选择F3:F11单元格区域，然后在"开始"选项卡的"剪贴板"工具组中单击"复制"按钮。

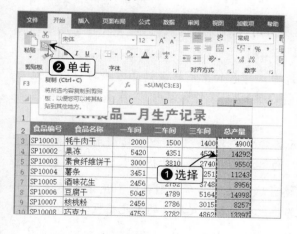

Step 02 选择命令

选择数值存放的单元格或单元格区域，这里依然选择F3:F11单元格区域，单击"粘贴"下拉按钮，选择"选择行粘贴"命令。

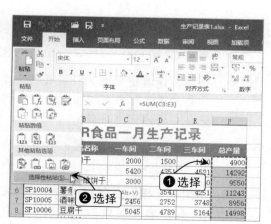

Step 03 选择粘贴类型

在打开的"选择性粘贴"对话框的"粘贴"栏中，选中"数值"单选按钮（表示只粘贴数值），然后单击"确定"按钮即可。

Step 04 显示出数值

此时，总产量就只显示了计算的结果，不再有公式（如果计算结果为小数，则单元格默认显示小数点后3位）。

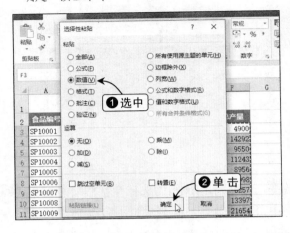

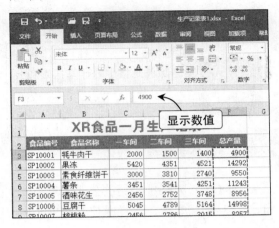

7.1.3 单元格引用

单元格引用是指对工作表中的单元格或单元格区域进行引用，并指明公式中所使用的值或数据的位置。

在Excel中可以引用同一个工作表中的单元格或单元格区域，也可以引用其他工作表或工作簿中的单元格或单元格区域，引用不同单元格的样式不一样，但结构类似。下面简单介绍不同单元格的引用样式。

◆ **同一工作表中引用**：如果 C2 单元格要引用 A2 单元格中的值，则在 C2 单元格中输入 "=A2" 即可。

◆ **不同工作表中引用**：如果 C2 单元格要引用 Sheet2 工作表的 B2 单元格中的值，则可在 C2 单元格中输入 "=Sheet2!B2"。

◆ **不同工作簿中引用**：引用其他工作簿中工作表的单元格数据的方法与引用其他工作表的单元格数据类似，以 "工作簿存储地址[工作簿名称]工作表名称'! 单元格地址" 的格式进行引用。

◆ **引用单元格名称**：如果为引用的单元格定义了名称，则可以直接引用定义的名称，如 "=总价-折损" 表示名为 "总价" 的单元格减去名为 "折损" 的单元格的值。

◆ **引用单元格区域名称**：如果为单元格区域定义了名称，则可以引用该名称进行计算，如{=单元格 1+单元格 2}表示名为单元格 1 和单元格 2 的单元格区域的值的和。

根据单元格计算方式的不同，引用单元格可以分为相对引用、绝对引用和混合引用，下面分别对其进行介绍。

1. 相对引用

相对引用是指在公式中单元格的地址相对于公式所在的位置而发生改变。默认情况下，Excel中使用相对引用。

在相对引用中，当复制相对引用的公式时，被粘贴公式中的引用将被更新，并指向与当前公式位置相对应的其他单元格。如图7-2所示，将F3单元格中的公式复制到F4单元格，F4单元格的公式所引用的单元格自动改变。

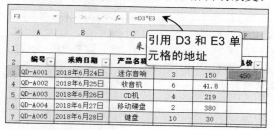

图7-2　相对引用

2. 绝对引用

绝对引用是在单元格的行号和列标前加入符号"$"，将使用了绝对引用的公式复制或移动到新位置后，公式所引用的单元格地址保持不变。

将F5单元格中的公式设置为绝对引用复制到F6单元格，所得的结果不变，因为公式中单元格的引用没有改变，如图7-3所示。

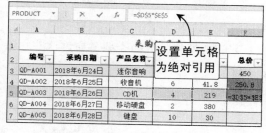

图7-3　绝对引用

3. 混合引用

混合引用是指在一个单元格的地址引用中，既有相对引用，又有绝对引用。当公式中使用了混合引用后，如果改变公式所在的单元格地址，则相对引用的单元格地址改变，而绝对引用的单元格地址不变。

将D3单元格中的公式更改为对A3单元格的行绝对引用、列相对引用，即A$3；B3和C3单元格为列绝对引用、行相对引用，然后将公式复制到D4单元格，可以看到设置为绝对引用的地址保持不变，相对引用的地址发生了变化，如图7-4所示。

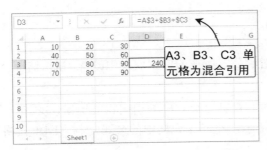

图7-4　混合引用

在相对引用与绝对引用之间进行转换

如果将相对引用转换为绝对引用则可以直接在单元格的列标和行号前加入符号 "$"；也可以在公式中选中引用的单元格地址，按【F4】键进行引用的转换。如 "=A3"，第 1 次按【F4】键变为 "A3"，第 2 次按【F4】键变为 "A$3"，第 3 次按【F4】键变为 "$A3"，第 4 次按【F4】键变为 "A3"。

7.2 使用函数计算数据
在公式中使用函数，使计算变得简单

在单元格中计算数据时，如果数据量很大，则使用公式逐个选择单元格进行加减乘除计算会增加很多的工作量，而使用函数即可轻松计算出各种大量的数据，用户需要做的只是选择函数和设置参数。

7.2.1 认识函数

在使用函数前，先要了解函数的结构、函数参数的类型和函数的类型，通过这些知识对函数有一个初步的了解，有利于快速领会函数的使用方法。

1.函数的结构

函数是一种预定义的公式，通过使用一些称为参数的数值以特定的顺序或结构进行的计算。函数的结构为：=函数名(参数1,参数2,…)，各部分的含义如图7-5所示。

$$=\text{AVERAGE}(A3:A10)\ \boxed{\text{函数参数}}$$

$\boxed{\text{函数名称}}$

图7-5　函数的结构

◆ **函数名称**：即函数的名称，每个函数都有唯一的函数名，如求和函数 SUM()函数、平均值函数 AVERAGE()函数等。

◆ **函数参数**：参数是函数中用来执行操作或计算的值。参数的多少根据所选函数而定，按参数的数量和使用方式区分，函数有不带参数、只有一个参数、参数数量

固定、参数数量不固定和具有可选参数之分。当函数名称后面不带任何参数时，
必须带一组空括号。

2. 函数的参数类型

不同的函数，其参数的类型也不相同，但函数参数的类型都必须为有效参数值。可指
定为函数参数的类型有常量、数组、单元格引用、逻辑值、错误值或嵌套函数等，它们各
自的含义如下。

◆ **常量**：指在计算过程中不会发生改变的值，如数字"25"、文本"启典文化"等。

◆ **数组**：用来创建可以生成多个结果，或者对行和列中所排列的一组参数进行计算
的单个公式。

◆ **单元格引用**：与公式表达式中的单元格引用的含义相同。

◆ **逻辑值**：即真值（TRUE）或假值（FALSE）。

◆ **错误值**：即形如"#N/A"、"空值"等的值。

◆ **嵌套函数**：是指将函数作为另一个函数的参数使用，Excel 中的公式最多可以包括
7 级嵌套函数。

3. 函数的类型

Excel提供了多种函数类型，如财务、逻辑、文本、日期和时间、查找与引用、数学和
三角函数等。不同的函数类别，其作用也不相同，下面列举了按照函数的功能来划分的各
类函数的作用。

◆ **财务函数**：用来计算财务方面的相应数据。如 ACCRINT()函数可以返回定期支付
利息的有价证券的应计利息；PMT()函数可以返回年金的定期支付金额。

◆ **逻辑函数**：用来测试是否满足某个条件，并判断逻辑值，包含 AND()函数、FALSE()
函数、IF()函数、IFERROR()函数、NOT()函数、OR()函数和 TRUE()函数等多个
函数，其中 IF()函数的应用最广泛。

◆ **文本函数**：用来处理公式中的文本字符串。如 CHAR()函数可返回有代码数字指定
的字符；MID()函数可从文本字符串中的指定位置起返回特定个数的字符。

◆ **日期和时间函数**：用来分析或处理公式中与日期和时间有关的数据。如 DAY()函
数可以返回月中的第几天；HOUR()函数可以返回时间数据中的小时数。

◆ **查找和引用函数**：用来查找或引用列表或表格中的指定值。如 CHOOSE()函数用
来从值的列表中选择值；AREAS()函数可返回引用中涉及的区域个数。

◆ **数学和三角函数**：用来计算数学和三角方面的数据，其中三角函数采用弧度作为
角的单位，而不是角度。如 ACOS()函数可返回数字的反余弦值；ABS()函数可以
返回数字的绝对值。

◆ **其他函数**：Excel 中还列出了统计函数、工程函数、多维数据集函数、信息函数等类型，也包括一些用于加载宏创建的函数。

7.2.2 插入函数

函数可以对某个单元格区域中的数据进行一系列的运算，如果对所使用的函数和该函数的参数类型很熟悉时，则可以直接输入函数进行计算。如果对函数和函数参数不太了解，则可以通过"函数库"工具组和"插入函数"对话框插入所需函数。

◆ **通过"函数库"组插入**：Excel 将各类函数分类放置到了"公式"选项卡的"函数库"工具组中，单击某个分类函数的下拉按钮，在弹出的下拉菜单中即可选择该类型的所需函数，如图 7-6 所示。

图7-6 通过"函数库"组插入函数

◆ **通过"插入函数"对话框插入**：选择要插入函数的单元格或编辑栏，在"公式"选项卡的"函数库"工具组中单击"插入函数"按钮打开"插入函数"对话框，选择函数后单击"确定"按钮打开"函数参数"对话框，设置参数范围，完成后单击"确定"按钮，如图 7-7 所示。

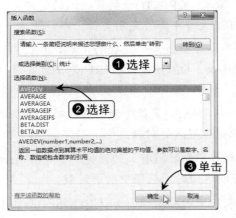

图7-7 通过对话框插入函数

在"函数库"工具组中单击"自动求和"下拉按钮，可以快速插入常用的函数，这些函数包括求和函数、平均值函数、计数函数、最大值和最小值函数，如图7-8所示。

另外，在单元格中输入函数公式时，输入某个字母会打开该字母开头的所有函数列表，在列表中可以快速选择函数，如图7-9所示。

图7-8　插入常用的函数　　　　　　　　　图7-9　输入函数时进行选择

提示 Attention

打开"插入函数"对话框

在"函数库"工具组中单击函数类型的按钮，选择函数插入时，可选择"其他函数"命令打开"插入函数"对话框。

下面将在"员工技能考核表"工作簿中插入SUM()函数计算各个员工的总分，然后使用IF()函数为各个员工评定等级，要求成绩达到80分的为"优秀"，达到60分为"合格"，小于60分的为"差"。

操作演练：插入SUM()函数计算总分

\素材\第 7 章\员工技能考核表.xlsx
\效果\第 7 章\员工技能考核表.xlsx

Step 01 单击"自动求和"按钮

打开"员工技能考核表"工作簿，在工作表中选择需要计算总成绩的单元格区域，这里选择F3:F11单元格区域，然后单击"公式"选项卡，在"函数库"工具组中单击"自动求和"按钮。

Step 02 计算员工的总分

系统分别对所选单元格区域所对应的各行有数值的单元格进行求和计算，计算出各个员工的总分。

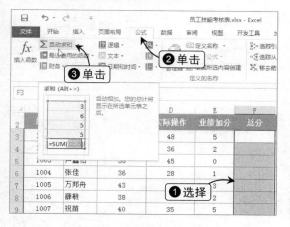

Step 03 选择 IF() 函数

选择G3单元格，在"公式"选项卡的"函数库"工具组中单击"逻辑"下拉按钮，选择"IF"函数。

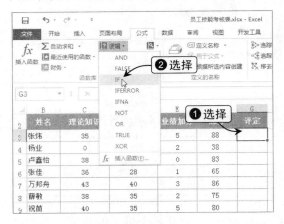

Step 05 设置 IF() 函数的参数

选择F3单元格，将自动在"Logical_test"文本框中输入"F3"，然后输入">=80"，再次单击"折叠"按钮，也可以直接输入参数。

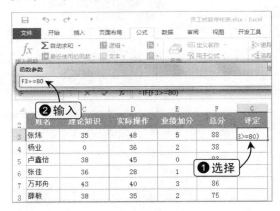

Step 07 完成操作

此时G3单元格自动评定为"优秀"，选中该单元格，拖动填充柄向下填充到G11单元格，评定其他员工的成绩，单击"保存"按钮完成操作。

IF()函数
IF()函数可对数值和公式进行条件检测，并根据逻辑计算的真假值返回不同结果，为了方便理解可将 IF 函数理解为"IF(条件，真值，假值)"。

提示
Attention

Step 04 单击折叠按钮

在打开的"函数参数"对话框中单击"Logical_test"文本框后面的"折叠"按钮。

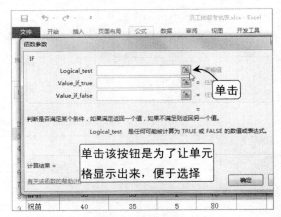

Step 06 输入其他参数

在"Value_if_ture"文本框中输入"'优秀'"，在"Value_if_false"文本框中输入"IF(F3>=60,"合格","差")"，然后单击"确定"按钮。

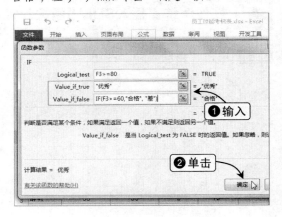

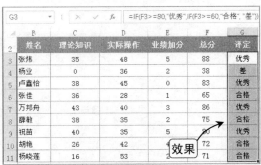

7.2.3 使用函数时常见的错误信息

在 Excel 中输入错误的公式不仅会导致错误值的出现，而且还会产生某些意外结果。例如，在需要输入数字的公式中输入文本、删除公式引用的单元格或使用了宽度不足以显示结果的单元格等，都可能会出现错误。

出现错误的单元格左上角将显示一个三角形状◤，单元格中将显示一个错误值，如####、#VALUE!、REF!、#N/A、#NAME?、#NUM!、#NULL!或#DIV/0!等，如图 7-10 所示。

C	D	E	F	
采购记录表				
期	产品名称	产品数	单价	总价
24日	迷你音响	3	150	450
25日	收音机	6	41.8	250.8
26日	CD机	4	219	#VALUE!
27日	移动硬盘	2	380	760
28日	键盘	10	30	#N/A
29日	鼠标	10	25	#DIV/0!

图7-10　出现错误的计算

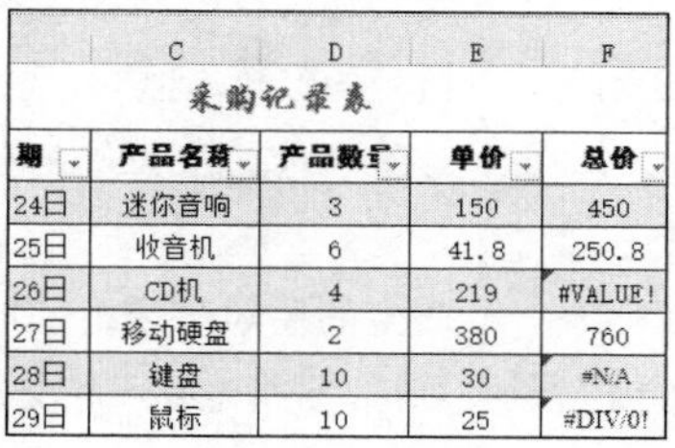

各个错误值的原因解析及解决方案如表 7-3 所示。

表 7-3　使用公式时的常见错误

错误提示	原因解析	解决方案
####	该提示实际上并没有出现错误，当单元格中所含的数字、日期或时间超过单元格宽度或者单元格的日期时间产生了一个负值，就会出现####错误	增加单元格列宽、应用不同的数字格式、保证日期与时间公式的正确性
#VALUE!	当公式使用的参数或数据类型出错，或者公式自动更正功能不能更正公式时，就会出现数据类型错误，如公式需要数字或逻辑值时，却输入了文本，将产生#VALUE!错误	确认公式或函数所需的运算符或参数是否正确，公式引用的单元格中是否包含有效的数值
#REF!	当单元格引用无效时，将产生错误值#REF!，产生的原因是删除了其他公式所引用的单元格，或将已移动的单元格粘贴到其他公式所引用的单元格中	可更改公式或者在删除或粘贴单元格之后恢复工作表中的单元格
#N/A	当在公式中没有可用数值时，将产生错误值#N/A	如果工作表中某些单元格暂没有数值，则可以在单元格中输入#N/A，公式在引用这些单元格时，将不进行数值计算，而是返回#N/A
#NAME?	公式中使用 Excel 不能识别的文本时，如在公式中输入文本时没有使用双引号，将产生错误值#NAME?	应确认公式中使用的名称是否存在；是否将公式中的文本放置在双引号中；是否将公式中引用了其他工作表或工作簿中的值或单元格名称中包含非字母字符或空格的字符放置在引号中

续表

错误提示	原因解析	解决方案
#NUM!	在需要数字参数的函数中使用了无法接受的参数，通常公式或函数中使用无效数字时，出现这种错误	确保函数中使用的参数是数字。例如，即使需要输入的值是￥1,000，也应在公式中输入 1000
#NULL!	产生的原因是使用了不正确的区域运算符，当指定并不相交的两个区域的交点时，出现错误值#NULL!	若要引用连续的单元格区域，一定使用冒号 ":" 分隔引用区域中的第一个单元格和最后一个单元格，如果要引用不相交的两个区域，则一定使用联合运算符，即逗号 ","
#DIV/0!	当公式被 0 除时，将会产生错误值 #DIV/0!	将除数更改为非零值；如果参数是一个空白单元格，则 Excel 会认为其值为 0；修改单元格引用，或在用作除数的单元格中输入不为零的值；确认函数或公式中的除数不为零或不为空

提示
Attention

确认公式使用的名称

在确认公式中所使用的名称是否存在时，可在"公式"选项卡的"定义的名称"工具组中单击"名称管理器"按钮，在打开的对话框中查看所需名称是否被列出，也可以添加相应的名称，如图 7-11 所示。

图7-11　单元格名称管理

实战演练　用公式与函数判断是否录用员工

前面介绍了在Excel 2016中使用公式与函数计算数据的相关知识，下面将通过在"试用员工考核表"工作簿中计算数据并判断员工是否被录用为例进行综合应用，巩固Excel 2016中公式与函数的应用知识。

在"试用员工考核表"工作簿中，公司将录用总分在500分以上且平均分大于等于85分的员工。演练过程中将使用函数计算总分，手动输入公式计算平均分，用IF()函数判断员工是否被录用，并插入COUNTIF()函数统计被录用的人数。

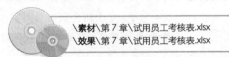

\素材\第 7 章\试用员工考核表.xlsx
\效果\第 7 章\试用员工考核表.xlsx

Step 01 计算总分

打开"试用员工考核表"工作簿，选择I3:I8单元格区域，在"开始"选项卡的"编辑"工具组中单击"自动求和"按钮。

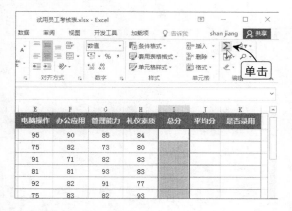

Step 03 完成公式输入

由于试用员工的考核内容有6科，因此在J3单元格的公式后面输入"/6"。

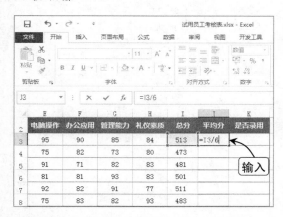

Step 05 输入录用条件的公式

选择K3单元格，在编辑栏中输入"=IF(AND (I3>=500,J3>=85),"是","否")"公式。

> **AND()函数**
>
> 使用 IF()函数判断员工是否被录用时，嵌套了 AND()函数，将 IF()函数的两个条件连接起来。如果 AND()函数的所有参数均为 TRUE，则返回 TRUE，否则返回 FALSE。
>
> 提示
> Attention

Step 02 输入并选择公式表达式中的元素

计算出试用员工的总分后，选择J3单元格，输入"=",然后选择I3单元格。

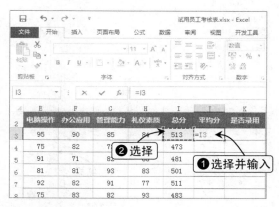

Step 04 计算平均分

按【Ctrl+Enter】组合键计算该员工的平均分，然后选择J3单元格，拖动填充柄填充到J8单元格。

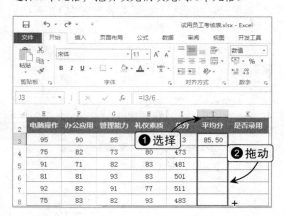

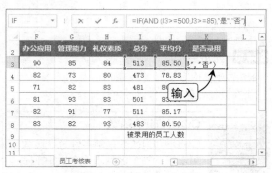

Step 06 判断员工是否被录用

按【Ctrl+Enter】组合键执行公式，然后选择K3单元格，将公式填充到K8单元格，判断其他员工是否被录用。

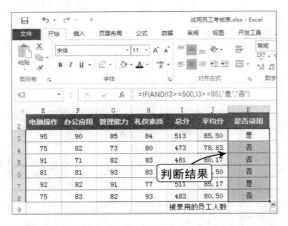

Step 07 打开"插入函数"对话框

选择K9单元格，在编辑栏中左侧单击"插入函数"按钮。

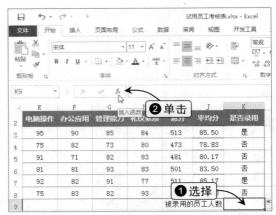

Step 08 选择 COUNTIF() 函数

在对话框的"或选择类别："下拉列表中选择"统计"选项，然后在"选择函数"列表中选择COUNTIF()函数，单击"确定"按钮。

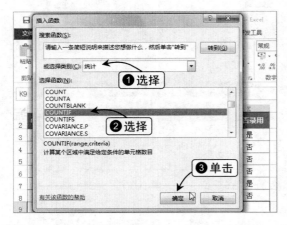

Step 09 设置函数参数

在"函数参数"对话框的"Range"文本框中输入"K3:K8"，在"Criteria"文本框中输入"'是'"，然后单击"确定"按钮。

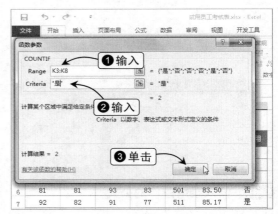

Step 10 完成操作

在K9单元格中自动计算被录用的员工人数，单击"保存"按钮保存工作簿，完成操作。

提示
Attention

COUNTIF()函数

COUNTIF()函数是单条件统计函数，可以统计某个区域内符合用户指定的单个条件的单元格数量。

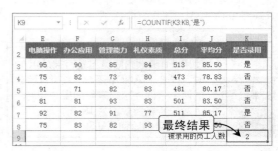

7.3 制作 Excel 图表

用图表更直观地表现数据的差异、走势，预测数据的发展趋势

图表是数据最直接的表现形式，可以更清楚地了解数据的差异和走势，以及数据之间的关系，帮助用户进行数据分析、辅助决策。

7.3.1 了解图表

了解图表的类型和结构，可以帮助用户为所选择的数据区域匹配合适的图表类型，让数据最直观和形象地展示出来。

1. 图表的类型

Excel 2016提供了多种类型的图表，如柱形图、折线图、饼图、条形图、面积图和散点图等。下面列举了一些常见的图表类型和图表的应用领域。

◆ **柱形图**：柱形图可以显示一段时间内数据的变化，或者显示不同项目之间的对比，它包含簇状柱形图、堆积柱形图、百分比堆积柱形图、三维柱形图等子图表类型。

◆ **折线图**：折线图可以按照相同间隔显示数据的趋势，它包含有折线图、堆积折线图、百分比堆积折线图等子图表类型。

◆ **饼图**：饼图可以显示组成数据系列的项目在项目总和中所占的比例。饼图通常只显示一个数据系列，当希望强调数据中的某个重要元素时可以采用饼图，该图表类型包含有饼图、分离型饼图、复合饼图、复合条饼图等子图表类型。

◆ **条形图**：条形图可以显示各个项目之间的对比，它包含有簇状条形图、堆积条形图、百分比堆积条形图等子图表类型。

◆ **面积图**：面积图可以强调大小随时间发生的变化，它有面积图、堆积面积图、百分比堆积面积图等子图表类型。

◆ **散点图**：XY 散点图显示若干数据系列中各数值之间的关系，或者将两组数据绘制为 XY 坐标的一个系列，通常用于科学数据，具有散点图和折线散点图等子图表类型。

◆ **树状图**：Excel 2016 新增图表，非常适合展示数据的比例和数据的层次关系，它的直观性和易读性，是其他类型的图表所无法比拟的。

> **提示**
> Attention
>
> **其他类型的图表**
> Excel 中还列出了股价图、曲面图、圆环图、气泡图、雷达图、旭日图和直方图等图表类型，用户可以根据需要查看并选择所需的图表类型。

2．图表的结构

图表一般由图表区、绘图区、图例、坐标轴、数据系列等几个部分组成，在插入的图表中可以对各个组成部分分别进行设置或修改，如图7-12所示。

图表各个组成元素的含义如下。

◆ **图表区**：图表区就是存放图表各个组成部分的场所。

◆ **绘图区**：绘图区主要显示数据系列的变化。

◆ **图例**：表示每个数据系列的含义。

◆ **坐标轴**：坐标轴主要用于显示数据系列的名称及其对应的数值。

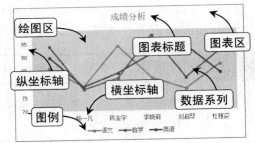

图7-12　图表的组成元素

◆ **数据系列**：用不同的长度或形状来表示数据的变化。

◆ **图表标题**：说明图表的主要用途。

7.3.2　创建图表

在创建图表前应制作或打开一个存储了创建图表所需的数据区域的表格，然后选择表格数据，图表类型，图表布局和图表位置，即可轻松创建具有专业性的图表。

1．插入推荐的图表

Excel 2016提供推荐图表功能，选择需要创建图表的数据区域，单击"插入"选项卡，在"图表"工具组中单击"推荐的图表"按钮，在打开的对话框中选择系统根据所选数据推荐的图表类型，然后单击"确定"按钮，即可插入推荐的图表，如图7-13所示。

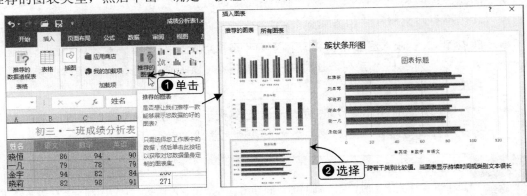

图7-13　插入推荐的图表

2. 通过"图表"组插入图表

Excel 2016将各个图表分类放置在"图表"工具组中,单击要插入的图表分类,在弹出的下拉菜单中选择合适的图表,如图7-14所示。

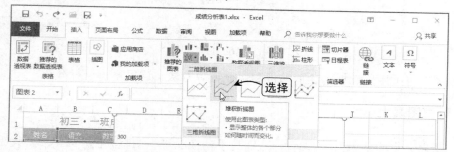

图7-14 通过"图表"组插入图表

3. 通过对话框插入图表

单击"图表"工具组中的"对话框启动器"按钮,打开"插入图表"对话框。自动切换到"推荐的图表"选项卡,可以选择推荐的图表。在"所有图表"选项卡中,可以根据图表的类型选择更多的图表,如图7-15所示。

打开"插入图表"对话框

提示
Attention

单击"图表"工具组中各个类型的图表按钮后,在弹出的下拉菜单中选择更多该图表类型,也可以打开"插入图表"对话框,并自动切换到该类型的图表选项卡。如单击"柱形图"下拉按钮,选择"更多柱形图"命令,可以打开"插入图表"对话框,并切换到"柱形图"选项卡。

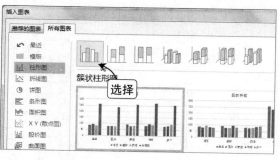

图7-15 通过对话框插入图表

7.3.3 编辑图表

对图表的编辑包括移动与复制图表、调整图表大小、更换图表数据等操作,下面就来分别对这些操作进行介绍。

1. 移动与复制图表

移动图表与在Word、Excel移动其他对象的方法基本一致。在Excel 2016中,选中需要移动的图表,可以使用鼠标拖动的方式将图表在该工作表中任意移动,也可以使用剪贴板移动。

在"图表工具—设计"选项卡的"位置"工具组中,单击"移动图表"按钮,打开"移动图表"对话框,可将图表移动到其他工作表或新的工作表中,如图7-16所示。

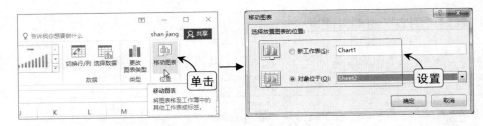

图7-16 移动图表

复制图表可采用鼠标拖动、剪贴板和快捷键等方法，这里不再进行介绍。

2. 调整图表大小

调整图表大小的常用方法有3种，分别是手动拖动进行调整、在"大小"工具组中进行调整和使用窗格进行调整。

◆ **手动拖动调整**

将鼠标光标移动到图表的边缘，待出现双箭头形状时，拖动鼠标即可调整大小，按住【Shift】键可进行固定比例的调整。

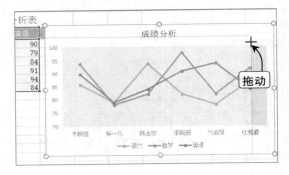

◆ **在"大小"工具组中调整**

选中图表，在"图表工具—格式"选项卡的"大小"工具组中进行设置。

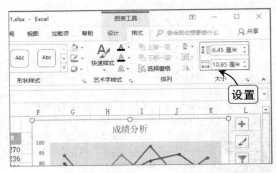

◆ **在窗格中调整**

选中图表，单击"大小"工具组中的"对话框启动器"按钮，打开"设置图表区格式"任务窗格，并自动切换到"大小与属性"选项卡，可以进行精确调整。

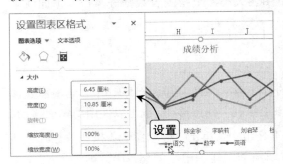

◆ **固定图表大小**

在"设置图表区格式"窗格的"大小与属性"选项卡下，单击"属性"选项，在展开的界面中选中"随单元格改变位置，但不改变大小"单选按钮。

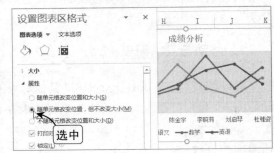

3. 更换图表数据

创建好图表后，如图表所展示的数据发生变化，需要重新选择数据源，可选中图表，在"图表工具—设计"选项卡的"数据"工具组中单击"选择数据"按钮打开"选择数据源"对话框，重新选择数据源，如图7-17所示。

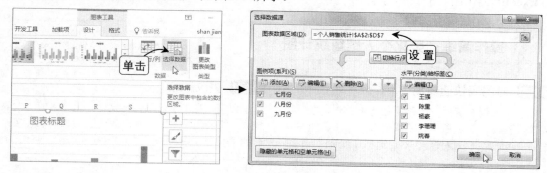

图7-17　更换数据源

提示 Attention　"选择数据源"对话框介绍

在"选择数据源"对话框中，还可以添加或删除图例项，对分类轴标签和图例项进行编辑（选择数据源），切换行列等。

4. 编辑图表元素

图表中的元素也可进行移动、添加或删除等操作，除了在"选择数据源"对话框中进行图例项和水平分类标签的编辑外，还可以单击"图表工具—设计"选项卡的"图表布局"工具组中的"添加图表元素"下拉按钮，在弹出的下拉菜单中选择需要添加的元素，如图7-18所示。

另外，可以选中图表，单击图表右侧的"图表元素"按钮，在列表中选择相应的图表元素进行添加、删除等操作，如图7-19所示。

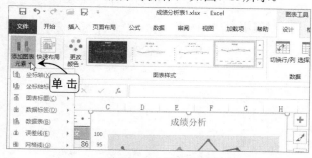

图7-18　添加图表元素

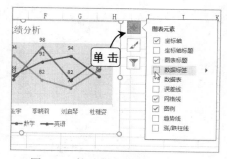

图7-19　快速增删图表元素

如果要删除图表中的元素，则可以直接选中该图表元素，按【Delete】键删除；如果要移动图表中的元素，则可以选中该元素，拖动到适当的位置即可。

7.3.4 美化图表

创建并编辑图表后，为了让图表更加美观和清晰，可对其进行美化。美化图表的相关操作与其他对象的美化操作类似，下面通过在"个人销售统计"工作簿中美化图表，介绍在Excel中美化图表的具体方法。

 操作演练：美化个人销售统计图

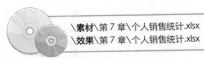
\素材\第 7 章\个人销售统计.xlsx
\效果\第 7 章\个人销售统计.xlsx

Step 01 对图表快速布局

打开"个人销售统计"工作簿并选中图表，在"图表工具—设计"选项卡的"图表布局"工具组中单击"快速布局"下拉按钮，然后选择"布局1"选项。

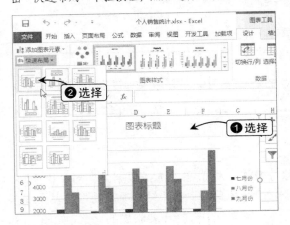

Step 02 更改颜色

选中图表，在"图表工具—设计"选项卡的"图表样式"工具组中单击"更改颜色"下拉按钮，在弹出的下拉列表中选择"颜色2"选项。

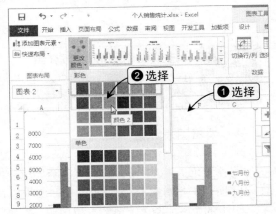

Step 03 输入图表标题

为图表快速布局后，选择"图表标题"文本，然后直接输入文本"个人销售统计"。

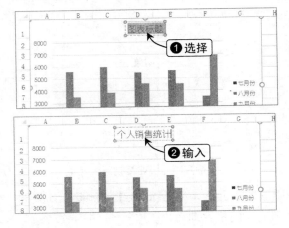

Step 04 打开任务窗格

单击"图表工具—格式"选项卡的"当前所选内容"工具组中的"设置所选内容格式"按钮。

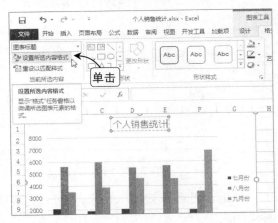

Step 05 填充图表标题

在"设置图表标题格式"任务窗格的"填充与线条"选项卡下选择"填充"选项，然后选中"图片或纹理填充"单选按钮，系统自动匹配了一种纹理。

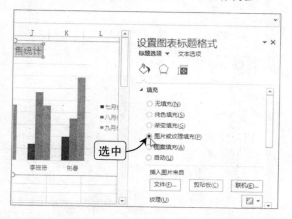

Step 06 选择图片纹理

在展开的"图片或纹理"界面中单击"纹理"下拉按钮，然后选择"信纸"选项，将图表标题的填充效果设置为信纸纹理。

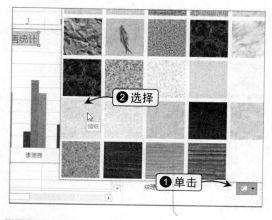

Step 07 设置图表标题的边框

在"填充"选项下方选择"边框"选项，在展开的界面中单击"轮廓颜色"按钮，选择"橙色，个性色2，淡色40%"选项。

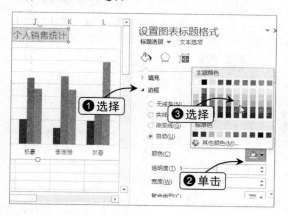

Step 08 选择绘图区

在任务窗格中单击"标题选项"右侧的下拉按钮，选择"绘图区"选项，此时窗格的名称变为"设置绘图区格式"。

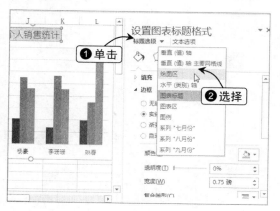

Step 09 设置绘图区格式

在"设置绘图区格式"任务窗格的"填充与线条"选项卡中，选择"填充"选项，在展开的界面中单击"填充颜色"下拉按钮，选择"褐色，文字2，淡色80%"选项，如果要设置其他的格式，则可以参考图表标题的格式设置。

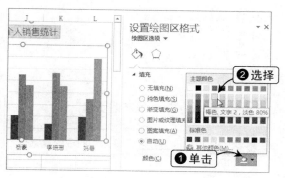

Step 10 设置图表区的边框

选择图表区，在"图表工具—格式"选项卡的"形状样式"工具组的列表框中选择"彩色轮廓—绿色—强调颜色6"选项。

Step 11 为图表区填充颜色

在"形状样式"工具组中单击"形状填充"下拉按钮，在弹出的下拉列表中选择"橄榄色，着色5，淡色60%"选项。

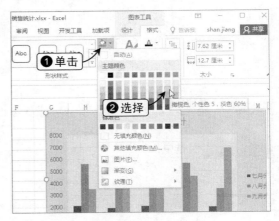

Step 12 设置图表区的艺术样式

在"形状样式"工具组中单击"形状效果"下拉按钮，在弹出的下拉菜单中选择"棱台"命令，在弹出的子菜单中选择"松散嵌入"选项。

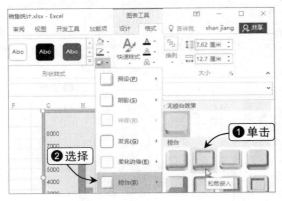

Step 13 设置图表区的艺术字样式

在"图表工具—格式"选项卡的"艺术字样式"工具组的列表框中选择"填充—褐色，着色3，锋利棱台"选项，设置图表中所有文字的艺术效果。

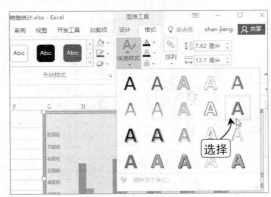

Step 14 显示数据标签

选中图表，单击图表右侧的"图表元素"按钮，在弹出的图表元素列表中选中"数据标签"复选框，各个数据系列的值就会显示在图表上。

提示
Attention

添加误差线和趋势线

在图表元素列表中，还可以添加误差线和趋势线，只需选中对应的复选框。

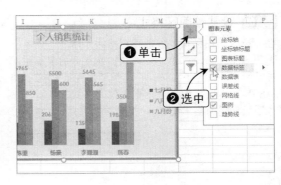

Step15 完成操作

调整图表中数据标签的位置，使其完全显示出来，单击"保存"按钮完成图表的美化操作。

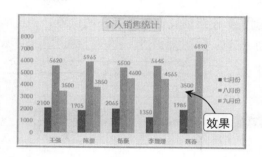

提示
Attention

高级图表
在 Excel 中还可以结合其他功能制作更高级的图表，如动态图表，用户可自行研究。

7.4 制作数据透视表

用数据透视图表轻松排列和汇总复杂数据，快速进行数据分析和数据处理

数据透视表是利用数据库进行创建的，能够更加直观地展示工作表中的数据，可以轻松排列和汇总工作表中的复杂数据。数据透视图也是利用数据库进行创建的，以图表的形式汇总复杂数据，可以更清晰、直观地浏览数据。

7.4.1 创建数据透视表

数据透视表是Excel中最具有创造性、技术性和强大分析能力的工具，它可以将大量繁杂的数据转换成可以用不同方式进行汇总的交互式表格，常用于数据的分析。

读者提问
Q+A

Q：数据透视表有什么优点和缺点呢？
A：数据透视表具有交互性，在创建了一个数据透视表以后，可以任意地重新排列数据信息，并且还可以根据习惯将数据分组。但数据透视表不能自动反应源数据中所修改的数据，可以通过单击"分析"选项卡下"数据"工具组中的"刷新"按钮更新数据透视表中的数据。

下面将通过在"电器销量"工作簿中制作数据透视表为例，介绍具体的操作方法。

 操作演练：制作电器销量数据透视表

素材\第 7 章\电器销量.xlsx
效果\第 7 章\电器销量.xlsx

Step 01 单击"数据透视表"按钮

打开"电器销量"工作簿，选择A2:E6单元格区域，在"插入"选项卡的"表格"工具组中单击"数据透视表"按钮。

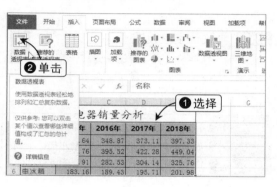

提示
Attention

推荐的数据透视表
与创建图表一样，也可以单击"推荐的数据透视表"按钮，选择系统推荐的类型，但需要的数据比较多。

Step 02 设置创建数据透视表的位置

在打开的"创建数据透视表"对话框中选中"现有工作表"单选按钮,在工作表中选择A8单元格,其他各项保持默认设置,然后单击"确定"按钮。

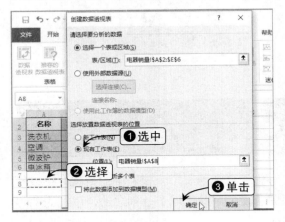

Step 03 创建数据透视表

系统将自动创建一个空白的数据透视表,存储在"电器销量"工作表的A8单元格为起始点的位置,并打开"数据透视表字段"任务窗格。

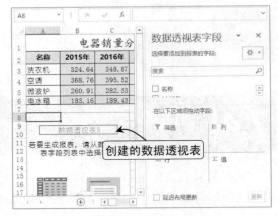

Step 04 选择字段添加到报表

在"数据透视表字段列表"任务窗格的"选择要添加到报表的字段"列表框中选择相应的字段对应的复选框,创建带有数据的数据透视表。

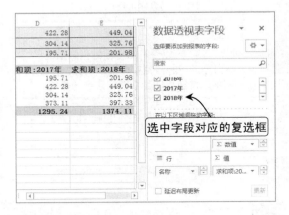

Step 05 单击"字段设置"按钮

若要在数据透视表中查找2018年的最大值,可选择2018年在数据透视表中的表头,即选择E8单元格,然后在"数据透视表工具—分析"选项卡的"活动字段"工具组中单击"字段设置"按钮。

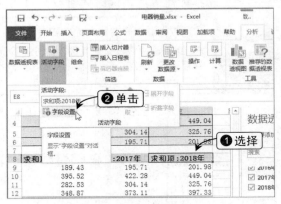

Step 06 修改值字段设置

在打开的"值字段设置"对话框的"计算类型"列表框中选择"最大值"选项,完成后单击"确定"按钮。

提示
Attention

查看其他值

如果要查看其他的值,如最小值、平均值等,则可以直接在对话框中进行选择。

Step 07 选择数据透视表样式

选择数据透视表中的任意单元格，单击"数据透视表工具—设计"选项卡，在"数据透视表样式"工具组的列表框中选择"浅绿，数据透视表样式浅色14"选项。

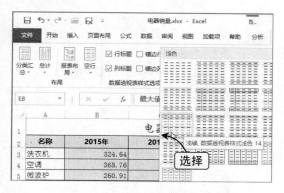

Step 08 最终效果

在工作表中即可看到创建并编辑后的数据透视表效果，然后单击数据透视表区域外的任意单元格，可隐藏"数据透视表字段列表"任务窗格。

7.4.2 创建数据透视图

数据透视图是数据透视表的一个图形形式，它能准确地显示相应数据透视表中的数据。使用数据透视图更有利于数据的分析。

下面将通过在"电器销量 1"工作簿中制作数据透视图为例，讲解其具体使用方法。

 操作演练：制作电器销量数据透视图

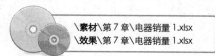
\素材\第 7 章\电器销量 1.xlsx
\效果\第 7 章\电器销量 1.xlsx

Step 01 单击"数据透视图"按钮

打开"电器销量1"工作簿，选择数据透视表中的任意单元格，在"数据透视表工具—分析"选项卡的"工具"工具组中单击"数据透视图"按钮。

 提示 Attention

数据透视图

在"插入"选项卡的"图表"工具组中也可以插入数据透视图。也可以单击"推荐的数据透视图"按钮，选择系统推荐的透视图。

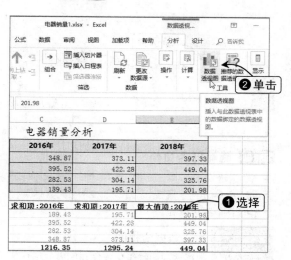

Step 02 选择数据透视图图表类型

在打开的"插入图表"对话框中单击"柱形图"选项卡，在右侧的列表框中选择"三维簇状柱形图"图表类型。

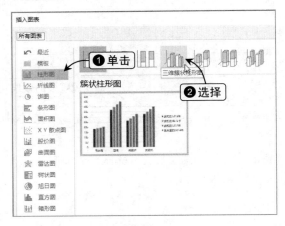

Step 04 移动数据透视图的位置

在"数据透视图工具—设计"选项卡的"位置"工具组中单击"移动图表"按钮，在打开的"移动图表"对话框中选中"新工作表"单选按钮并在右侧的文本框中输入工作表名称，然后单击"确定"按钮。

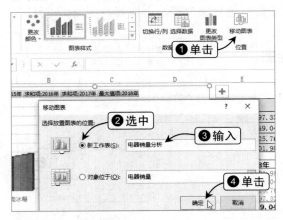

Step 06 隐藏任务窗格

在"数据透视图工具—分析"选项卡的"显示/隐藏"工具组中单击"字段按钮"按钮，将隐藏数据透视图中的各个字段按钮。

提示 Attention 美化数据透视图
数据透视图的美化操作与图表的美化操作一致，用户可以自行进行美化。

Step 03 创建数据透视图

单击"确定"按钮后，再返回工作表中即可看到创建的数据透视图，且激活数据透视图工具的"分析"、"设计"和"格式"选项卡。

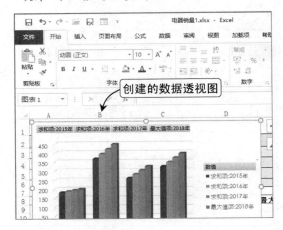

Step 05 筛选数据透视图中的数据

可对数据透视图中的数据进行筛选，单击数据透视图左下方的"名称"按钮，在弹出的筛选器中取消选中"全选"复选框，选中需筛选数据"电冰箱"复选框，然后单击"确定"按钮。

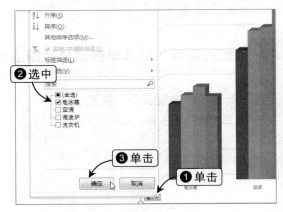

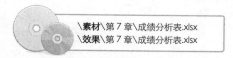

实战演练 制作"成绩分析表"

前面介绍了图表与数据透视图的相关知识和技能操作，下面将通过在"成绩分析表"工作簿中使用图表和数据透视图表分析数据为例进行演练，在巩固相关操作的同时了解图表与数据透视图表的区别。

在"成绩分析表"工作簿中，需要为表格数据选择合适的图表和数据透视表进行创建，然后根据数据透视表创建合适的数据透视图。

\素材\第 7 章\成绩分析表.xlsx
\效果\第 7 章\成绩分析表.xlsx

Step 01 选择图表类型

打开"成绩分析表"工作簿，选择A2:E8单元格区域，在"插入"选项卡的"图表"工具组中单击"插入柱状图或条形图"下拉按钮，选择"簇状条形图"选项。

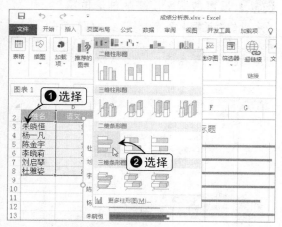

Step 02 切换图表的行/列

在工作表中生成相应的图表类型后选中图表，在"图表工具—设计"选项卡的"数据"工具组中单击"切换行/列"按钮。

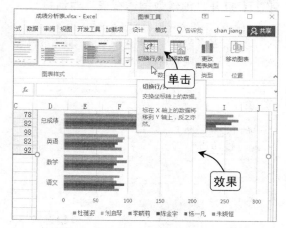

Step 03 移动图表到新工作表

在"图表工具—设计"选项卡的"位置"工具组中单击"移动图表"按钮，在打开的"移动图表"对话框中选中"新工作表"单选按钮，并在右侧的文本框中输入"成绩分析表"，然后单击"确定"按钮。

技巧 Skill

快速创建图表到新工作表

选择需要创建图表的数据区域，可以按【F11】键快速创建图表到新工作表"Chart1"中。

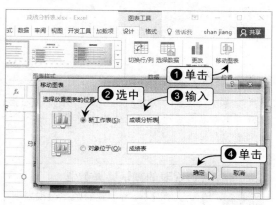

Step 04 快速为图表布局

选择"成绩分析表"工作表中的图表区，在"图表工具—设计"选项卡的"图表布局"工具组中单击"快速布局"下拉按钮，选择"布局2"选项。

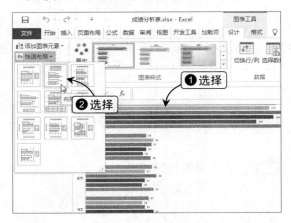

Step 06 打开"创建数据透视表"对话框

在"成绩表"工作表中选择A2:E8单元格区域，在"插入"选项卡的"表格"工具组中单击"数据透视表"按钮，打开"创建数据透视表"对话框。

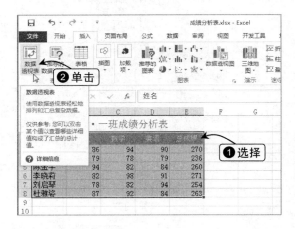

Step 08 重命名工作表

选择新建的"Sheet1"工作表，在工作表标签上右击，选择"重命名"命令，将工作表名称设置为"成绩分析透视表"。

提示 Attention

透视表的默认计算类型

默认情况下，所创建的数据透视表默认都是对字段进行求和计算。

Step 05 设置图表标题并美化图表

在"图表标题"文本框中选择"图表标题"文本，直接输入文本"成绩分析图表"，然后对图表进行美化操作。

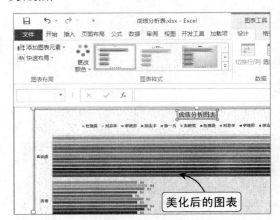

Step 07 设置数据透视表的创建位置

在打开的对话框中保持默认设置，然后单击"确定"按钮，将创建一个名为"Sheet1"的工作表，数据透视表的插入位置在新工作表的A3单元格。

Step 09 添加字段

在"数据透视表字段"任务窗格的"选择要添加到报表的字段"栏中，选择字段所在的复选框，添加所有字段。

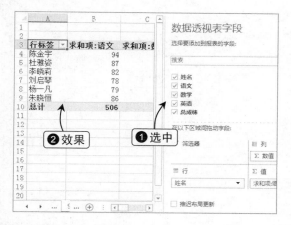

Step 10 打开"值字段设置"对话框

选择"语文"字段（B3单元格），在"数据透视表工具—分析"选项卡的"活动字段"工具组中单击"字段设置"按钮打开"值字段设置"对话框。

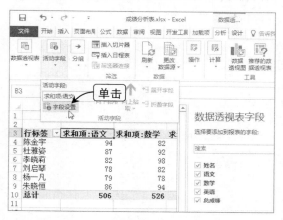

Step 11 值字段设置

在对话框的"计算类型"栏的列表中，选择"平均值"选项，单击"确定"按钮。以同样的方法设置"数学"和"英语"字段的计算类型。

Step 12 打开"设置单元格格式"对话框

由于计算的平均值小数位比较多，可对其设置单元格格式，右击需要设置单元格格式的单元格，选择"设置单元格格式"命令。

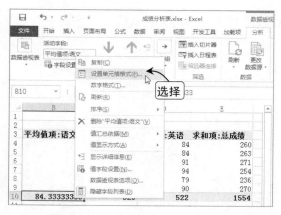

Step 13 设置单元格格式

在"设置单元格格式"对话框的"数字"选项卡中，选择"数值"选项，在右侧窗格中输入小数位数，然后单击"确定"按钮。

Step 14 单击"数据透视图"按钮

选择数据透视表中的任意单元格，在"数据透视表工具—分析"选项卡的"工具"工具组中单击"数据透视图"按钮。

Step 15 选择数据透视图

在"插入图表"对话框中单击"柱形图"选项卡，选择"簇状柱形图"选项，然后单击"确定"按钮。

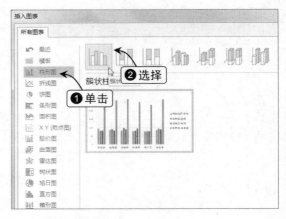

Step 16 筛选数据透视图中的数据

在创建的数据透视图下方单击"姓名"按钮，在弹出的列表框中取消色选"全选"复选框，然后选中筛选数据"朱晓恒"复选框，单击"确定"按钮。

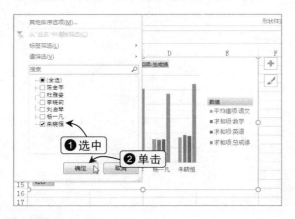

Step 17 隐藏字段按钮

在"数据透视图工具—分析"选项卡的"显示/隐藏"工具组中单击"字段按钮"按钮，隐藏数据透视图中的所有字段按钮。

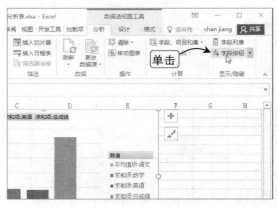

Step 18 完成操作

对数据透视图进行美化操作并移动到合适的位置，然后选择A1:E2单元格区域，合并单元格并输入"成绩透视分析"，设置格式为"隶书，18，居中"，单击"保存"按钮完成操作。

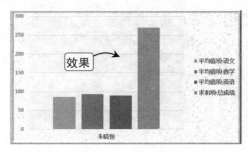

第 8 章

在 Excel 中处理数据

业务能力	工作效率	能力提升	绩效总分	平均分
85	83	92	350	87.5
86	92	84	342	85.5
85	80	90	340	85
80	76	85	336	84
86	81	88	330	82.5
80	84	86	330	82.5
85	80	90	325	81.25
80	75	80	320	80

按照绩效总分由高到低排序的效果

	B	C	D	E
				员工工资表
	姓名	基本工资	提成	考勤扣除
	林天浩	1800	4680	0
	王红梅	1259	4659	0
	陶菲菲	1252	4652	0
	刘春明	2340	3450	0

筛选考勤扣除大于 0 的数据效果

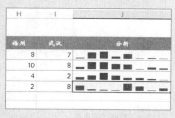

H	I	J
福州	武汉	分析
8	7	
10	8	
4	2	
2	8	

使用迷你图展示销售点数量

使用切片器筛选数据 1 月份数据

8.1 使用数据记录单
准确快速地在表格中录入数据

在工作表中输入字段和数据后，系统会自动创建数据库。同时，Excel 会为表格的区域生成一个内置数据表单，即通常所说的记录单。

记录单将表格中所有项目的列标集合在一个对话框中，而且在每个列标的旁边还保留了一个文本框供用户填入该列的数据。该对话框一次只能显示一条完整的记录，用户通过它可快速输入新数据、查找满足设定条件的数据记录等。

8.1.1 在记录单中输入数据

可以通过记录单的对话框轻松地在单元格中输入数据，而不会出现错误。下面以在"学生信息表"工作簿中输入相应的数据为例进行讲解。

提示
Attention

"记录单"按钮
在 Excel 2016 的功能区中，默认情况下没有显示出"记录单"按钮，用户需要手动将该按钮添加到指定位置，本例所使用的"记录单"按钮将添加到快速访问工具栏中。

 操作演练：使用记录单输入学生信息

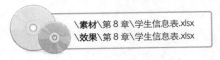
\素材\第 8 章\学生信息表.xlsx
\效果\第 8 章\学生信息表.xlsx

Step 01 选择单元格并单击"记录单"按钮

打开"学生信息表"工作簿，选择需要录入数据的数据区域和表头（一定要选择表头），这里选择 A2:F10 单元格区域，然后在快速访问工具栏中单击"记录单"按钮。

Step 02 打开对话框输入记录

在打开的提示对话框中单击"确定"按钮，打开设置记录单的"学生信息表"对话框，在各个与表头文本对应的文本框中依次输入数据，然后单击"新建"按钮。

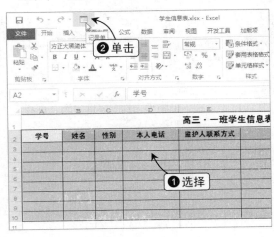

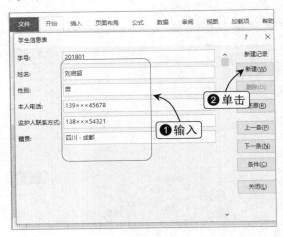

Step 03 完成操作

此时，Excel将在表头字段的下一行录入这些数据。用同样的方法录入其他数据，完成记录的输入后单击"关闭"按钮关闭对话框，返回工作表中可以看到输入的记录数据。

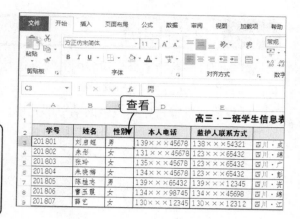

提示
Attention

重新输入新的记录
如果在已经有记录的表格中添加记录，则在记录单对话框中需先单击"新建"按钮，新建一个空白的记录，然后再添加记录。

8.1.2 使用数据记录单查找记录

记录单是将表格中的数据以记录的形式一条一条进行存放，也可以用来查找符合条件的记录。

在记录单中查找记录的方法为：在工作表中选择有数据的单元格区域，并打开记录单对话框，单击"条件"按钮，然后在对话框的任意文本框中输入查找条件，如这里在"性别"文本框中输入"男"后按【Enter】键，即可查找到符合该条件的记录，如图8-1所示。

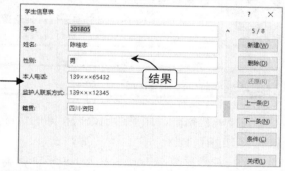

图8-1　查找符合条件的记录

显示出符合查找条件的记录后，单击"下一条"按钮，将显示出下一条符合查找条件的记录。

8.2 排列数据
将表格中的数据以某种方式排列出来，方便查看和分析

如果要了解表格中某列的数据变化，如员工销售额从大到小的员工排序，年初到年末产品销售的情况等，则可将数据按照某种方式进行排序，突出数据的大小或先后关系，这样就能看清各个数据的变化情况，快速进行查找和分析。

8.2.1　单条件排序

单条件排序是指选择工作表中的数据进行单个条件的排序，在表格中可以对数值、文本、日期和时间等数据进行排序。

选择需要进行排序列表中的某个单元格，在"数据"选项卡的"排序和筛选"工具组中单击"降序"按钮 Z↓ 或"升序"按钮 A↓，工作表单元格区域中选择的数据将按照降序或者升序进行排列，如图8-2所示。

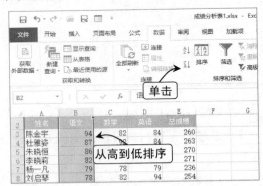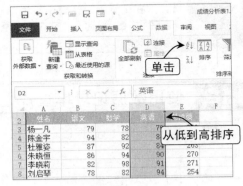

图8-2　单条件排序

数据排序规则

在 Excel 2016 中，对文本进行排列是按照其拼音的首个字母进行排列；对日期和时间是按照从早到晚或从晚到早进行排列。

8.2.2　多条件排序

在排列数据时，如果遇到数据相同的情况，则可以通过多条件排序设置多个条件对类似的数据进行排序。

选择任意数据单元格，在"数据"选项卡的"排序和筛选"工具组中单击"排序"按钮打开"排序"对话框，在"主要关键字"下拉列表框中选择首先进行排序的列选项，在"排序依据"和"次序"下拉列表框中分别选择排序的依据和排序方式。

在"排序"对话框中单击"添加条件"按钮可以新增一个排序条件，在新增条件中设置好次要关键字、排序依据和次序后，单击"确定"按钮即可进行排序，如图8-3所示。

在"排序"对话框中单击"选项"按钮，可以打开"排序选项"对话框，可对排序的方向和方法进行选择。如果勾选"区分大小写"复选框，则在排序时就会按照字段名称的大小写进行排序，如图8-4所示。

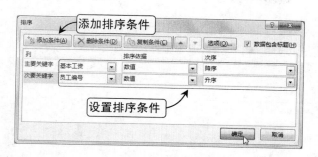

图8-3　多条件排序　　　　　　　　图8-4　"排序选项"对话框

8.2.3　自定义排序

如果用户发现使用的排序方式不能够反映表格数据，则可以根据需要自定义排序的方式来对数据进行排序。

选择任意数据单元格，打开"排序"对话框，在"次序"下拉列表框中选择"自定义序列："命令打开"自定义序列"对话框。

在"自定义序列"列表框中可以选择其中设置好的序列进行排序，也可以选择"新序列"选项，在右侧"输入序列："列表框中自定义排序依据。单击"添加"按钮可将输入的新序列添加到列表中，如图8-5所示。

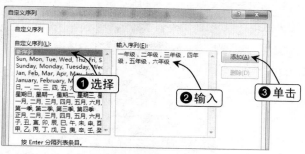

图8-5　自定义排序

✕ 实战演练　对"员工考核成绩表"进行排序

前面介绍了在Excel 2016中对数据进行排序的相关知识，下面将通过在"员工考核成绩表"工作簿中对员工的总成绩进行排序，演练多条件排序的具体方法。

在"员工考核成绩表"工作簿中，将查看分数最高的员工，以便对这些优秀员工进行嘉奖，如果员工的分数一样，则参考员工的电脑操作技能进行评定。

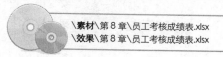

\素材\第8章\员工考核成绩表.xlsx
\效果\第8章\员工考核成绩表.xlsx

Step 01 选择排序方式

打开"员工考核成绩表"工作簿，选择"总分"列中的任意一个数据单元格，然后在"数据"选项卡的"排序和筛选"工具组中单击"降序"按钮 Z↓。

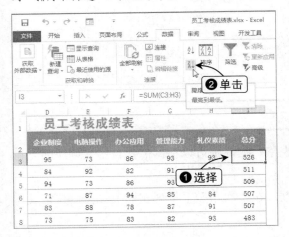

Step 02 单击"排序"按钮

在工作表中可以看到数据以"总分"的数据从大到小进行排序。在"数据"选项卡的"排序和筛选"工具组中单击"排序"按钮。

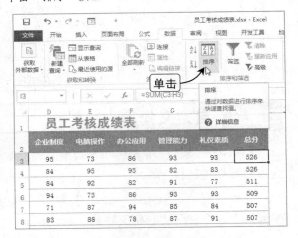

Step 03 添加条件

在打开的"排序"对话框中单击"添加条件"按钮，添加次要关键字的条件。

Step 04 设置次要关键字的条件

在次要关键字的条件中，选择"电脑操作"选项，其他选项保持和主要关键字相同，然后单击"确定"按钮。

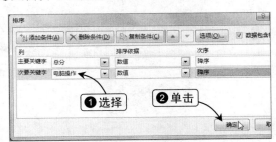

Step 05 查看结果

返回工作表中可以看到数据首先按照总分从大到小进行排列，在总分相同的数据排列中，则按照电脑操作的分数从大到小进行排序。

删除排序条件

通过"排序"对话框可以设置多个条件对数据进行排序，如果要删除某个排序条件，则直接单击对话框中的"删除条件"按钮即可。

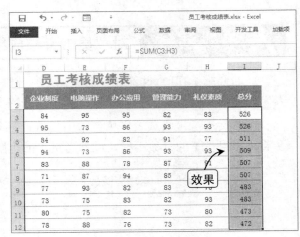

8.3 筛选数据
只显示符合条件的数据

在Excel中，如果在数据量大的表格中需要查看具有某些特定条件的数据，查找这些数据就变得很困难。则可以使用系统提供的数据筛选功能，快速将符合条件的数据显示出来。

8.3.1 自动筛选数据

自动筛选数据就是根据用户设定的筛选条件，自动将表格中符合条件的数据显示出来，而将表格中的其他数据进行隐藏。

选择任意数据单元格，在"数据"选项卡的"排序和筛选"工具组中单击"筛选"按钮，在表格的各个表头右侧将出现 ▼ 按钮。单击需要筛选数据的表头右侧的 ▼ 按钮，在弹出的筛选器中取消选中"（全选）"复选框，然后选中需要筛选的数据对应的复选框，单击"确定"按钮完成筛选操作，如图8-6所示。

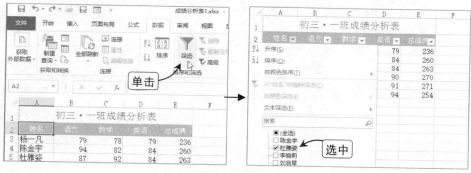

图8-6　筛选数据

 提示 Attention

取消数据筛选
单击"筛选"按钮后，进入数据筛选状态，此时筛选按钮变为选中状态，再次单击该按钮会退出数据筛选，所筛选的数据也将恢复原来的样式。

8.3.2 自定义筛选

如果筛选的列表中没有适合筛选条件的选项，则还可以自定义筛选条件，筛选出符合要求的数据。一般对数据的筛选包括在文本中筛选文本、在数值数据中筛选数字及根据各行的单元格的不同颜色进行筛选等。

1. 筛选文本数据

如果要自定义筛选条件，则单击"筛选"按钮进入工作表的筛选状态，然后单击表头

单元格右侧的 ▼ 按钮打开筛选器。

选择"文本筛选"命令，在弹出的子菜单中选择"自定义筛选"命令，然后进行相关设置。如选择"等于"命令，设置完筛选条件后单击"确定"按钮，即可在工作表中筛选符合条件的数据，如图8-7所示。

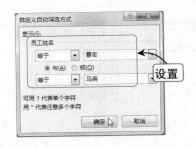

图8-7　筛选文本数据

在"自定义自动筛选方式"对话框中，选中"与"单选按钮表示需要同时满足两个条件，选中"或"单元按钮表示只需满足条件之一即可，按照图8-7中的筛选设置，选中"与"和"或"单选按钮的筛选结果如图8-8所示。

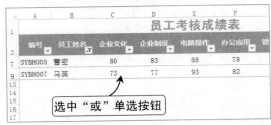
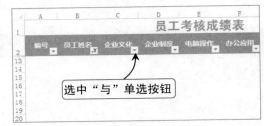

图8-8　分别选中"与"和"或"单选按钮进行筛选的不同结果

2．筛选数值数据

如果要筛选出表格中数值在某一范围内的数据，则可以通过数字筛选来完成，通过大于、小于或等于等筛选条件，筛选出符合要求的数字。

进入工作表的筛选状态，单击需要筛选数据的表头的单元格右侧的 ▼ 按钮，选择"数字筛选"命令，在弹出的子菜单中选择"自定义筛选"命令，如图8-9所示。

在打开的"自定义自动筛选方式"对话框中设置筛选条件，然后单击"确定"按钮进行筛选。

图8-9　筛选数值数据

3. 根据颜色进行筛选

如果对单元格中不同的数据填充了颜色，则可以筛选出具有某种颜色的单元格数据，单击表头单元格右侧的 ▼ 按钮，在弹出的筛选器中选择"按颜色筛选"子菜单中的颜色信息，返回工作表中可以查看到其中筛选出填充了对应颜色的单元格，如图8-10所示。

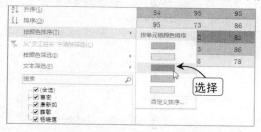
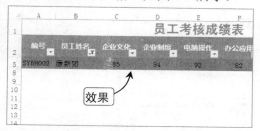

图8-10　按颜色进行筛选

8.3.3　设置高级筛选条件

在进行自动筛选时，Excel会根据系统提供的条件进行筛选。除此之外，用户可以自定义筛选条件，让Excel根据所定义的筛选条件进行筛选。

下面在"员工工资表"工作簿中筛选出没有考勤扣除且实际工资大于等于5000的员工。

操作演练：自定义多条件的数据筛选

\素材\第8章\员工工资表.xlsx
\效果\第8章\员工工资表.xlsx

Step 01 设置筛选条件

打开"员工工资表"工作簿，在I3:J4单元格区域中设置筛选条件，上方单元格录入筛选字段，下方单元格录入筛选条件。

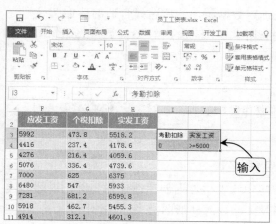

Step 02 打开"高级筛选"对话框

选择表格中任意有数据的单元格，在"数据"选项卡的"排序和筛选"工具组中单击"高级"按钮，打开"高级筛选"对话框。

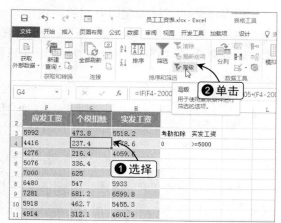

Step 03 选择筛选的条件区域

在"高级筛选"对话框中，将自动选择筛选的范围，即有数据的列表区域，将插入点定位到"条件区域"文本框中，选择I3:J4单元格区域（设置的筛选条件）将地址引用到文本框中。

Step 04 完成操作

然后单击"确定"按钮，系统将自动筛选出符合条件的员工。单击两次"筛选"按钮可退出筛选状态，也可以在对话框中设置将筛选的结果复制到其他单元格区域。

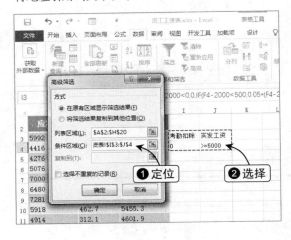

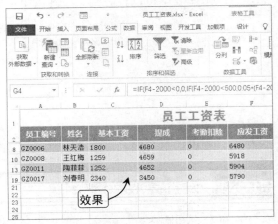

8.4 使用迷你图展示数据
用迷你图展示数据的变化

迷你图是放入单个单元格中的小型图，每个迷你图可展示所在行（列）、一行或者一列的数据，可对简单的数据进行更为直观得分析。

8.4.1 创建迷你图

迷你图的创建与创建图表相似，也需要先确定数据源，然后选择合适的迷你图类型。在"插入"选项卡的"迷你图"工具组中包含折线图、柱形图和盈亏3种类型的迷你图，创建时也只能选择这3种迷你图类型，如图8-11所示。

图8-11　3种迷你图类型

下面将通过在"产品销售点统计表"工作簿中为表格数据创建迷你图为例，讲解创建迷你图的具体操作，要求在各个产品的分析字段中，插入柱形图类型的迷你图。

操作演练：创建销售分析迷你图

\素材\第 8 章\产品销售点统计表.xlsx
\效果\第 8 章\产品销售点统计表.xlsx

Step 01 选择迷你图类型

打开"产品销售点统计表"工作簿，选择J3单元格，然后在"插入"选项卡的"迷你图"工具组组中单击"柱形图"按钮。

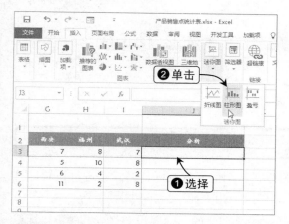

Step 02 选择数据区域

在打开的"创建迷你图"对话框中，将文本插入点定位到"数据范围"文本框中，选择B3:I3单元格区域然后单击"确定"按钮。

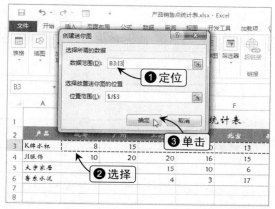

Step 03 单击"柱形图"按钮

选择B4:I4单元格区域，然后在"插入"选项卡的"迷你图"工具组中单击"柱形图"按钮。

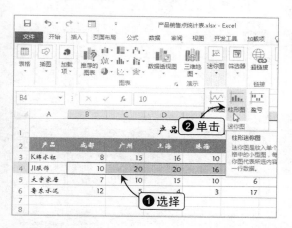

Step 04 选择迷你图的存放位置

在打开的对话框中，已自动填充了数据范围，将文本插入点定位到"位置范围"文本框中，选择J4单元格，然后单击"确定"按钮。

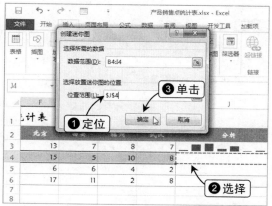

Step 05 完成操作

以相同的方法在J5和J6单元格中创建迷你图，单击"保存"按钮保存工作簿，完成操作。

创建了迷你图后，会自动打开"迷你图工具—设计"选项卡，可以编辑迷你图的数据、更改迷你图的样式等。如果要更改迷你图的类型，则可以选择要更改类型的迷你图，在"迷你图工具—设计"选项卡下的"类型"工具组中单击其他类型相应的按钮，如图8-12所示。

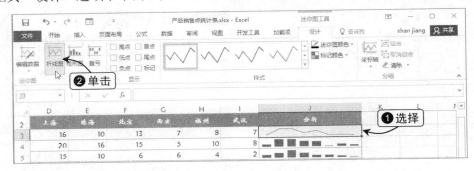

图8-12　更改迷你图的类型

8.4.2　设置迷你图的显示效果

设置迷你图的显示效果主要是对迷你图的样式、颜色、以及标记格式等进行设置，这些样式和颜色等的设置与图表等对象的样式和颜色等效果的设置大同小异。

下面将通过在"产品销售点统计表1"工作簿中为创建的迷你图设置样式、颜色、标记等效果为例，讲解设置迷你图显示效果的具体方法。

　操作演练：设置销量分析迷你图效果

\素材\第 8 章\产品销售点统计表 1.xlsx
\效果\第 8 章\产品销售点统计表 1.xlsx

Step 01　更改样式

打开"产品销售点统计表1"工作簿并选择J3单元格，在"迷你图工具—设计"选项卡的"样式"工具组的快速样式库中选择第2个样式选项。

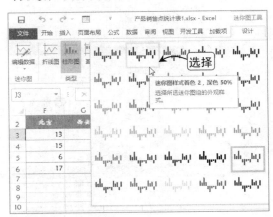

Step 02　添加标记

保持J3单元格的选择状态，然后在"迷你图工具—设计"选项卡的"显示"工具组中选中"高点"和"低点"复选框。

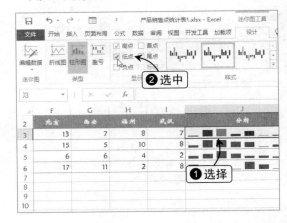

Step 03 设置标记的颜色

然后在"样式"工具组中单击"标记颜色"按钮，选择"高点"命令，在弹出的子菜单中选择"红色，个性5"选项，以同样的方法设置低点的颜色为"蓝色"。

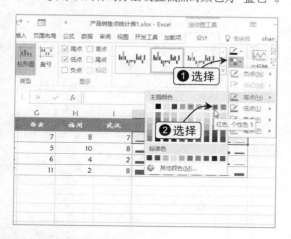

Step 04 单击"组合"按钮

选择J3:J6单元格区域，然后在"迷你图工具—设计"选项卡的"分组"工具组中单击"组合"按钮。

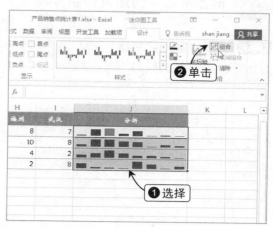

Step 05 完成操作

进行组合操作后，系统会将所选择的迷你图分配到一组，它们可以共享格式和缩放选项，单击"保存"按钮完成操作。

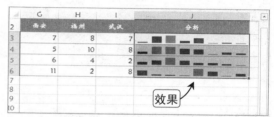

提示
Attention

设置折线迷你图的粗细

如果所选择的迷你图是折线迷你图，则还可以为其设置粗细，只需在"迷你图工具—设计"选项卡的"样式"工具组中单击"迷你图颜色"按钮，选择"粗细"命令，在弹出的子菜单中进行选择。

8.5 使用切片器筛选数据
快速筛选出指定的数据

切片器相当于一个筛选器，使用切片器可以更快、更容易地筛选出数据透视表、数据透视图及多维数据集函数中的目标数据。

8.5.1 创建并设置切片器的格式

要使用切片器筛选指定的数据，首先就需要创建一个切片器，在数据透视表中，单击"插入"选项卡"筛选器"工具组中的"切片器"按钮可创建切片器。

下面通过在"每月电器销量表"工作簿中创建一个名为"月份切片器"的切片器为例，讲解在Excel中创建切片器的具体方法。

 操作演练：创建月份切片器

\素材\第8章\每月电器销量表.xlsx
\效果\第8章\每月电器销量表.xlsx

Step 01 打开"插入切片器"对话框

打开"每月电器销量表"工作簿，在数据透视表中选择任意一个单元格，在"插入"选项卡的"筛选器"工具组中单击"切片器"按钮。

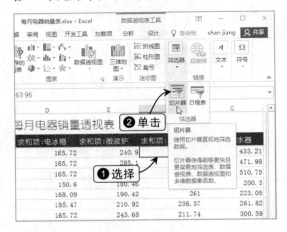

Step 02 设置链接字段

在打开的"插入切片器"对话框中选中"月份"复选框，然后单击"确定"按钮创建一个月份切片器。

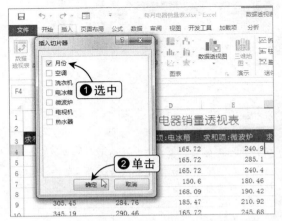

Step 03 打开"切片器设置"对话框

系统自动打开"切片器工具—选项"选项卡，在"切片器"工具组中单击"切片器设置"按钮，打开"切片器设置"对话框。

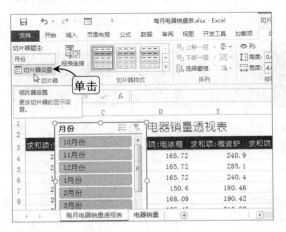

Step 04 设置切片器名称

在"名称："文本框和"标题："文本框中输入"月份切片器"文本，然后单击"确定"按钮关闭该对话框并应用设置。

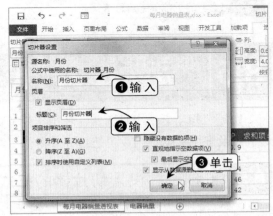

Step 05 筛选查看数据

在"月份切片器"切片器中选择"1月份"选项,系统自动在数据透视表中显示1月份的销量透视数据。

Step 06 清除筛选

单击"月份切片器"切片器右上角的"清除筛选器"按钮 可以恢复筛选前的数据透视表效果。

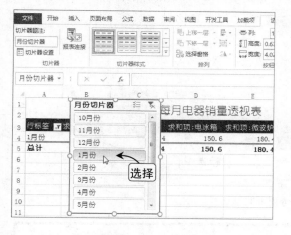
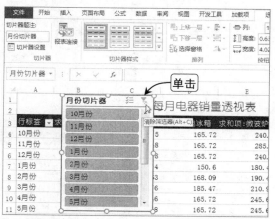

所创建的切片器会按照默认的格式显示,可以根据需要设置切片器的格式,使其更美观。在Excel 2016中,系统内置了14种切片器样式,选择这些样式可以快速更改切片器的默认显示效果。例如,选择快速样式库中的"切片器样式5"选项,切片器将自动应用该样式,如图8-13所示。

图8-13　设置切片器的格式

调整切片器的大小

在 Excel 2016 中,用户可以根据切片器中字段数据的多少来调整其大小,其操作与更改一般对象大小的方法相同。选择切片器,在"切片器工具 选项"选项卡"大小"工具组中即可进行相关设置。

8.5.2　与透视表共享切片器

在Excel 2016中,可以通过连接到另一个数据透视表来与该数据透视表共享切片器,也可以通过连接到另一个数据透视表来插入该数据透视表的切片器。

要使切片器在另一个数据透视表中使用,可以单击要在另一个数据透视表中共享的切片器,将显示"切片器工具—选项"选项卡,同时显示"数据透视表—选项"选项卡。在该选项卡的"切片器"工具组中单击"报表连接"按钮，在打开的"数据透视表连接"对话框中选中希望切片器在其中可用的数据透视表的复选框，单击"确定"按钮，如图8-14所示。

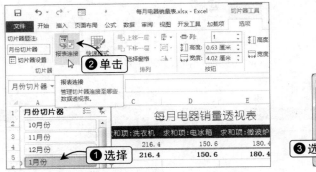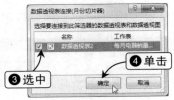

图8-14 设置与透视表共享切片器

8.5.3 断开切片器

如果不再使用切片器了，则可以断开数据透视表与切片器之间的连接。在Excel 2016中，可从数据透视表将数据透视表和切片器之间的连接断开，也可以从切片器本身将数据透视表和切片器之间的连接断开。

◆ **从数据透视表断开**：选择任意单元格，单击"数据透视表工具—分析"选项卡，在"筛选"工具组中单击"筛选器连接"按钮，在打开的"切片器连接"对话框中取消选中数据透视表连接的切片器复选框，单击"确定"按钮即可，如图8-15所示。

图8-15 从数据透视表断开连接

◆ **从切片器断开**：选择切片器，单击"切片器工具—选项"选项卡，在"切片器"工具组中单击"报表连接"按钮，在打开的"数据透视表连接"对话框中取消选中切片器连接的数据透视表复选框，单击"确定"按钮即可。

8.5.4 删除切片器

断开切片器后，切片器仍然存在于工作表中，那么怎样删除切片器呢？在Excel 2016中，删除数据透视表中所创建的切片器可以通过快捷菜单和快捷键来完成，其具体操作如下。

◆ **使用快捷菜单命令删除切片器：** 选择需要删除的切片器，右击，在弹出的快捷菜单中选择"删除'切片器名称'"命令即可；如果要删除切片器中的筛选器，可以选择该筛选器，然后右击，选择"从'切片器名称'中清除筛选器"命令，如图 8-16所示。

 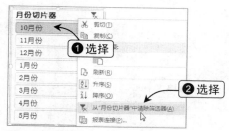

图8-16　用快捷菜单删除筛选器

◆ **使用快捷键删除切片器：** 选择需要删除的切片器，直接按【Delete】键可以快速删除指定切片器。

✕ 实战演练　处理"绩效考核表"中的数据

前面介绍了在Excel 2016中对数据进行处理的相关知识，下面将通过处理"绩效考核表"工作表中的数据，对排列数据、筛选数据等进行综合演练。

在"绩效考核表"工作簿中，将从高到低排列员工的总成绩，用条件格式标记工作效率最高和最低的员工，然后用筛选功能对平均分大于80分的员工进行绩效分析（创建迷你图），最后的效果要显示所有员工的数据。

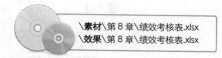

\素材\第 8 章\绩效考核表.xlsx
\效果\第 8 章\绩效考核表.xlsx

Step 01　单击"降序"按钮

打开"绩效考核表"工作簿并选择"绩效总分"所在列的任意有数据的单元格，先在"数据"选项卡的"排序和筛选"工具组中单击"降序"按钮，然后单击"排序"按钮打开"排序"对话框。

提示
Attention

排序
也可以直接单击"排序"按钮，打开对话框设置主要关键字排序条件。

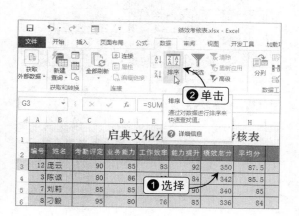

Step 02 添加次要关键字并设置条件

在打开的"排序"对话框中单击"添加条件"按钮，添加次要关键字条件，设置次要关键字为"姓名"，排序的次序为"升序"，然后单击"确定"按钮。

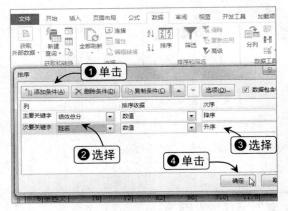

Step 03 设置色阶条件

选择工作效率字段下方的E3:E14单元格区域，在"开始"选项卡的"样式"工具组中单击"条件格式"下拉按钮，选择"色阶"命令，在弹出的子菜单中选择"红—黄—绿色阶"命令。

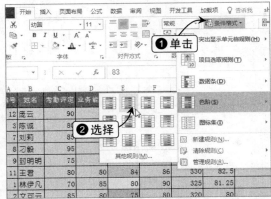

Step 04 设置色阶条件的效果

工作效率字段的E3:E14单元格区域自动填充颜色，其中红色表示最大值，绿色表示最小值。

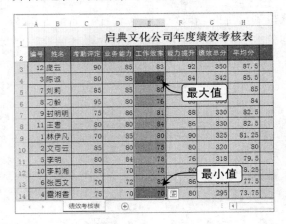

Step 05 单击"筛选"按钮

选择工作表中任意有数据的单元格，单击"数据"选项卡"排列和筛选"工具组中的"筛选"按钮。

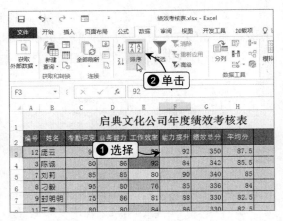

Step 06 选择筛选命令

单击"平均分"列所在的 ▼ 按钮，在筛选器中选择"数字筛选"命令，在弹出的子菜单中选择"大于或等于"命令。

Step 07 设置筛选条件

在打开的"自定义自动筛选方式"对话框中，设置筛选的条件，然后单击"确定"按钮。

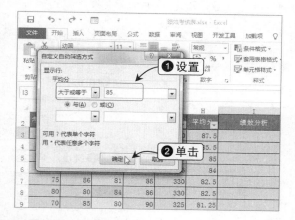

Step 09 选择数据范围

将插入点定位到打开对话框的"数据范围"文本框中，选择C3:F3单元格区域，然后单击"确定"按钮。

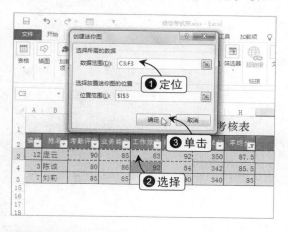

Step 11 标记迷你图

选择I3单元格，在"迷你图工具—设计"选项卡的"显示"工具组中选中"标记"复选框。

提示
Attention

筛选的目的
筛选后再对符合要求的数据创建迷你图，是为了操作时的方便、快速及避免选择错误的单元格区域。

Step 08 选择迷你图类型

选择I3单元格，单击"插入"选项卡，在"迷你图"工具组中单击"折线图"按钮。

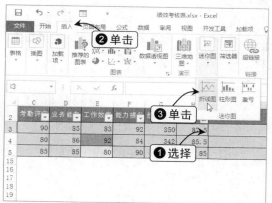

Step 10 在其他单元格中插入迷你图

分别选择I4、I5单元格，以步骤8和步骤9的方法插入折线迷你图。

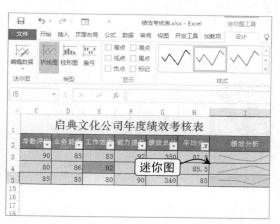

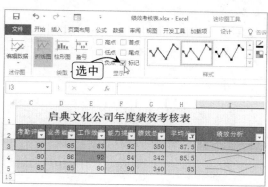

Step 12 设置迷你图的其他效果

在"样式"工具组中单击"迷你图颜色"下拉按钮，选择"粗细"命令，然后在其子菜单中选择"1.5磅"命令。

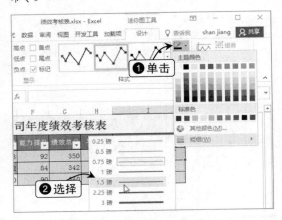

Step 13 组合迷你图

选择I3:I5单元格区域，单击"迷你图工具—设计"选项卡下"分组"工具组中的"组合"按钮，为其他的迷你图应用已设置好的显示效果。

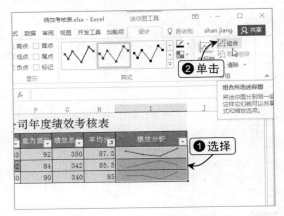

Step 14 取消数据筛选

单击"数据"选项卡，在"排序和筛选"工具组中单击"筛选"按钮取消筛选状态，单击"保存"按钮完成操作。

提示 Attention

数据处理

在数据处理的实践应用中，也可以将数据进行排序、筛选后，再对符合要求的数据进行处理，不仅可以提高工作效率，也增加了操作的准确性。

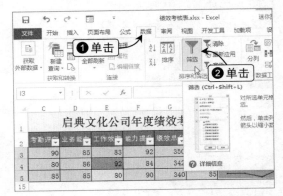

第 9 章

Excel 的保护、共享和打印操作

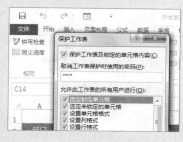

使用密码保护"开支表"工作表

邀请他人共享 Excel 文件

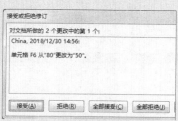

接受修订的操作

重复打印标题的设置

9.1 保护 Excel 文档
提高 Excel 文档的安全性

如果Excel表格中存放了比较重要的数据，不想让其他没有权限的用户访问或查看，则可以对Excel文档进行相应的安全设置，保证数据的安全。

9.1.1 保护工作表

可以对工作表进行加密操作，防止其他用户对工作表进行插入、删除行和列及对其进行格式设置等操作。下面通过对"员工工资表"工作簿中的"工资表"工作表设置保护，介绍保护工作表的具体方法。

 操作演练：保护"工资表"工作表

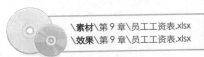
素材\第9章\员工工资表.xlsx
效果\第9章\员工工资表.xlsx

Step 01 单击"保护工作表"按钮

打开"员工工资表"工作簿，选择"工资表"工作表，单击"审阅"选项卡，然后单击"更改"工具组中的"保护工作表"按钮，打开"保护工作表"对话框。

Step 02 设置保护工作表选项

在文本框中输入工作表的保护密码，在下方列表框中选中允许其他用户对该工作表进行的操作对应的复选框，然后单击"确定"按钮。

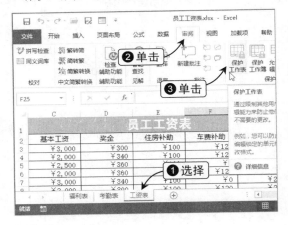

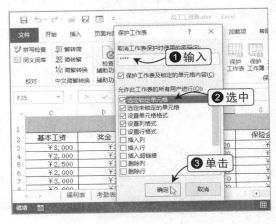

Step 03 确认输入密码

打开"确认密码"对话框，在"重新输入密码："文本框中输入与前面相同的密码，单击"确定"按钮完成对工作表的保护（本例中设置的密码是1234）。

9.1.2 保护工作簿

为了防止其他用户意外或故意移动、删除或添加工作表，可以对工作簿采取相应的保护措施。例如，为已经制作完成的工作簿设置密码，对工作簿进行结构保护。

下面通过对"开支表1"工作簿设置结构保护，并添加密码保护工作簿的编辑权限，讲解保护工作簿的具体方法。

 操作演练：保护"开支表1"工作簿

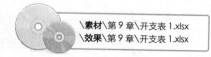

\素材\第 9 章\开支表 1.xlsx
\效果\第 9 章\开支表 1.xlsx

Step 01 单击"保护工作簿"按钮

打开"开支表1"工作簿，单击"审阅"选项卡，在"更改"工具组中单击"保护工作簿"按钮。

Step 02 设置保护密码

在打开的"保护结构和窗口"对话框中选中"结构"复选框，然后在"密码："文本框中输入密码"123456"，单击"确定"按钮。

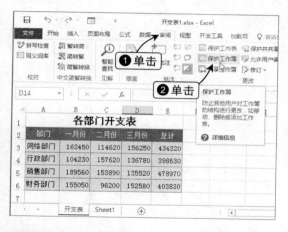

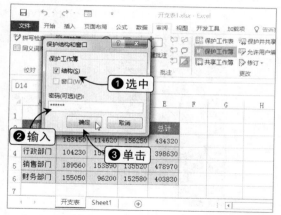

Step 03 确认输入密码

打开"确认密码"对话框，在"重新输入密码："文本框中输入与前面相同的密码，单击"确定"按钮完成对工作簿的保护。

 提示 Attention

保护后的工作簿

保护后的工作簿，不能对工作簿中的工作表进行任何移动、删除或添加的操作，相应的选项也呈灰色显示。

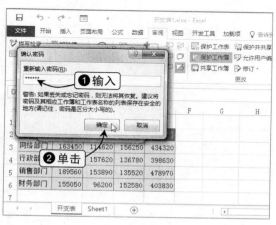

　　还可以对Excel文件设置权限，通过对工作簿文件进行加密操作，可以防止他人查看和编辑其中的数据，其设置操作与Word的权限设置相同，主要是通过"文件"选项卡界面的"信息"选项卡的"保护工作簿"下拉列表来完成的，这里不再赘述。

9.2 发送工作簿
以不同的方式将工作簿发送出去

　　所创建的工作簿不仅可以保存到自己的电脑中，还可以将其保存到用户的OneDrive中，或者将工作簿保存为PDF文件，制作为电子书文档。

9.2.1 将工作簿保存到 OneDrive

　　将工作簿保存到OneDrive云端中，需要连接网络，还要具备并登录Office账户。在需要保存的工作簿中单击"文件"选项卡，在后台视图下单击"另存为"选项卡，选择"OneDrive-个人"选项，然后单击右侧的"OneDrive-个人"按钮，如图9-1所示。

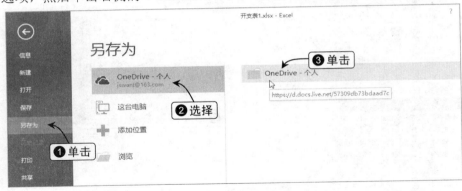

图9-1　将工作簿保存到OneDrive

　　OneDrive云端中默认有3个文件夹，分别是"公开"、"图片"和"文档"文件夹，打开工作簿需要保存的文件夹，输入文件名称，然后单击"保存"按钮即可，如图9-2所示。

 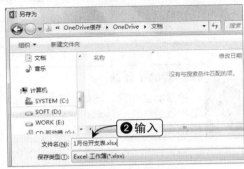

图9-2　在OneDrive中选择文件保存的位置

9.2.2 将工作簿保存为 PDF 文件

为了方便携带、查看或者打印，可以将工作簿中的表格制作为PDF文件，这样即可使用相关的电子书软件来查看表格中的数据。

在Excel工作簿中单击"文件"选项卡，然后单击"导出"选项卡，选择"创建PDF/XPS文档"选项，再单击右侧的"创建PDF/XPS"按钮，如图9-3所示。

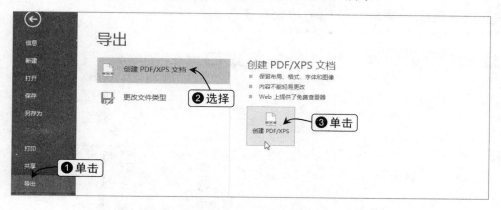

图9-3　创建PDF文档

在打开的对话框中设置保存位置、文件名和保存类型后，单击"发布"按钮，即可将该工作表创建为PDF文件。单击"选项"按钮可打开对话框进行更多的设置，如图9-4所示。

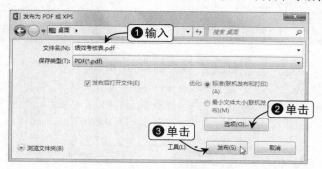

图9-4　PDF文档的保存设置

9.3 共享工作簿
让多人共同查看和编辑工作簿中的数据

共享工作簿是指允许网络上的多位用户同时查看和编辑工作簿。每位保存工作簿的用户可以看到其他用户所做的修改。可以将工作簿放在OneDrive云端上，然后邀请多位用户共同查看和编辑；也可以以电子邮件的形式发送工作簿给多位用户。

9.3.1　创建共享工作簿

　　创建共享工作簿并允许其他用户同时处理该文件，先要对工作簿进行共享设置，然后将工作簿保存到OneDrive云端中，才能邀请他人查看和编辑共享的工作簿，下面通过邀请他人查看和编辑"绩效考核表"工作簿为例，介绍共享工作簿的具体方法。

操作演练：共享"绩效考核表"工作簿

Step 01　打开"共享工作簿"对话框

打开"绩效考核表"工作簿，单击"审阅"选项卡，在"更改"工具组中单击"共享工作簿"按钮，打开"共享工作簿"对话框。

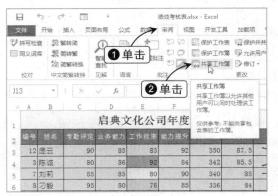

Step 02　允许同时编辑

在对话框的"编辑"选项卡中，选中"允许多用户同时编辑，同时允许工作簿合并"复选框，然后单击"高级"选项卡。

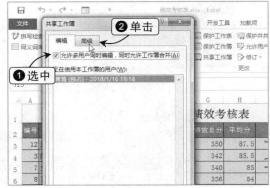

Step 03　设置跟踪和变化的选项

在"高级"选项卡中，设置其他用户修订后所保存的时间，更新修订的方式，修订冲突的选择等设置，然后单击"确定"按钮。

Step 04　保存到 OneDrive

在打开的提示对话框中单击"确定"按钮，然后单击"文件"选项卡，切换到后台视图，单击"另存为"选项卡，双击"OneDrive-个人"选项。

Step 05 选择保存位置

在打开的"另存为"对话框中，打开"文档"文件夹，然后单击"保存"按钮将"绩效考核表"工作簿保存到用户的OneDrive云端中。

Step 06 选择共享的方式

在"文件"选项卡中单击"共享"选项卡，选择"与人共享"选项，单击右侧的"与人共享"按钮。

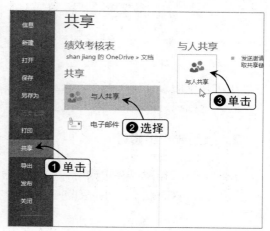

Step 07 邀请他人编辑文档

在Excel文档窗口右侧的"邀请人员"栏中，输入被邀请人的姓名或邮件地址，并选择权限为"可编辑"，在下方文本框中输入邀请信息，然后单击"共享"按钮即可完成共享。

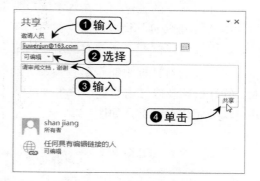

9.3.2 使用共享工作簿

当工作簿共享完成之后，即可提供给不同的用户使用，具有编辑权限的用户在使用共享工作簿时，与编辑本地工作簿相同，可在其中输入和更改数据。

1．显示工作簿的修订

共享工作簿是供多人同时使用的，这时就需要查看其他人在共享工作簿中做了哪些修订，以了解整个工作的进程。

打开已共享的工作簿，在"审阅"选项卡的"更改"工具组中单击"修订"按钮，选择"突出显示修订"命令，打开"突出显示修订"对话框，选中"编辑时跟踪修订信息，同时共享工作簿"复选框，然后在其中设置时间、修订人和位置等选项，然后单击"确定"按钮，如图9-5所示。

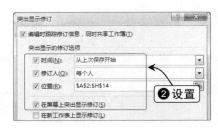

图9-5　突出显示修订

在对共享的工作簿中某个单元格的数据进行修改后，该单元格的左上角将显示一个深蓝色的三角标记，将鼠标光标移动到该单元格上，会显示修订的用户、时间和数据等信息。

2．接受或拒绝修订

在向共享工作簿保存更改时，可能有些修订是错误的，也可能在同一个单元格中进行了几次修订，这时就会产生修订冲突，工作簿的所有者可以通过设置来决定是否保存这些修订。

打开已共享的工作簿，在"审阅"选项卡的"更改"工具组中单击"修订"按钮，选择"接受/拒绝修订"命令打开"接受或拒绝修订"对话框，在其中设置接受或拒绝修订的时间、修订人或位置，完成后单击"确定"按钮，如图9-6所示

在打开的对话框中显示出有关修订的详细信息，包括该工作簿中共有多少修订、修订人、修订日期及修订内容等。单击"接受"按钮接受该修订，单击"拒绝"按钮拒绝修订，并自动关闭该对话框，如图9-7所示。

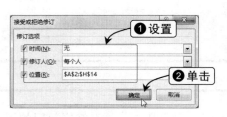

图9-6　设置修订选项　　　　　　　图9-7　接受或拒绝修订

9.3.3　工作簿的其他共享方式

如果制作的工作簿需要给其他人查看或编辑，则还可以以其他的形式共享文件，在Excel的"文件"选项卡后台视图中，单击"共享"选项卡，可选择以邀请他人和电子邮件的形式共享工作簿。如果工作簿保存在OneDrive云端中，则可以通过发送共享链接和发送到社区网络供更多的人访问。

如果选择以电子邮件的方式发送文件，则可以将Excel工作簿作为电子邮件的附件发送，也可以将工作簿转换成的PDF或XPS的文件再作为电子邮件的附件发送。在OneDrive

云端中的文件还可以以电子邮件的形式向共享的用户发送链接，如图9-8所示。

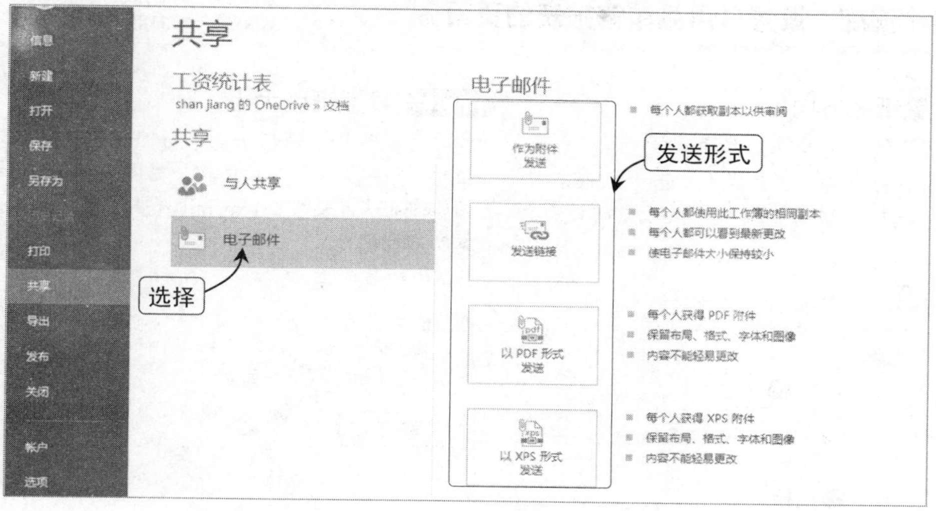

图9-8　电子邮件的发送形式

9.4 打印 Excel 表格
对要打印的 Excel 表格进行设置

制作完成Excel表格后，可以根据用户的需要，将Excel表格通过打印机打印出来。在打印之前可以对工作表的页面、打印区域等进行设置，完成后可以通过打印预览来查看打印出来的效果。

9.4.1 设置打印页面

对工作表的页面进行设置的内容包括页边距、纸张方向和纸张大小等。下面对这些概念进行简单的介绍。

- ◆ **页边距**：打印表格与纸张边界上下左右的距离称为页边距。

- ◆ **纸张方向**：表示表格在纸张中的排列方向，如横向或竖向。

- ◆ **纸张大小**：表示打印纸张的大小，常用的有 A4、A3、16K 等。纸张的大小也可用其长度和宽度表示。

下面将在"日用品销售报表"工作簿中对表格的页面进行设置，介绍页面设置的具体方法。

操作演练：设置日用品销售报表的页面

\素材\第 9 章\日用品销售报表.xlsx
\效果\第 9 章\日用品销售报表.xlsx

Step 01 设置纸张方向

打开"日用品销售报表"工作簿，在"页面布局"选项卡的"页面设置"工具组中单击"纸张方向"下拉按钮，选择"横向"选项将纸张方向设置为横向。

Step 02 设置纸张大小

在"页面布局"选项卡的"页面设置"工具组中单击"纸张大小"下拉按钮，选择"Executive"选项将纸张大小设置为 Executive（选项下面将显示有其宽度和高度）。

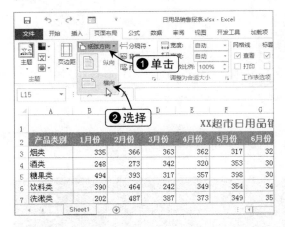

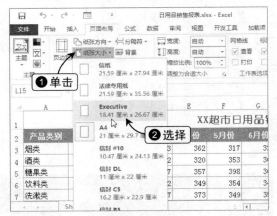

Step 03 设置页边距

在"页面布局"选项卡的"页面设置"工具组中单击"页边距"下拉按钮，在弹出的下拉菜单中选择"宽"命令，设置纸张的页边距。

提示 Attention

自定义设置页边距

根据纸张的大小和所打印的内容，在"页边距"下拉菜单中选择"自定义边距"命令设置合适的页面边距。

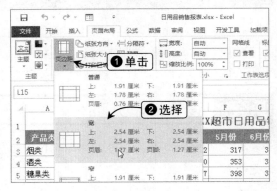

9.4.2 设置打印区域

在一张工作表中，所打印的内容不一定是整个工作表，也可以是工作表汇总的某个单元格区域。

那么可以选择需要设置打印区域的单元格区域，在"页面布局"选项卡"页面设置"工具组中单击"打印区域"下拉按钮，选择"设置打印区域"选项，可将选择的单元格区域设置为打印区域，所选择的打印区域四周将出现一个灰色的方框，表示已被设置为打印区域，如图 9-9 所示。

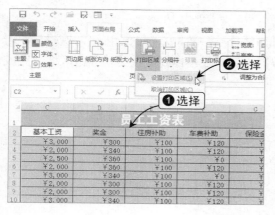
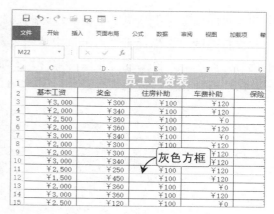

图9-9　设置打印区域

9.4.3　预览并打印表格

打印预览可以模仿显示打印机打印输出的效果。在完成工作表的设置后，即可进行打印工作表的操作，但为了确保打印表格效果的准确性，打印之前可以对工作表的设置效果进行打印预览。

选择"文件/打印"命令，在界面的右侧即可显示出工作表打印的预览效果。单击界面右下角的▣按钮，可以缩小或放大预览界面，单击▣按钮，可以在预览界面中显示出页边距，拖动相应的边框线可以调整页面边距。

调整并预览打印效果后，即可单击"打印"按钮快速打印所选择的单元格区域。

提示
Attention

添加边框
Excel 中的表格默认是没有边框的，表格中的网格线在打印时也不会显示出来。为了方便查看表格中的数据，在打印时一定要根据需要为所选择的区域添加边框。

在"文件"选项卡界面的"打印"选项卡下，可以设置打印的页数，选择打印机、调整打印页面等，其设置与Word文档的打印设置一致。但是在该界面不能选择打印区域，单击"打印"按钮后，默认是打印所有数据（包括设置边框的单元格区域）的单元格。

9.4.4　使用"打印标题"打印多页

通常情况下，在打印时一个工作表只有一个标题，也就只有第一页有标题，打印出来的文件不利于查看。

在打印表格时，可以选择表格中的打印标题（行或列），然后在表格中选择需打印的部分数据，这时选择的部分数据总是与设置的打印标题以一个完整的表格样式进行打印。

在工作表中选择打印表格中的部分数据和标题的单元格区域，在"页面布局"选项卡中的"页面设置"工具组中单击"打印标题"按钮，如图9-10所示。

在打开的"页面设置"对话框中单击"打印区域"参数框右侧的 ■ 按钮，返回工作表中选择打印区域，然后在"顶端标题行"参数框中选择表格标题所在的单元格区域，完成后单击"打印预览"按钮进行查看，如图9-11所示。

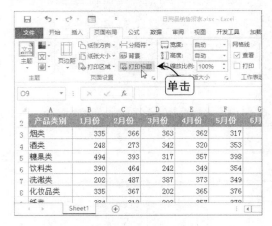

图9-10　单击"打印标题"按钮

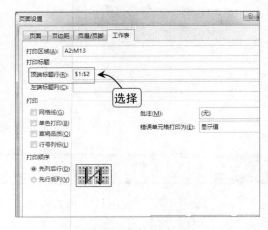

图9-11　打印标题的设置

对需要打印的工作表进行页面设置时，可在"页面设置"对话框的"工作表"选项卡中设置打印时是否显示打印网格线、行号和列标及批注等。

第 10 章

PowerPoint 的常规操作

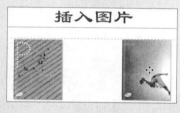

在幻灯片中插入图片的效果

在阅读视图下浏览幻灯片的效果

在大纲视图下浏览幻灯片

综合设置幻灯片格式的效果

10.1 幻灯片的基本操作

了解幻灯片的基本操作是制作幻灯片的基础

在PowerPoint 2016中，幻灯片的基本操作包括新建幻灯片、移动与复制幻灯片、新增节以及利用不同视图查看演示文稿等操作，下面将逐一进行介绍。

10.1.1 新建幻灯片

在PowerPoint 2016中新建演示文稿的方法与新建Word文档、Excel表格的方法一致，可以新建空白的演示文稿，也可以新建系统提供众多的模板文稿。

在新建的空白演示文稿中，只有一张幻灯片，单击"开始"选项卡"幻灯片"工具组中的"新建幻灯片"按钮，可新建一张幻灯片。单击"新建幻灯片"下拉按钮，在弹出的下拉菜单中可选择特定的幻灯片类型，如图10-1所示。

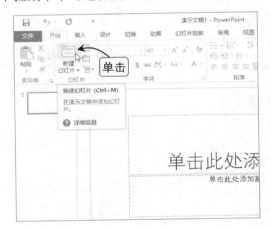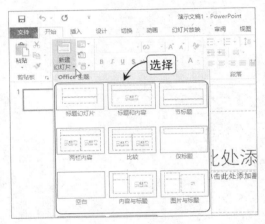

图10-1　新建幻灯片

默认情况下，新建的幻灯片都是"新建幻灯片"列表中的"标题幻灯片"类型，在新建的幻灯片中有6个控件按钮，单击这些按钮可打开对应的对话框，添加表格、图表、图片、SmartArt图形、联机图片和视频文件等，如图10-2所示。

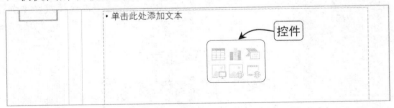

图10-2　新建幻灯片中的6个控件

除此之外，还可以在左侧的"幻灯片"任务窗格（该窗格显示了普通视图模式下幻灯片的缩略图）中右击第1张幻灯片，选择"新建幻灯片"命令，即可以在该幻灯片之后新建一张幻灯片。选中一张幻灯片然后按【Enter】键，可以快速新建一张幻灯片。

10.1.2 移动和复制幻灯片

幻灯片在演示文稿中的位置是可以根据实际情况而改变的，最直接的方法就是选择要移动的幻灯片，按住鼠标左键不放并拖动到合适位置，释放鼠标左键即将幻灯片移动到该处，如图10-3所示。

在拖动的过程中，按住【Ctrl】键，然后移动到合适位置，即可复制该幻灯片到指定位置，如图10-4所示。在拖动过程中，移动到一个位置后，下方幻灯片将自动上移或下移。

图10-3　移动幻灯片　　　　　　　图10-4　复制幻灯片

在演示文稿中移动幻灯片，与在Word和Excel中的移动一样，也可以通过"剪贴板"工具组进行。选择需要移动的幻灯片，在"剪贴板"工具组中单击"剪切"按钮，然后选择需要粘贴到的位置的前一张幻灯片，单击"粘贴"按钮可将该幻灯片移动到目标幻灯片之后。

复制幻灯片也可以通过"剪贴板"工具组进行，选择要复制的幻灯片，复制后再将其粘贴到目标幻灯片之前或之后即可。

10.1.3 新增节

可以使用节将幻灯片组织成有意义的组，就像使用文件夹组织文件一样，也可以使用节来列出演示文稿的主题。节在演示文稿中起到组织和分类的作用，方便进行演示。

在PowerPoint 2016中，选择需要增加节的幻灯片，在"开始"选项卡的"幻灯片"工具组中单击"节"下拉按钮，选择"新增节"选项，即可在该幻灯片位置新增一个节。同时，该节前面的幻灯片将自动归类为默认节，如图10-5所示。

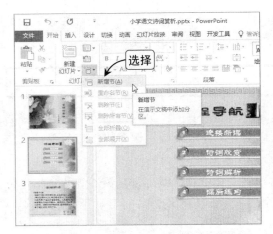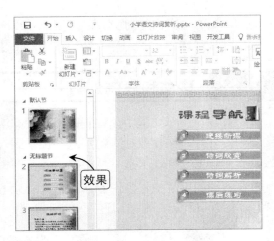

图10-5 新增节

右击新建的节，在弹出的快捷菜单中可以进行重命名节、删除节等操作，如选择"重命名节"命令，在打开的对话框中输入节的名称，单击"重命名"按钮，即可重命名新建的无标题节，如图10-6所示。

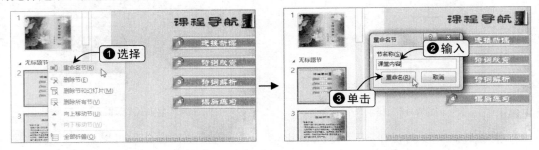

图10-6 重命名节

10.1.4 在不同的视图模式下查看演示文稿

PowerPoint 2016为用户提供了5种不同的视图模式，分别是普通视图、大纲视图、幻灯片浏览视图、备注页视图和阅读视图，不同的视图可以以不同的形式在屏幕上安排幻灯片和工具。

具体操作为切换到"视图"选项卡，单击"演示文稿视图"工具组中的不同视图按钮，即可切换到对应的演示文稿视图，各视图的特征如下。

◆ **普通视图：**普通视图是 PowerPoint 2016 默认的视图模式，它有 3 个工作区域，分别为 "幻灯片" 窗格、"幻灯片编辑" 窗格和 "备注" 窗格。

◆ **大纲视图：**在大纲视图模式下，列出了每张幻灯片的主要内容，可以快速编辑和在每个幻灯片之间进行跳转，如图 10-7 所示。通过大纲从 Word 文档中粘贴内容到大纲窗格中，可以轻松地创建整个样式文稿。

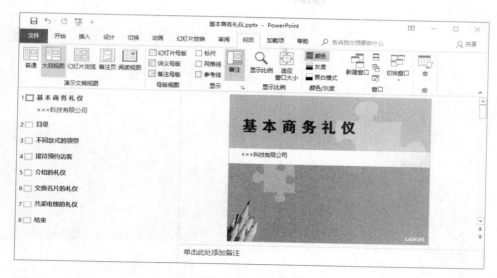

图10-7　大纲视图

◆　**幻灯片浏览视图**：在幻灯片浏览视图中，可以查看所有幻灯片的缩略图，可以轻松地排列幻灯片，每张幻灯片右下角的数字代表该幻灯片的编号，如图 10-8 所示。若添加了动画，在幻灯片右下角将出现图标★，但是在此视图中不能对幻灯片内容进行编辑。

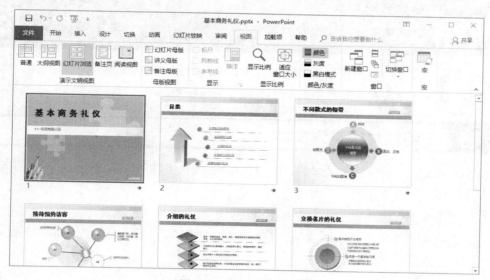

图10-8　幻灯片浏览视图

◆　**备注视图**：在备注视图中可以查看备注内容与演示文稿一起打印时的外观，每一张幻灯片都包含一个备注，可以进行编辑，如图 10-9 所示。

◆　**阅读视图**：阅读视图是在 PowerPoint 窗口中进行幻灯片放映，以便查看动画和幻灯片切换效果，阅读模式下的放映不会切换到全屏模式，如图 10-10 所示。

图10-9 备注视图

图10-10 阅读视图

技巧
Skill

快速切换演示文稿视图模式
在 PowerPoint 2016 窗口右下角的视图栏中包括 3 种视图的快速切换按钮，分别是普通视图、幻灯片浏览视图和阅读视图，单击对应的按钮可以切换到相应的视图。

10.2 | 编辑幻灯片中的文本
在幻灯片中输入文本并设置文本的格式

在幻灯片中文本内容是使用最广泛的对象，是进行幻灯片演示最基本的工具。要利用好该工具，就应该掌握在幻灯片中编辑文本的方法与技巧。

10.2.1 在幻灯片中输入文本

在PowerPoint 2016中输入文本的方法与在Word 2016中输入文本的方法类似，都需要定位插入点，然后输入所需的文本内容。

可以直接在文本占位符中输入文本，也可以绘制文本框来输入文本。另外，在大纲视图模式下定位文本插入点，在"大纲"窗格中的文本插入点后也可输入文本，下面对这3种文本输入方式进行详细介绍。

1. 直接在文本占位符中输入文本

新建的空白演示文稿中会包含默认的幻灯片版式，这些版式就是由系统预设的占位符来确定的。有些占位符是用于输入文本内容的，称之为文本占位符。

在占位符中单击，其中的文本将自动消失，并显示出文本插入点，此时直接输入需要的文本内容即可，如图10-11所示。

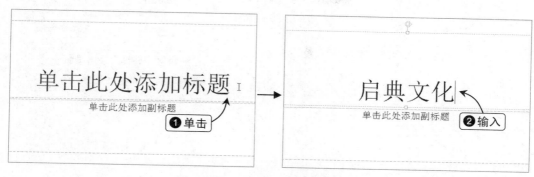

图10-11　直接在占位符中输入文本

2. 绘制文本框输入文本

其实文本占位符的实质就是文本框，只是它是由版式默认提供的，但当占位符不能完全满足文本输入需要时，或在当前幻灯片中没有文本占位符时，用户可以手动绘制文本框，它的位置和格式可以自由设置，在其中输入文本的方法与在占位符中输入的方法相同。

切换到需要绘制文本框的幻灯片中，单击"插入"选项卡"文本"工具组中"文本框"下拉按钮，在其下拉列表中有"横排文本框"和"垂直文本框"两种类型可以选择，如图10-12所示。

图10-12　插入文本框

选择"横排文本框"选项，鼠标光标变成↓形状；选择"竖排文本框"选项，鼠标光标变成←形状。然后拖动鼠标光标（要在已有的文本框之外拖动），光标形状变成十字形状，即可绘制文本框。

3. 在大纲窗格中输入文本

在"大纲"窗格中输入文字，可以一边输入一边清晰地查看到整个演示文稿中文本内容的结构和层次关系。

切换到"大纲"窗格。在□后单击鼠标左键，将文本插入点定位到□形状之后，即可输入文本内容，文本插入点的定位只能是幻灯片的标题文本。

如果输入副标题或内容，则需要在右侧的编辑区中定位文本插入点，输入了部分内容后，才可以在"大纲"窗格中定位插入的点，输入相应的文本内容，如图10-13所示。但是，如果手动插入了文本框，即使在文本框中输入了内容，也无法在"大纲"窗格中定位文本插入点。

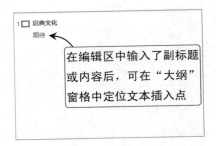

图10-13　在"大纲"视图下输入文本

10.2.2　设置文本的字体格式

　　在添加幻灯片时，已为幻灯片中的标题、副标题或内容设置了字体格式。如果用户觉得这些字体格式不够美观，则可以自行更改，其设置方法与在Word中设置字体格式的方法一致。

　　选择需要设置字体格式的文本内容，在"开始"选项卡的"字体"工具组中即可进行相应设置。单击"字体"工具组右下角的"对话框启动器"按钮，将打开"字体"对话框，在其中可以系统设置字体的格式和字符的间距，如图10-14所示。

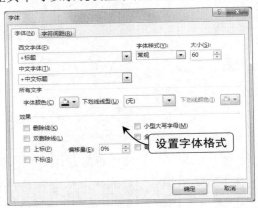

图10-14　　"字体"对话框

10.2.3　设置文本的段落格式

　　在PowerPoint 2016中，也可对文本的段落格式进行设置，包括段落文本的对齐方式、项目符号与编号、段落的缩进等。这些格式的设置与Word中文本的段落设置相同，可通过"开始"选项卡的"段落"工具组来进行设置。

　　在"段落"工具组中，还可以设置文字的方向和文本框中文本的对齐方式，以及将文本转换成SmartArt图形等。单击"段落"工具组右下角的"对话框启动器"按钮，将打开"段落"对话框，可以对段落的缩进和段落间距进行详细的设置，如图10-15所示。

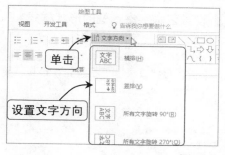

图10-15　设置文本的段落格式

10.3 在幻灯片中插入并美化对象

用对象充实幻灯片的内容，让幻灯片更美观

　　文本是幻灯片传达信息的主题，不过想要制作一份精美的演示文稿，还需要在幻灯片中插入艺术字、形状、图片、表格、图表、图示等对象，并对其进行美化。

　　这些对象的操作与Word中使用对象的方法相同，这里就不再重复介绍，下面将以制作"启典文化公司介绍"演示文稿为例，具体介绍在PowerPoint 2016中插入艺术字、SmartArt图形、图片和表格并美化这些对象的方法。

 操作演练：插入并美化对象

\素材\第 10 章\启典文化公司介绍.pptx
\效果\第 10 章\启典文化公司介绍.pptx

Step 01 删除文本框

打开"启典文化公司介绍"演示文稿，按住【Ctrl】键选中幻灯片1中的标题和副标题文本框，然后按【Delete】键将其删除。

Step 02 插入艺术字

切换到"插入"选项卡中，在"文本"工具组中单击"艺术字"下拉按钮，选择"填充—橙色，着色1，阴影"艺术字样式。

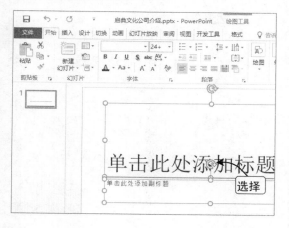

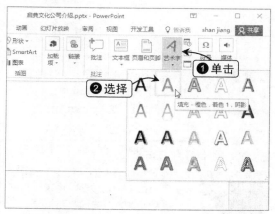

Step 03 输入文本并设置字体格式

选择艺术字样式后将自动插入艺术字文本框，选中文本框中的占位符，输入"启典文化"文本，并设置其字体格式为"隶书，88号"，并调整文本框的位置。

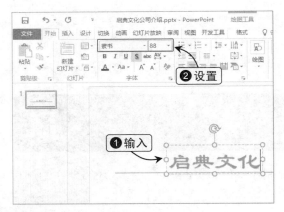

Step 04 设置艺术字文本框的形状样式

在"绘图工具—格式"选项卡"形状样式"工具组中单击"形状填充"下拉按钮，选择"冰蓝，背景2"选项，单击"形状效果"下拉按钮，选择"棱台/松散嵌入"选项。

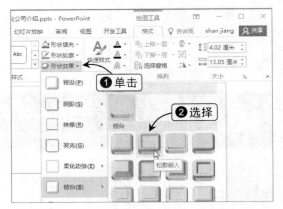

Step 05 新建幻灯片

单击"开始"选项卡，在"幻灯片"工具组中单击"新建幻灯片"按钮，新建一张幻灯片。

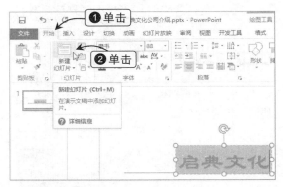

Step 06 输入标题并设置格式

单击第2张幻灯片的"标题"占位符，输入"插入SmartArt图形"文本，然后设置其字体格式为"隶书，80"，段落格式为"居中"。

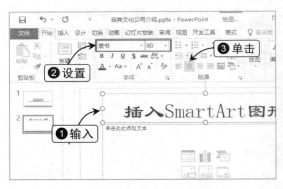

Step 07 打开"选择SmartArt图形"对话框

在"单击此处添加文本"的内容文本框中，单击"插入SmartArt图形"按钮打开"选择SmartArt图形"对话框。

打开对话框

提示
Attention

在"插入"选项卡的"插图"组中，单击"SmartArt"按钮，也可以打开"选择 SmartArt 图形"对话框。通常情况也是在"插图"组中操作的。

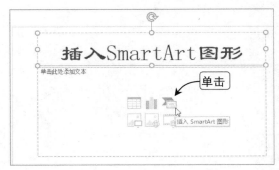

Step 08 选择 SmartArt 图形的样式

在打开的对话框中选择合适的SmartArt图形样式，如单击"流程"选项卡，选择"基本流程"选项，然后单击"确定"按钮。

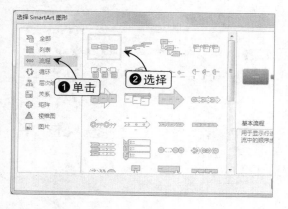

Step 09 添加形状

选中图示中的一个形状，然后在"SmartArt工具—设计"选项卡的"创建图形"工具组中单击"添加形状"按钮。

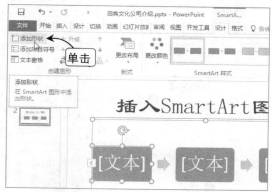

Step 10 输入 SmartArt 内容

在"创建图形"工具组中单击"文本窗格"按钮，在打开的"在此处键入文字"对话框中分别输入SmartArt图形的文字内容。

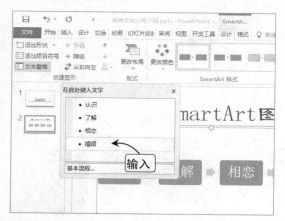

Step 11 更改颜色

选中整个SmartArt图形，在"SmartArt工具—设计"选项卡的"SmartArt样式"工具组中单击"更改颜色"下拉按钮，选择"彩色范围，着色5至6"选项。

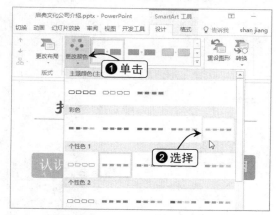

Step 12 选择样式

在"SmartArt样式"工具组的快速样式库中选择"优雅"选项，为图形应用快速样式。

美化 SmartArt 图形

美化 SmartArt 图形的其他操作与介绍 Word 时 SmartArt 图形的美化方法一样，用户可以自行尝试其他的美化方式。

提示 Attention

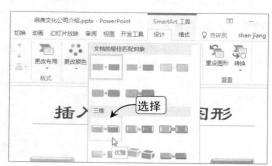

Step 13 编辑第 3 张幻灯片

选择第2张幻灯片按【Enter】键添加第3张幻灯片，在幻灯片标题文本框中输入"插入图片"，并设置字体格式为"隶书、80"，段落格式为"居中"，然后设置对齐文本的方式为"中部对齐"。

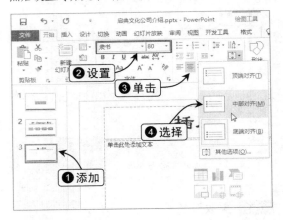

Step 14 打开"插入图片"对话框

删除标题下方的内容文本框，然后单击"插入"选项卡，在"图像"工具组中单击"图片"按钮，打开"插入图片"对话框。

Step 15 选择图片

在打开的"插入图片"对话框中选择图片，然后单击"插入"按钮。可以选择多张图片同时插入。

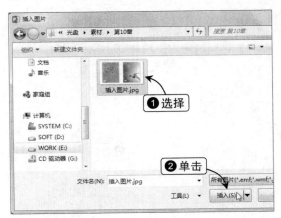

Step 16 复制图片

选中插入的图片，按住【Ctrl】键拖动图片，复制一张图片。

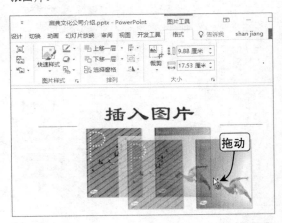

Step 17 裁剪图片

选中第一张图片，在"图片工具—格式"选项卡的"大小"工具组中单击"裁剪"按钮，然后裁剪选中的图片，保留图片左边的图案。以同样的方法裁剪第二张图片，保留图片右边的图案。

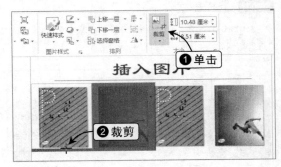

Step 18　调整图片大小和位置

调整图片的大小，然后选择一张图片进行拖动，参照显示出来的参考线对齐两幅图片。

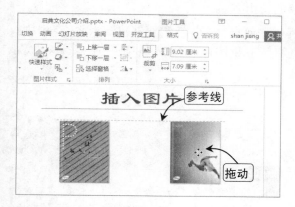

Step 19　设置图片样式

选中两幅图片，在"图片工具—格式"选项卡"图片样式"工具组的快速样式库中选择"柔化边缘矩形"选项，为图片应用该样式。

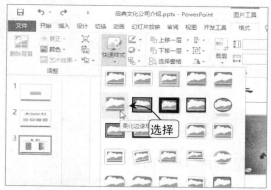

Step 20　插入表格

添加第4张幻灯片，输入标题"插入表格"，设置格式与第3张幻灯片的标题一致，在"插入"选项卡的"表格"工具组中单击"表格"下拉按钮，绘制5×4的表格。

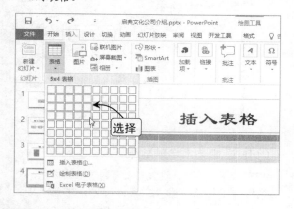

Step 21　更改表头的填充颜色

在表格中输入文本并作适当的调整。选中表头，在"表格工具—设计"选项卡的"表格样式"工具组中单击"底纹"下拉按钮，选择"冰蓝，背景2，深色50%"选项。

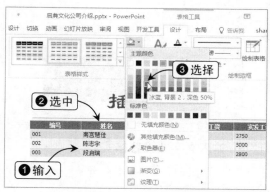

Step 22　更改填充颜色

选中表格其他部分，单击"底纹"下拉按钮，在弹出的下拉菜单中选择"橄榄色，文字2，淡色40%"选项，最后保存演示文稿即可。

提示 Attention

调整表格的布局

将插入点定位到表格中，可以显示"表格工具"选项卡，在"表格工具—布局"选项卡中可以设置表格的大小、对齐方式等，不能设置表格属性。

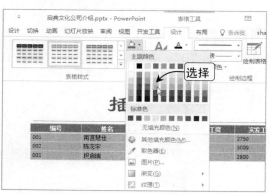

✖ 实战演练　制作"礼品清单"演示文稿

前面介绍了PowerPoint 2016的一些常规操作，下面将通过制作"礼品清单"演示文稿为例，演练和巩固演示文稿的基本操作和对象的使用方法。

所制作的"礼品清单"演示文稿，没有提供任何素材文件，需要创建演示文稿，添加幻灯片，在幻灯片中输入内容，复制幻灯片，插入联机图片、表格等对象，还要对这些对象进行美化。

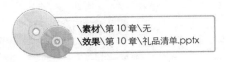

> \素材\第 10 章\无
> \效果\第 10 章\礼品清单.pptx

Step 01　创建演示文稿

启动PowerPoint 2016并选择"丝状"模板，在打开的对话框中单击"创建"按钮，创建一个新的演示文稿。

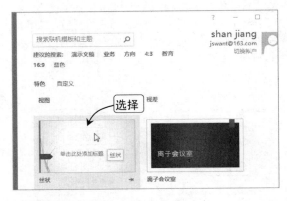

Step 03　输入文字并设置格式

选择艺术字占位符，输入"礼品清单"，并设置字体格式为"隶书，80"。

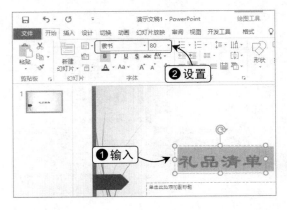

Step 02　插入艺术字

删除第1张幻灯片中的标题文本框，然后单击"插入"选项卡，在"文本"工具组中单击"艺术字"下拉按钮，选择"填充—褐色，着色3，锋利棱台"选项。

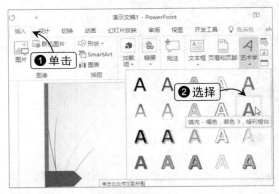

Step 04　设置艺术字的效果

选中艺术字文本框，设置其填充颜色为"绿色，个性色6，淡色80%"，形状效果为预设中的"预设9"。

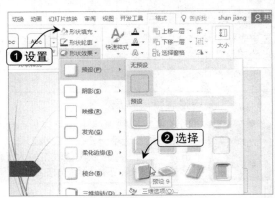

Step 05 添加副标题并设置格式

单击"副标题"占位符，输入"送出和接收的礼品清单"，设置其字体格式为"幼圆，32"，颜色为"绿色，个性色6，深色50%"。

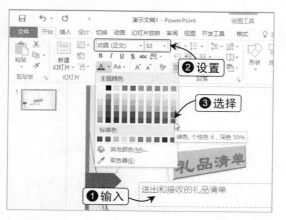

Step 07 搜索图片

将文本插入点定位到"必应图像搜索"选项后面的文本框中，输入"礼品盒"并单击"搜索"按钮。

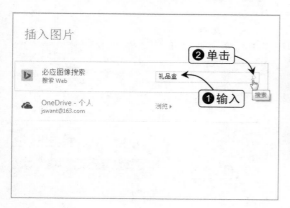

Step 06 打开"插入图片"对话框

单击"插入"选项卡，在"图像"工具组中单击"联机图片"按钮打开"插入图片"对话框。

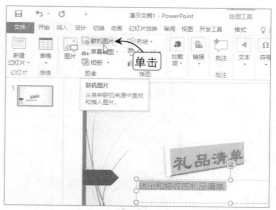

Step 08 选择图片

在搜索到的结果中选择合适的图案，然后单击"插入"按钮。

Step 09 添加幻灯片

设置图片的效果并调整标题、副标题和图片的位置，然后在"开始"选项卡的"幻灯片"工具组中单击"新建幻灯片"按钮添加一张幻灯片。

提示
Attention

美化图片
由于案例中所插入的图片效果比较好，只应用了快速样式库中的"映像圆角矩形"样式。用户可以根据实际情况进行美化操作。

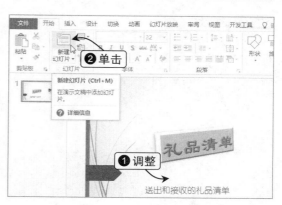

Step 10　设置标题

在第2张幻灯片中输入标题"送出的礼品清单"，并设置字体格式为"幼圆，60"，颜色为"绿色，个性色6，深色50%"。

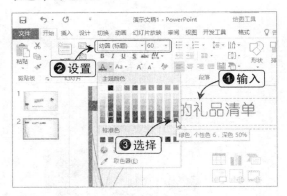

Step 11　插入表格

单击"内容"占位符中的"插入表格"按钮，打开"插入表格"对话框，设置表格的列数为4，行数为6，然后单击"确定"按钮。

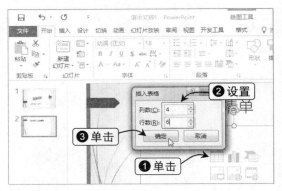

Step 12　输入表格数据并调整表格

在插入的表格中输入数据，然后设置表头的段落格式为"居中"，表格内容的字体颜色为"绿色，着色6，深色25%"，选中表格的所有内容，设置对齐方式为"垂直居中"。

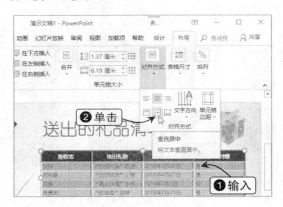

Step 13　设置表格效果

选中整张表格，在"表格工具—设计"选项卡的"表格样式"工具组中单击"效果"下拉按钮，选择"单元格凹凸效果"命令，然后在弹出的子菜单中选择"圆形"命令。

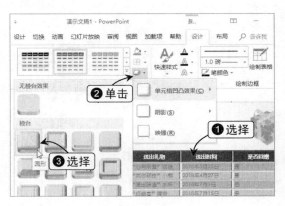

Step 14　插入图片

单击"插入"选项卡，在"图像"工具组中单击"联机图片"按钮打开"插入图片"对话框。将文本插入点定位到"必应图像搜索"选项后面的文本框中，输入"礼品盒"并单击"搜索"按钮。

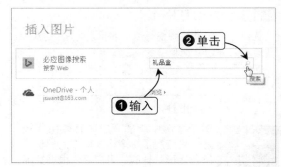

Step 15 选择图片

在对话框中搜索到很多图片，选择合适的图片，然后单击"插入"按钮。

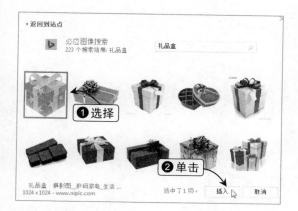

Step 16 调整图片大小并删除背景

拖动图片四周的控制点调整图片大小，然后单击"图片工具—格式"选项卡"调整"工具组中的"删除背景"按钮，并在图片上调整删除背景的范围。

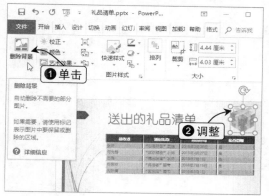

Step 17 复制幻灯片

拖动第2张幻灯片，然后按住【Ctrl】键复制到第2张幻灯片下方。

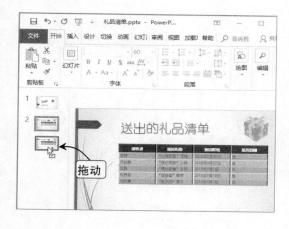

Step 18 修改第 3 张幻灯片中的文本

修改第3张幻灯片的标题和表格内容，然后单击"保存"按钮将演示文稿保存为"礼品清单"。

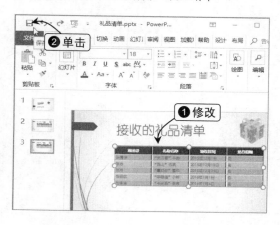

第11章

PowerPoint 的高级设置

自定义幻灯片大小

为幻灯片添加页眉和页脚

自定义母版版式

设置备注页的页面方向

11.1 设置幻灯片的页面
让幻灯片的页面满足内容的需要

幻灯片的页面关系到整个演示文稿的外观样式，它包括幻灯片页面的大小、方向和幻灯片的编号。一般情况下，同一份演示文稿中的幻灯片应该保持统一的外观样式。

11.1.1 设置幻灯片页面的大小

在PowerPoint 2016中，新建的空白演示文稿默认为"宽屏显示(16:9)"，用户可以根据自己的实际需要来设置幻灯片的页面大小。

在"设计"选项卡"自定义"工具组中单击"幻灯片大小"下拉按钮，可以选择"标准(4:3)"和"宽屏(16:9)"两种系统预设的大小。当幻灯片中包含内容的时候，选择非当前默认的显示方式，将打开对话框，对当前幻灯片进行缩放选择，有最大化和确保适合两种方案，如图11-1所示。

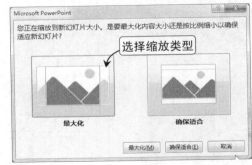

图11-1　缩放幻灯片

选择"自定义幻灯片大小"命令将打开"幻灯片大小"对话框，单击"幻灯片大小："下拉按钮，列表中列出了很多预设的大小。选择"自定义"选项，可在下方的数值框中自定义幻灯片的宽度和高度，也可以不选择而直接输入数值，如图11-2所示。

图11-2　自定义幻灯片的大小

11.1.2　更改演示文稿的方向

演示文稿的方向包括幻灯片的方向和讲义、备注、大纲的方向，默认情况下都为横向，用户可以根据实际情况更改演示文稿的方向。

可在"设计"选项卡的"自定义"工具组中单击"幻灯片大小"下拉按钮，选择"自定义幻灯片大小"命令打开"幻灯片大小"对话框，在对话框中分别对幻灯片的方向和备注、讲义与大纲的方向进行设置，如图11-3所示。

在母版视图模式下也可更改演示文稿的方向，单击"视图"选项卡，在"母版视图"工具组中单击"讲义母版"按钮（也可以单击"备注母版"按钮）打开"讲义母版"选项卡，在"页面设置"工具组中单击"讲义方向"下拉按钮，选择需要设置的方向，如图11-4所示。

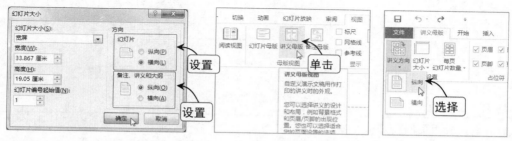

图11-3　在对话框中更改方向　　　图11-4　在母版视图下更改方向

11.1.3　为演示文稿添加页眉和页脚

演示文稿的页眉和页脚可以分为两个部分，一个是幻灯片的页眉和页脚，其中包含日期和时间、幻灯片编号及页脚；另一个是备注与讲义的页眉和页脚，其中包括日期和时间、页眉、页码和页脚。

这两种页眉和页脚都可以在"页眉和页脚"对话框中进行添加，在"插入"选项卡的"文本"工具组中单击"页眉和页脚"按钮即可打开对话框，如图11-5所示。

图11-5　打开"页眉和页脚"对话框

1．幻灯片的页眉和页脚

在"页眉和页脚"对话框的"幻灯片"选项卡中，选中"日期和时间"复选框，单击"自动更新"下拉按钮，系统列出了多种日期和时间格式供用户选择。选中"页脚"复选框，在文本框中输入内容，单击"应用"按钮，即可将设置应用到该幻灯片，如图11-6所示。

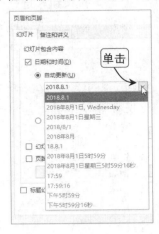
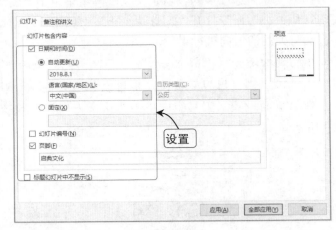

图11-6　设置幻灯片的页眉页脚

应用页眉页脚

在设置好页眉页脚后，如果单击"应用"按钮，则只是将该页眉页脚应用到所选择的幻灯片；如果单击"全部应用"按钮，则是将页眉页脚效果应用到所有的幻灯片。

2．备注和讲义的页眉/页脚

在"页眉和页脚"对话框中单击"备注和讲义"选项卡，可以与设置幻灯片的页眉/页脚的方法一样设置备注和讲义的页眉/页脚。不同的是，可以自定义设置备注和讲义的页眉。

时间和日期默认显示在备注和讲义的右上角，页眉显示在备注和讲义的左上角，为备注和讲义设置了页眉/页脚后，效果如图11-7所示。

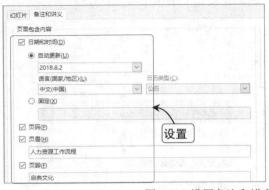

图11-7　设置备注和讲义的页眉/页脚

11.2 为幻灯片添加背景
设置各式各样的幻灯片背景

如果在新建幻灯片时采用了模板或主题，则幻灯片的背景是系统预设好了的，如果新建的是空白幻灯片，则幻灯片的背景为纯白色。不过，无论是带有模板或主题的幻灯片，还是空白幻灯片，用户都可以对其背景进行重新设置。

幻灯片的背景设置都是在"设置背景格式"任务窗格中完成的，在"设计"选项卡的"自定义"工具组中单击"设置背景格式"按钮即可打开该任务窗格，如图11-8所示。

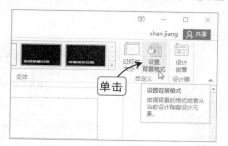 

图11-8　设置幻灯片的背景

11.2.1　添加纯色背景

选择需要添加纯色背景的幻灯片，打开"设置背景格式"任务窗格，保持选中"纯色填充"单选按钮，单击下方"颜色"下拉按钮，选择合适的背景颜色，即可将该颜色应用到所选幻灯片，如图11-9所示。

 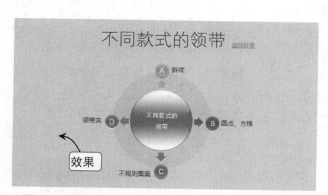

图11-9　添加纯色背景

提示 Attention

为幻灯片添加纯色背景

选择好要为幻灯片添加的背景颜色后，还可以设置透明度来调整颜色的深浅。单击"全部应用"按钮，可将所选择的背景颜色应用到所有的幻灯片。

11.2.2 添加渐变背景

在"设置背景格式"任务窗格中，选中"渐变填充"单选按钮，可为幻灯片填充渐变颜色样式的背景。

单击"预设渐变"按钮，可以选择系统预设好的渐变背景；单击"类型"列表框右侧的下拉按钮，可以选择颜色的渐变类型；单击"颜色"下拉按钮，可以自定义选择需要参与渐变的颜色，如图11-10所示。

  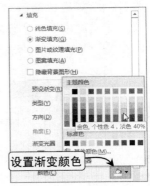

图11-10　添加渐变背景

无论是选择的系统预设的渐变样式，还是自定义的渐变颜色，都可以拖动渐变光圈上的游标控制渐变的光圈位置，还可添加更多的光圈，从而设置更好的渐变效果。

11.2.3 设置图片或纹理背景

在"设置背景格式"任务窗格中，选中"图片或纹理填充"单选按钮可为幻灯片设置图片或者纹理背景。选中"图片或纹理填充"单选按钮后，将在任务窗格中打开"效果"和"图片"选项卡，以便设置图片或纹理的效果。

单击"文件"按钮或"联机"按钮，可以选择本地电脑或网络上的图片作为背景。单击"纹理"下拉按钮，选择合适的纹理作为背景。选中"将图片平铺为纹理"复选框，还可对对齐方式、镜像类型等进行设置，如图11-11所示。

 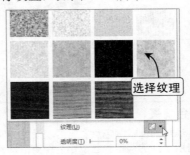 

图11-11　设置图片或纹理背景

11.3 设置幻灯片的主题
设置幻灯片主体以统一风格

幻灯片主题是PowerPoint预设的演示文稿样式，包括对字体、颜色和幻灯片对象的效果，对于设置统一的演示文稿外观有明显的作用。

11.3.1 选择合适的主题

在创建演示文稿时，可以选择幻灯片的主题，创建空白演示文稿后，也可以在"设计"选项卡的"主题"工具组中选择合适的主题。

PowerPoint 2016内置了包括Office主题的40多种主题，这40多种主题中除了1种自定义主题与40种Office主题外，还有4种变体，在"变体"工具组中可对其进行选择，如图11-12所示。

图11-12　PowerPoint 2016的主题

在演示文稿中应用了主题后，将改变幻灯片的背景及幻灯片中的字体和颜色，为演示文稿应用"天体"主题和"平面"主题的效果如图11-13所示。

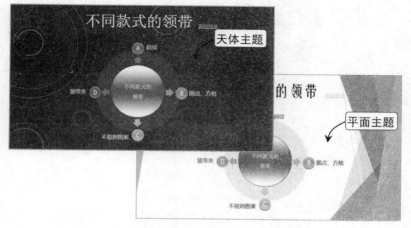

图11-13　"天体"主题和"平面"主题的效果

11.3.2　自定义设置主题

　　如果用户对系统主题提供的颜色、字体、效果和背景样式不满意，可以在"设计"选项卡的"变体"工具组中单击"其他"按钮，然后在弹出的下拉菜单中分别进行设置，如图11-14所示。

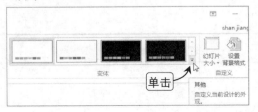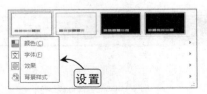

图11-14　主题的其他设置

　　下面将具体介绍更改主题颜色、字体、效果和背景样式的方法。

◆　选择主题颜色

在"其他"下拉菜单中，选择"颜色"命令，然后在弹出的子菜单中选择合适的颜色,也可以选择"自定义颜色"命令打开对话框进行自定义设置。

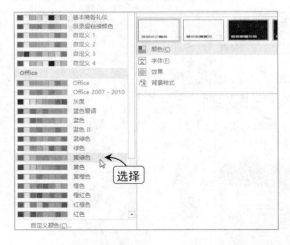

◆　更改字体

在"其他"下拉菜单中，选择"字体"命令，然后在弹出的子菜单中选择合适的字体,也可以选择"自定义字体"命令打开对话框进行自定义设置。

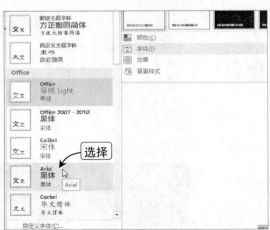

◆　设置主题效果

在"其他"下拉菜单中，选择"效果"命令，然后在弹出的子菜单中选择合适的效果，即可将其应用到主题。

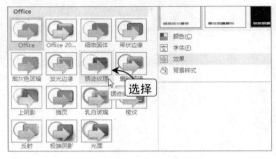

◆ **更改主题的背景样式**

在"其他"下拉菜单中，选择"背景样式"命令，然后在弹出的子菜单中选择合适的背景样式。选择"设置背景格式"命令可以打开"设置背景格式"任务窗格，然后设置其他的颜色、渐变颜色、图片或纹理等作为背景。

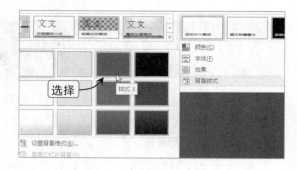

提示
Attention

自定义设置主题字体的注意事项

一般情况下，建议用户使用系统提供的内置主题字体，因为在演示文稿中，字体的选择和搭配尤为重要，系统提供的字体较为合理，如果没有掌握丰富的经验和技巧，则应谨慎使用自己新建的主题字体。

11.3.3 保存自定义设置的主题

当用户自定义设置了主题的颜色、字体、效果和背景样式后，可以单击"设计"选项卡"主题"工具组中的"其他"按钮，在弹出的下拉菜单中选择"保存当前主题"命令将其保存，如图11-15所示。

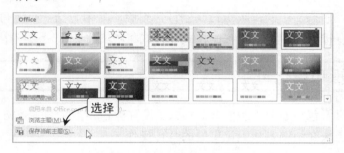

图11-15　保存当前主题

如果需要应用上次保存的自定义主题，则可以单击"设计"选项卡"主题"工具组中的"其他"按钮，在弹出的下拉菜单中选择"浏览主题"命令。此时将打开"选择主题或主题文档"对话框，找到需要应用的主题单击"应用"按钮即可，如图11-16所示。

图11-16　应用保存的主题

11.4 幻灯片母版的应用

使用幻灯片母版控制整个演示文稿的外观

幻灯片母版可以控制整个演示文稿的外观，包括颜色、字体、效果背景和其他的所有内容，一份演示文稿至少包含一套幻灯片母版。如果演示文稿中包含大量幻灯片，则使用幻灯片母版可以快速进行外观设置。

切换到"视图"选项卡，单击"母版视图"工具组中的"幻灯片母版"按钮，将进入幻灯片母版的编辑视图，如图11-17所示。

图11-17　幻灯片母版视图

默认情况下，演示文稿的母版由12张幻灯片组成，其中包括一张主母版和11张幻灯片版式母版，用户在母版幻灯片中设置的格式和样式将被应用到演示文稿中。

11.4.1 编辑和美化母版

编辑和美化母版包括设置母版的背景样式、设置标题和正文的字体格式、选择主题等，下面将以一个例子来介绍编辑和美化母版的具体操作。

 操作演练：在母版添加背景和设置格式

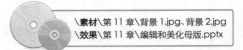
\素材\第 11 章\背景 1.jpg、背景 2.jpg
\效果\第 11 章\编辑和美化母版.pptx

Step 01 切换到幻灯片母版视图

新建并保存"编辑和美化母版"演示文稿，切换到"视图"选项卡，单击"母版视图"工具组中的"幻灯片母版"按钮。

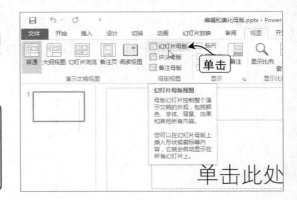

在母版中插入对象

 提示 Attention

在幻灯片的主母版中也可以插入对象，该对象将作为幻灯片的背景显示，不能够编辑，但可以使幻灯片的背景更美观。

Step 02 打开"设置背景格式"任务窗格

单击"幻灯片母版"选项卡"背景"工具组中的
"对话框启动器"按钮，打开"设置背景格式"
任务窗格。

Step 04 选择图片

在打开的"插入图片"对话框中，选择"背景1"图
片，然后单击"插入"按钮。

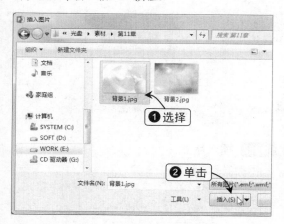

Step 06 为标题母版添加背景

选择标题母版幻灯片，用同样的方法将素材文件夹
中的图片"背景2"填充为幻灯片背景。

提示
Attention

设置母版中的字体

在幻灯片的主母版中可以设置标题、
内容及页眉页脚等的字体格式，在"字
体"工具组中即可设置。在主母版中
设置的格式将应用到每张幻灯片。

Step 03 打开"插入图片"对话框

在"设置背景格式"任务窗格中选中"图片或纹理
填充"单选按钮，然后单击"文件"按钮打开"插
入图片"对话框。

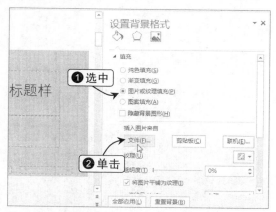

Step 05 更改字体

在"幻灯片母版"选项卡的"背景"工具组中单击
"字体"下拉按钮，选择"隶书"选项。

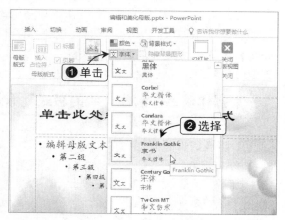

Step 07 设置标题的字体颜色

选中标题文本，在"开始"选项卡的"字体"工具组中单击"颜色"下拉按钮，选择"深红"选项作为标题的颜色。

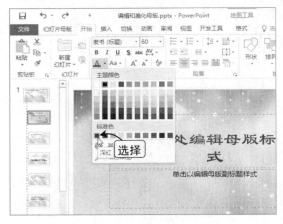

Step 08 完成操作

单击"幻灯片母版"选项卡"关闭"工具组中的"关闭母版视图"按钮，添加两张幻灯片查看效果，单击"保存"按钮完成操作。

11.4.2 自定义母版的版式

在幻灯片母版中，除了应用系统自带的幻灯片母版版式之外，用户还可以根据自己的需要自定义添加版式母版。下面通过在"编辑和美化母版1"演示文稿中添加母版版式为例，介绍自定义母版版式的具体方法。

操作演练：制作"我的版式"母版

\素材\第 11 章\编辑和美化母版 1.pptx
\效果\第 11 章\编辑和美化母版 1.pptx

Step 01 切换到母版视图

打开"编辑和美化母版1"演示文稿，单击"视图"选项卡，在"母版视图"工具组中单击"幻灯片母版"按钮切换到母版视图。

Step 02 插入版式

选中第2张幻灯片（标题幻灯片），在"幻灯片母版"选项卡的"编辑母版"工具组中单击"插入版式"按钮，在该幻灯片后插入新的版式。

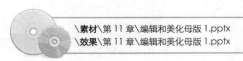

Step 03 插入占位符

在新插入的版式中，单击"插入占位符"下拉按钮，选择需要插入的占位符类型。

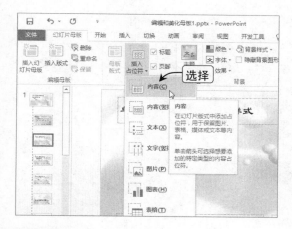

Step 04 绘制占位符

选择占位符类型后，鼠标光标变成十字形状，拖动鼠标绘制该占位符的区域，这里绘制内容和图片两个占位符。

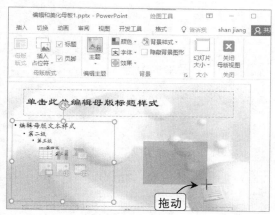

Step 05 更换项目符号

选中内容占位符中的文字，单击"开始"选项卡，在"段落"工具组中单击"项目符号"下拉按钮，选择"箭头项目符号"选项。

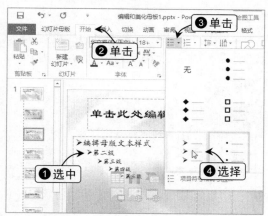

Step 06 设置字体颜色

在"字体"工具组中单击"颜色"下拉按钮，选择"橙色，个性色2"选项，为内容占位符中的字体应用该颜色。

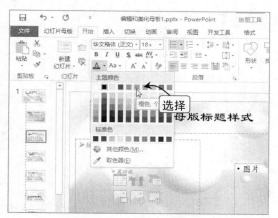

Step 07 重命名版式

选择设置好的版式，在"幻灯片母版"选项卡的"编辑母版"工具组中单击"重命名"按钮，然后在打开的对话框中输入需要设置的名称，如"我的版式"，单击"重命名"按钮即可。

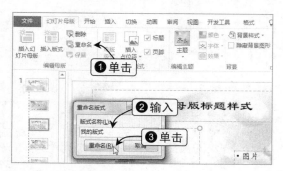

Step 08 使用新的版式

关闭母版视图，在"开始"选项卡的"幻灯片"工具组中单击"新建幻灯片"按钮下方的下拉按钮，即可选择自定义设置的版式"我的版式"选项。

Step 09 完成操作

选择自定义的版式后，即可新建一张自定义类型的幻灯片，然后单击"保存"按钮保存演示文稿，完成操作。

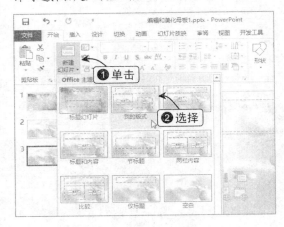

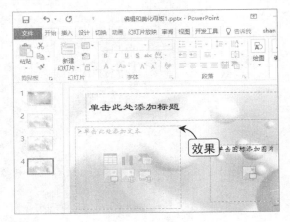

11.4.3 创建新母版

　　一份演示文稿可以有不止一套幻灯片母版，它可以同时应用多套幻灯片母版的格式，这就需要用户自己创建新的母版。

　　切换到幻灯片母版视图，单击"幻灯片母版"选项卡"编辑母版"工具组中的"插入幻灯片母版"按钮，此时将在第一套幻灯片母版之后重新插入一套幻灯片母版，也是由一张主母版和11张幻灯片版式母版构成，如图11-18所示。

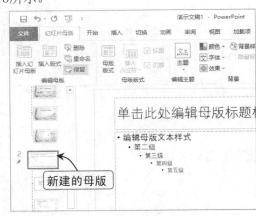

图11-18　创建新母版

 提示 Attention

保留母版

默认情况下，新创建的母版在"编辑母版"工具组中的"保留"按钮呈选中状态，说明该母版在未被使用的情况下也能保留在演示文稿中。

创建好新的母版后，关闭母版视图，然后在"开始"选项卡的"幻灯片"工具组中单击"新建幻灯片"下拉按钮，即可看到设置主题的方案和自定义设计的方案，这样就能够在演示文稿中同时应用多种方案，如图11-19所示。

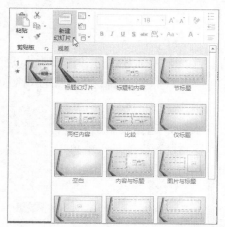

图11-19　多种母版方案

11.4.4　讲义母版和备注母版

在PowerPoint 2016中不仅为用户提供了幻灯片母版用以确定演示文稿的样式与风格，还为用户提供了讲义母版和备注母版。

1. 讲义母版

一般在放映演示文稿之前，都会将演示文稿的重要内容打印出来发放给观众，这种打印在纸张上的幻灯片内容称为讲义，而讲义母版就是用以设置讲义的外观样式。

在"视图"选项卡"母版视图"工具组中单击"讲义母版"按钮，可切换到讲义母版视图。在"讲义母版"选项卡的"页面设置"工具组中单击"每页幻灯片数量"下拉按钮，在弹出的下拉列表中可以设置讲义中每页显示的幻灯片数量，如图11-20所示。

图11-20　设置每页显示的幻灯片数量

在讲义母版视图模式下，还可以选择是否在讲义中显示页眉/页脚、日期、页码等占位符，编辑字体及改变讲义的背景等，这些设置与编辑和美化幻灯片母版基本一致，用户可自行进行设置。

2．备注母版

若要将内容或格式应用于演示文稿中的所有备注页，就需要通过备注母版来更改。在"视图"选项卡"母版视图"工具组中单击"备注母版"按钮，将切换到备注母版视图，然后对备注的外观样式进行相关设置。

在"备注母版"选项卡中，可以设置备注页的页面，选择显示的占位符，用编辑幻灯片母版类似的方法编辑备注页的外观样式。如在"页面设置"工具组中单击"备注页方向"下拉按钮，在弹出的下拉列表中可选择备注页的页面方向，如图11-21所示。

图11-21　选择备注页的页面方向

备注页会将幻灯片以图片的形式显示出来，在下方可添加备注。在"备注母版"视图中主要是设置备注的外观样式。

第 12 章

制作声色动人的幻灯片

设置幻灯片动作之后的效果

为对象添加动作之后的效果

幻灯片排练计时的效果

设置幻灯片换片样式的效果

12.1 | 在幻灯片中插入媒体文件

了解在幻灯片中插入和编辑媒体文件的方法

在演示文稿中使用音频、视频等多媒体元素，能将演示文稿变为声色多姿的多媒体文件，使得幻灯片中展示的信息更美妙、更多元化，使展示效果更具感染力。

12.1.1 在幻灯片中插入音频和视频

在幻灯片中插入音频和视频文件之前需要确定音频和视频文件的格式是否可用。在选择音频文件或视频文件的对话框中，可以单击"文件类型"列表框查看所支持的文件格式，如图12-1所示。

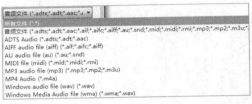
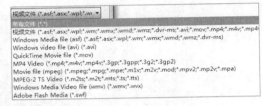

图12-1　支持的音频文件和视频文件

一般情况下，PowerPoint可兼容的声音格式有：mp3、wav、wma、mid或midi、cda、aiff或au。可以兼容的视频格式则有：avi、mpg或mpeg、asf、dve、wmv。下面将分别介绍在幻灯片中插入音频和视频文件的方法。

1. 在幻灯片中插入音频文件

切换到"插入"选项卡，在"媒体"工具组中单击"音频"下拉按钮，在弹出的下拉菜单中可以选择插入音频的途径，如图12-2所示。

图12-2　单击"音频"下拉按钮

如果选择"PC上的音频"命令将打开"插入音频"对话框，则在其中可以选择保存在电脑中的音频文件并将其插入幻灯片中，如图12-3所示。

如果选择"录制音频"命令将打开"录制声音"对话框，则单击 ● 按钮开始录制声音，单击 ■ 按钮停止录制，单击 ▶ 按钮继续录制声音，然后单击"确定"按钮，即可将声音插入到幻灯片中，如图12-4所示。

图12-3　选择本地电脑上的音频

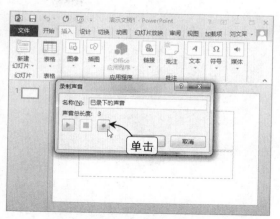

图12-4　录制音频

2. 在幻灯片中插入视频

单击"插入"选项卡"媒体"工具组中的"视频"下拉按钮，在弹出的下拉菜单中可以选择插入视频的途径，如图12-5所示。

选择"PC上的视频"命令与插入声音的操作类似，这里不再介绍。如果选择"联机视频"命令，在打开的"插入视频"对话框中，则可以选择OneDrive-个人、YouTube和来自视频嵌入代码3种插入视频的方式，如图12-6所示。

其中，OneDrive-个人是选择OneDrive云端中用户保存的视频，YouTube是插入网络上的视频，来自视频嵌入代码是粘贴视频的嵌入代码。

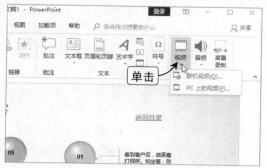

图12-5　单击"视频"下拉按钮

图12-6　选择插入联机视频的路径

12.1.2　编辑音频文件

在幻灯片中插入声音文件后，将在幻灯片中出现一个喇叭图标🔊，选中该图标，将打开"音频工具"选项卡组和音频控制工具，如图12-7所示。拖动音频图标四周的控制点，可以改变图标的大小。

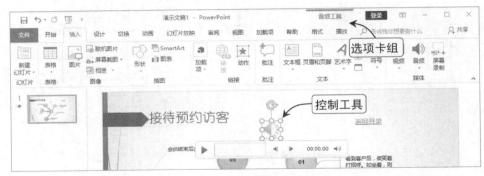

图12-7　选中音频图标

在"音频工具—格式"选项卡中可对音频图标进行美化，如在"图片样式"工具组的快速样式库中选择"映像圆角矩形"样式为图标应用该样式，如图12-8所示。图标的美化设置与图片的美化设置相同，这里不再介绍。

图12-8　为图标应用样式

在"音频工具—播放"选项卡中，可以预览播放，设置音频的淡入淡出时间，控制音频音量，开始播放音频的条件等选项。也可以对音频进行裁剪，单击"编辑"工具组中的"剪裁音频"按钮，在打开的"剪裁音频"对话框中，拖动音频名称栏下的游标设置裁剪的部分，如图12-9所示。

图12-9　裁剪音频

12.1.3　编辑视频文件

插入网络上的视频与插入PC上的视频是有一定的区别，前者只插入了视频的链接，并不会保存到幻灯片中，而后者则是要保存到幻灯片中。除此之外，PC上的视频在选中后会显示播放控制工具，而网络上的视频不会显示，如图12-10所示。

图12-10　选中所插入的视频

选中视频后，会打开"视频工具"选项卡组，可以对视频的格式和播放属性进行设置。在"视频工具-格式"选项卡中可以调整视频图片的显示，为图片应用样式，如在"视频样式"工具组的快速样式库中选择"棱台框架，渐变"样式，如图12-11所示。

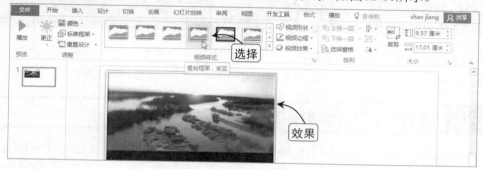

图12-11　为视频添加样式

插入的视频是以图片的形式在幻灯片中显示的，但插入某些视频后，并没有显示标牌，此时，可以通过"视频工具-格式"选项卡"调整"工具组中的"标牌框架"按钮进行设置。

如果所插入的视频是PC上的视频，则可以单击播放工具栏或"预览"工具组中的"播放"按钮，在该视频播放的过程中，可以单击"标牌框架"下拉按钮，选择"当前框架"选项，设置视频当前播放的画面作为标牌，如图12-12所示。

也可以在"标牌框架"下拉菜单中选择"文件中的图像"命令打开"插入图片"对话框，选择图片的来源，然后选择一张图片作为视频的标牌，如图12-13所示。

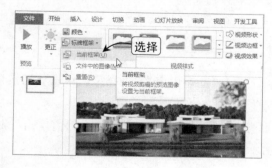 

图12-12　设置当前框架为标牌　　　　　图12-13　选择文件中的图像为标牌

如果所插入的视频是网络视频，则只能在文件中选择一张图片作为该视频的标牌。并且网络视频在放映时会链接网络播放器，可能会有广告等信息。

在"播放"选项卡下，对PC上的视频可设置视频的淡入淡出时间，控制视频音量，开始播放视频的条件等选项。也可以单击"编辑"工具组中的"裁剪视频"按钮，在打开的"裁剪视频"对话框中拖动游标或输入时间进行裁剪，网络上的视频不能进行这些操作。

提示
Attention

添加书签

通过"添加书签"按钮，用户还可以为视频或音频文件添加书签，以便快速跳转到指定的位置。在视频中可以添加多个书签，在音频中只能添加一个书签。

12.2 设置幻灯片的动画效果
让幻灯片和幻灯片的各个部分动起来

可以为每张幻灯片添加切换效果，为幻灯片中的各个对象添加动画效果。这样，在幻灯片放映时即可让这些设置了动画效果的幻灯片和幻灯片中的对象动起来。

12.2.1 设置幻灯片的切换效果

对演示文稿中的幻灯片设置了切换效果，即可实现从一张幻灯片到另一张幻灯片的动态转换，幻灯片的切换效果主要是在"切换"选项卡进行设置的，还可以设置幻灯片切换的声音和换片方式等，如图12-14所示。

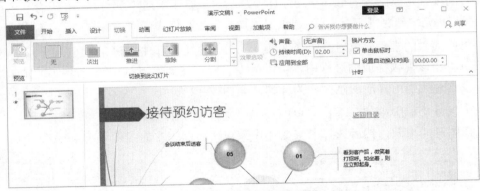

图12-14　"切换"选项卡

幻灯片的切换效果有"细微型"、"华丽型"、"动态内容"3种类型，单击"切换"选项卡中"切换到此幻灯片"工具组中的"其他"按钮即可看到类型。

同时，每种切换效果又有不同的变体，可以按照实际需求更换切换效果，只需单击"效果选项"下拉按钮即可进行设置，如图12-15所示。

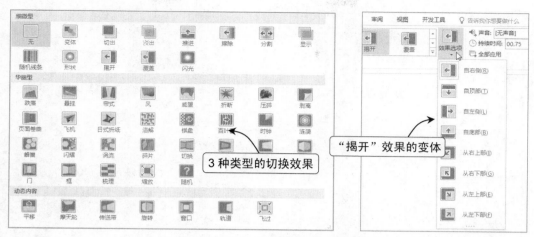

图12-15　幻灯片的切换效果和变体

在"计时"工具组中可以设置幻灯片切换时的声音，单击"声音："列表框右侧的下拉按钮，可以选择系统内置的声音，也可以选择"其他声音"命令自定义设置声音（必须是WAV格式的音频文件）。同时，还可以设置幻灯片的换片方式。单击"全部应用"按钮可将设置应用到所有的幻灯片，如图12-16所示。

图12-16　设置幻灯片切换的声音和切换方式

12.2.2　为对象添加动画效果

对幻灯片设置不同的动画效果，可以使幻灯片更具吸引力，幻灯片中对象的动画效果主要是在"动画"选项卡进行设置的。设置了动画后，还可以设置动画的开始方式，设置动画的更多变体和效果，为设置好的动画进行排序等，如图12-17所示。

图12-17　"动画"选项卡

PowerPoint 2016内置了"进入"、"强调"、"退出"和"动作路径"4种类型的动画效果，单击"动画"工具组中的"其他"按钮 ，在弹出的下拉菜单中可为对象添加这4种动画效果，如图12-18所示。

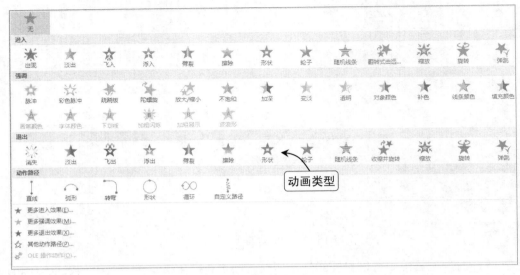

图12-18　4种动画类型

选择下拉菜单中的"更多进入效果"、"更多强调效果"、"更多退出效果"和"更改动作路径"命令将打开对应的对话框，可以选择更丰富的动画效果，如图12-19所示。

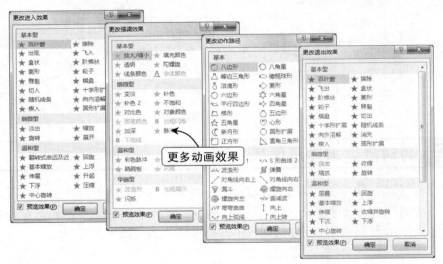

图12-19　4种动画效果的对话框

12.2.3　编辑动画效果

某些幻灯片的动画也有多个变体，可以单击"动画"工具组中的"效果选项"下拉按钮设置合适的动画效果；在"计时"工具组中可设置动画的开始方式、持续时间、延迟时间和顺序。

为对象添加了某个动画效果后，可以单击"动画"工具组右下角的"对话框启动器"

按钮打开该动画的对话框，进一步设置动画的效果、计时等属性，不同的动画效果在对话框中能够编辑的选项可能不一样，如图12-20所示。

图12-20 在对话框中设置动画的效果和计时

编辑大量对象的动画效果时，一般在"动画窗格"任务窗格中进行，单击"高级动画"工具组中的"动画窗格"按钮即可打开该窗格。窗格中列出了所有添加了动画效果的对象，右击某个对象可选择相应的命令进行编辑，如图12-21所示。

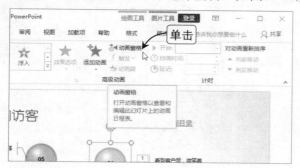

图12-21 在动画窗格中编辑动画

12.2.4 为同一对象添加多个动画效果

为了制作出连贯流畅的动画效果，需要在已添加的动画效果后面再添加一个或多个动画效果。而在"动画"工具组中为幻灯片对象添加动画之后，并不能再选择另一个动画（选择另一个动画将替换原来的动画）。那么，如何为同一个对象添加多个动画效果呢？

为对象添加了某个动画之后，单击"高级动画"工具组中的"添加动画"下拉按钮。在其下拉菜单中重新选择动画，可在现有动画的后面添加新动画。

下面将以为"元旦贺卡"演示文稿中添加多个动画效果为例，来介绍为同一个对象设置多个动画的具体方法。

操作演练：为"福"图片添加多个动画

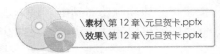

\素材\第 12 章\元旦贺卡.pptx
\效果\第 12 章\元旦贺卡.pptx

Step 01 添加进入的动画效果

打开"元旦贺卡"演示文稿并选中"福"图片，切换到"动画"选项卡，单击"动画"工具组的"其他"按钮，在弹出的下拉菜单中选择"弹跳"选项。

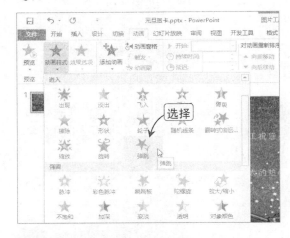

Step 02 添加强调的动画效果

保持图片"福"的选中状态，单击"高级动画"工具组中的"添加动画"下拉按钮，在弹出的下拉菜单中选择"放大/缩小"选项。

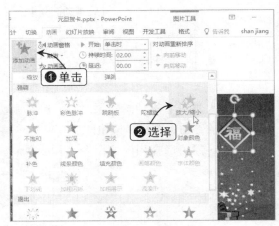

Step 03 添加退出的动画效果

保持图片"福"的选中状态，再次单击"高级动画"工具组中的"添加动画"下拉按钮，在弹出的下拉菜单中选择"飞出"选项。

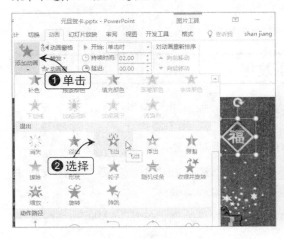

Step 04 打开动画窗格

此时，可以看到添加了3个动画效果的图片，单击"高级动画"工具组中的"动画窗格"按钮打开"动画窗格"任务窗格。

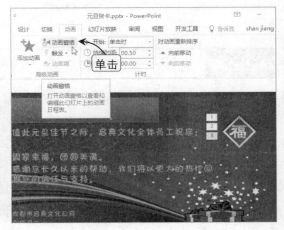

Step 05 设置第 2 个动画的开始方式

在动画窗格中可看到3个动画都是在鼠标单击时才开始，右击第2个动画，选择"从上一项之后开始"命令；然后右击第3个动画，选择"计时"命令。

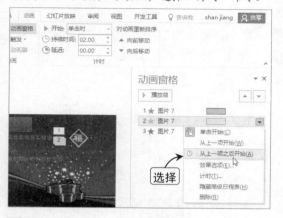

Step 06 设置第 3 个动画的开始方式

在"飞出"对话框的"计时"选项卡中单击"触发器"按钮，选中"单击下列对象时启动效果"单选按钮，选择单击的对象，单击"确定"按钮。

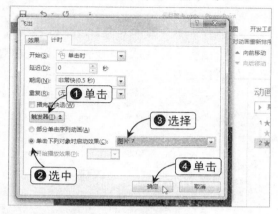

Step 07 设置动画的持续时间

在动画窗格中依次选择3个动画，在"计时"工具组中设置3个动画的持续时间分别为3、3、2.5。

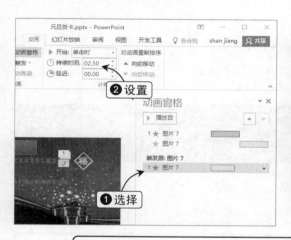

Step 08 完成操作

将幻灯片的视图模式切换到"阅读视图"模式，单击一下可以看到图片的动画效果，再次单击图片，图片将飞出。

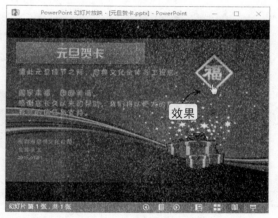

提示
Attention

动作路径

用户还可以为每个动画添加动作路径，让动画跟着设置的路径移动。系统提供了直线、弧形、转弯、形状和循环 5 种动作路径。

可以选择"自定义路径"选项，待鼠标光标变成十字形状，然后在幻灯片中按下鼠标任意绘制对象移动的路径。设置了动作路径的对象将在路径的末端显示镜像，如图 12-22 所示。

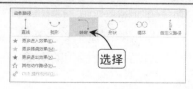

图12-22 设置动作路径

12.2.5 利用动画刷复制动画效果

动画刷与格式刷类似，可以将对象中的动画效果复制到其他对象上，让其他对象也应用该动画效果。

选中有动画效果的对象，在"动画"选项卡的"高级设置"工具组中单击"动画刷"按钮，待鼠标光标变成 形状后，在目标对象上单击，即可将动画效果复制到目标对象上，如图12-23所示。

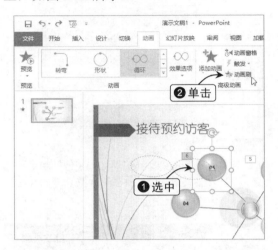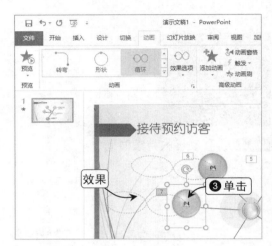

图12-23　利用动画刷复制动画效果

12.3 | 插入超链接和动作
使用超链接和动作快速切换到指定位置

为对象插入超链接和动作是实现演示文稿交互效果的重要手段，通过它可以使演示文稿在展示和放映的过程中更加灵活。

12.3.1 在幻灯片中插入超链接

在演示文稿中添加超链接可以快速访问网页和文件，也可以跳转到指定的幻灯片位置。在幻灯片中可以对文本、形状、图片、图表等对象插入超链接。

选中目标对象之后，单击"插入"选项卡的"链接"工具组中的"添加超链接"按钮，如图12-24所示。也可以右击目标对象，在弹出的快捷菜单中选择"超链接"命令，都可以打开"插入超链接"对话框，在其中可以设置超链接到的对象。

图12-24 插入超链接

"插入超链接"对话框中有4个选项卡，在各个选项卡中可以设置或选择超链接所链接的位置，单击"屏幕提示"按钮，可为超链接添加屏幕提示，如图12-25所示。

插入超链接后，如果目标位置发生改变或者需要修改链接的对象，则可再次单击"插入超链接"按钮或者右击对象，在打开的快捷菜单中选择"编辑超链接"命令，如图12-26所示，可以打开"插入超链接"对话框重新设置。

图12-25 "插入超链接"对话框

图12-26 编辑超链接

为对象插入超链接之后，在幻灯片的放映过程中，将鼠标光标移动到对象上，鼠标光标会变成心形状。如果插入超链接的对象是文本，则将在文本的下方出现一条下划线。

技巧
Skill

取消超链接

若希望取消为对象或文本插入的超链接，则可以选中对象或文本，然后右击，在弹出的快捷菜单中选择"取消超链接"命令即可。

12.3.2 在幻灯片中插入动作

在幻灯片中插入动作可以为选定对象设置在单击鼠标或鼠标悬停时要执行的操作。为对象添加动作与为对象添加超链接的方式类似，下面将以在"公司相册"演示文稿中制作交互效果为例，介绍添加动作的具体操作方法。

操作演练：为查看相册形状添加动作

\素材\第 12 章\公司相册.pptx、西江月.wav
\效果\第 12 章\公司相册.pptx

Step 01 插入对象

打开"公司相册"演示文稿，单击"插入"选项卡"插图"工具组中的"形状"下拉按钮，在弹出的下拉列表中选择"星与旗帜"栏中的"横卷形"选项。

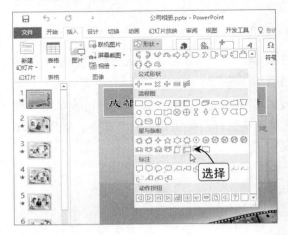

Step 02 绘制并编辑对象

在幻灯片中绘制图形，并对图形进行美化操作，然后在图形中输入文字"查看相册"，设置文字的字体格式为"隶书，48"，艺术字样式的颜色为"深红"。

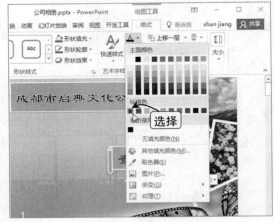

Step 03 单击"动作"按钮

选中绘制的图形，在"插入"选项卡的"链接"工具组中单击"动作"按钮。

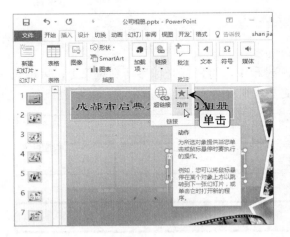

Step 04 设置单击鼠标时的动作

在"操作设置"对话框的"单击鼠标"选项卡中，选中"超链接到"单选按钮，在"超链接到"下拉列表框中选择"下一张幻灯片"选项。

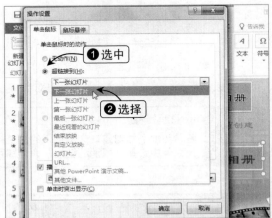

Step 05 打开"添加音频"对话框

选中"播放音频"复选框,然后单击"播放音频"下拉列表框右侧的下拉按钮,选择"其他声音"命令打开"添加音频"对话框。

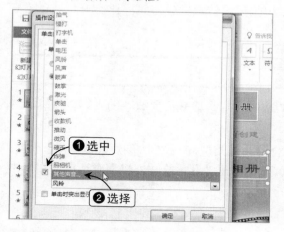

Step 06 添加声音

选择素材文件中的西江月.wav音频文件,单击"确定"按钮返回"操作设置"对话框,单击"确定"按钮。

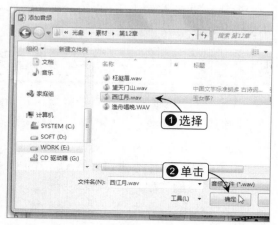

Step 07 修改第 1 张幻灯片的换片方式

选中第1张幻灯片,单击"切换"选项卡,在"计时"组中取消选中"单击鼠标时"复选框。

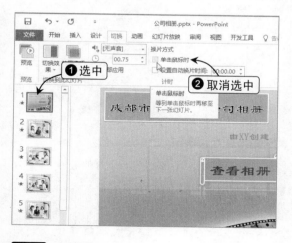

Step 08 修改其他张幻灯片的换片方式

然后依次选择其他的幻灯片,在"计时"组中取消选中"单击鼠标时"复选框,选中"设置自动换片时间"复选框,并设置时间为3秒。

Step 09 完成操作

切换到"阅读视图"模式,单击"查看相册"按钮开始查看相册。第一张幻灯片不会因单击鼠标而切片,只有单击"查看相册"按钮才会连接到第2张幻灯片,后面的幻灯片都是每隔3秒自动切换的。

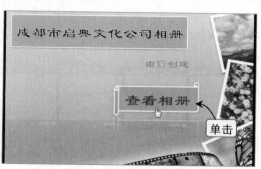

12.4 | 放映演示文稿
将制作的幻灯片展示出来

制作完演示文稿后，即可将演示文稿放映出来展示给观众或访问群体，下面将介绍演示文稿的放映与展示的技巧。

12.4.1 对演示文稿进行放映设置

演示文稿的放映设置包括选择演示文稿的放映方式、选择需要放映的内容、排练计时或录制幻灯片及在演示文稿的放映过程中进行书写等。

PowerPoint 2016为用户提供了3种不同场合的放映类型，切换到"幻灯片放映"选项卡，在"设置"工具组中单击"设置幻灯片放映"按钮打开"设置放映方式"对话框，在其中可以选择放映的类型，如图12-27所示。

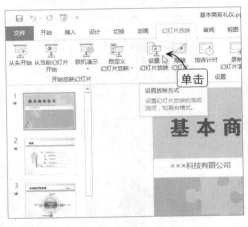
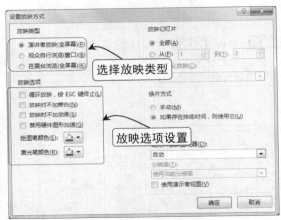

图12-27　打开"设置放映方式"对话框

在"设置放映方式"对话框的"放映类型"选项组中可以看到幻灯片的3种放映类型分别为演讲者放映（全屏幕）、观众自行浏览（窗口）和在展台浏览（全屏幕），每种放映类型的含义如下。

◆ **演讲者放映（全屏幕）**：由演讲者控制整个演示的过程，演示文稿将在观众面前全屏播放。

◆ **观众自行浏览（窗口）**：使演示文稿在标准窗口中显示，观众可以拖动窗口上的滚动条或是通过方向键自行浏览，与此同时还可以打开其他窗口。

◆ **在展台浏览（全屏幕）**：整个演示文稿会以全屏的方式循环播放，在此过程中除了通过鼠标光标选择屏幕对象进行放映外，不能对其进行任何修改。

选择好放映方式后，单击"幻灯片放映"选项卡"开始放映幻灯片"工具组中的"从头开始"按钮或"从当前幻灯片开始"按钮，将切换到对应的模式下放映演示文稿。

12.4.2 联机演示

如果要将演示文稿通过Web浏览器联机演示给其他用户（相当于共享），则可以单击"开始放映幻灯片"工具组中的"联机演示"下拉按钮，选择"Office演示文稿服务"选项。设置联机演示后，将打开"联机演示"选项卡，可监视和控制放映演示文稿，如图12-28所示。

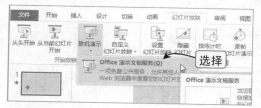

图12-28　联机演示

选择"Office演示文稿服务"选项后，在打开的"联机演示"对话框中单击"连接"按钮，经过一段时间的连接后，将显示该演示文稿与远程查看者共享的链接，复制链接并发送给希望与之共享的用户，单击"启动演示文稿"按钮开始联机演示，如图12-29所示。

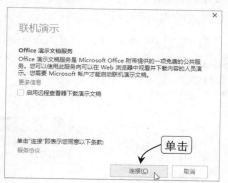
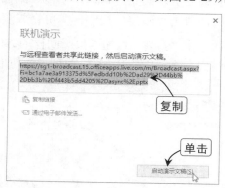

图12-29　"联机演示"对话框

只要其他用户将联机演示的链接粘贴到IE浏览器的地址栏中，按【Enter】键可在浏览器中同步查看演示文稿的放映内容，如图12-30所示。

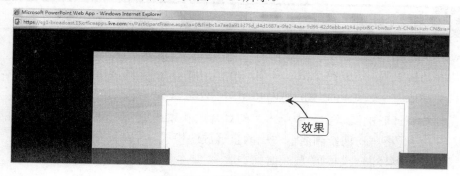

图12-30　联机演示的效果

12.4.3 选择需要放映的内容

根据不同的需要，用户可以选择放映该演示文稿的不同部分，以便针对目标观众群体定制最适合的演示文稿放映方案。

单击"幻灯片放映"选项卡"开始放映幻灯片"工具组中的"自定义幻灯片放映"下拉按钮，在弹出的下拉菜单中选择"自定义放映"命令打开"自定义放映"对话框，如图12-31所示。

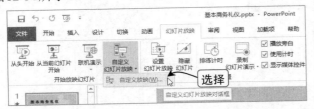

图12-31　打开"自定义放映"对话框

单击"新建"按钮，打开如图12-32所示的对话框，在"在演示文稿中的幻灯片"列表框中选择需要放映的幻灯片后，单击"添加"按钮，添加到"在自定义放映中的幻灯片"列表框中，单击"确定"按钮，即可完成演示文稿放映内容的自定义。

再次单击"新建"按钮，按照同样的方法可添加第2种放映方案，也可以单击相应的按钮对放映方案进行编辑、删除或复制等，如图12-33所示。

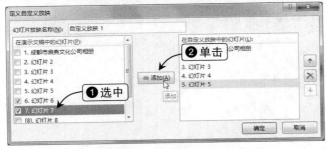

图12-32　定义自定义放映　　　　　　　图12-33　编辑定义自定义放映

12.4.4 排练计时

PowerPoint向用户提供了"排练计时"的功能，可在放映演示文稿的状态中，同步设置幻灯片的切换时间，等到整个演示文稿放映结束之后，系统会将所设置的时间记录下来，以便在自动播放时，按照所记录的时间自动切换幻灯片。

在需要排练计时的演示文稿中单击"幻灯片放映"选项卡"设置"工具组中的"排练计时"按钮，此时将自动切换到演示文稿的全屏放映模式，并在屏幕的左上方出现一个"录制"对话框，可以控制录制时的放映时间。

在放映演示文稿时，默认情况下会选中"幻灯片放映"选项卡"设置"工具组中的"使用计时"复选框，如果需要关闭排练时间，则取消选中"使用计时"复选框即可。

排练计时完成后，将切换到"幻灯片浏览"视图，在每张幻灯片的右下角可以查看到该张幻灯片播放所需要的时间，如图12-34所示。

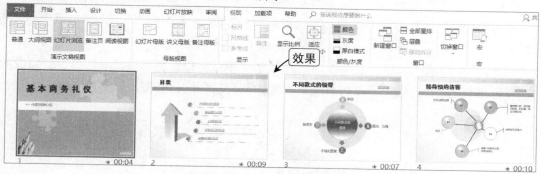

图12-34　查看排练计时

12.4.5　录制演示文稿

录制幻灯片演示可以记录幻灯片的放映时间，还可以在视频中录制用户使用鼠标、激光笔或麦克风为幻灯片加上的注释，这些都可以使用录制幻灯片演示功能记录下来，从而使演示文稿在脱离演讲者时能智能放映。

单击"幻灯片放映"选项卡"设置"工具组中的"录制幻灯片演示"下拉按钮，在其下拉菜单中根据实际情况可选择"从头开始录制"或"从当前幻灯片开始录制"命令，如图12-35所示。

图12-35　"录制幻灯片演示"按钮下拉菜单

选择适合的命令之后，将打开"录制幻灯片演示"对话框，其中包括"幻灯片和动画计时"和"旁白和激光笔"两项内容，如图12-36所示。选中需要录制内容的复选框，单击"开始录制"按钮即可。

单击"开始录制"按钮后，将切换到幻灯片播放状态，并在幻灯片的左上角出现"录制"对话框，控制录制时的放映时间。

图12-36　"录制幻灯片演示"对话框

12.4.6 在放映过程中进行书写

在幻灯片的放映过程中，用户可以通过鼠标光标在幻灯片中勾画重点或添加手写笔记，这项功能常常应用于教学类的演示文稿展示过程中。

在演示文稿的放映过程中右击，在弹出的快捷菜单中选择"指针选项"子菜单中的"激光箭头"、"笔"、"荧光笔"等指针类型，如图12-37所示。

另外，选择"墨迹颜色"命令，在弹出的子菜单中可以选择墨迹的颜色，设置完成指针的类型和颜色之后，即可通过按住鼠标左键，拖动鼠标进行书写，如图12-38所示。

图12-37　选择指针类型

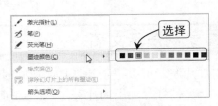
图12-38　选择画笔颜色

打印演示文稿

提示
Attention
制作完演示文稿后，可以按照要求通过打印设备输出并呈现在纸张上，它不仅方便观众更好地理解演示文稿所传达的信息，还有助于演讲者日后的回顾和整理。演示文稿的打印方式与 Word 文档的打印方式相同。

✕ 实战演练　制作"古诗鉴赏"演示文稿

本章主要介绍在幻灯片中应用媒体文件、为幻灯片添加切换动画、自定义幻灯片对象动画及插入超链接和动作的方法，下面将以制作"古诗鉴赏"演示文稿，让整个演示文稿变得声色动人为例系统回顾并巩固这些知识。

所制作的"古诗鉴赏"演示文稿，已设计好每张幻灯片的内容和样式，要使演示文稿声色动人，将涉及幻灯片插入、切换效果，为幻灯片中的对象添加动画效果，在幻灯片中插入音频，在动作中插入音频等操作。

素材\第 12 章\古词鉴赏.pptx，渔舟唱晚.WAV，望天门山.wav，枉凝眉.wav
效果\第 12 章\古词鉴赏.pptx

Step 01 设置第 1 张幻灯片的切片效果

打开"古诗鉴赏"演示文稿，选择第1张幻灯片，切换到"切换"选项卡中，在"切换到此幻灯片"工具组的快速样式库中选择"页面卷曲"选项。

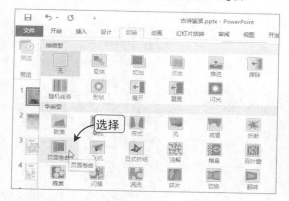

Step 03 选择音频

在打开的对话框中指定到素材文件夹，选择"渔舟唱晚"选项，然后单击"确定"按钮。

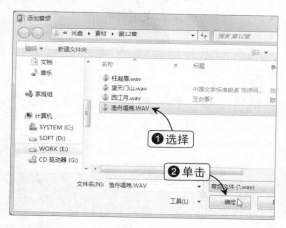

Step 05 设置其他幻灯片的切片方式

按住【Shift】键选中其他的幻灯片，然后在"切换到此幻灯片"工具组的快速样式库中选择"随机"选项，为选中的幻灯片随机设置切片效果。

提示
Attention

随机效果

为幻灯片应用了"随机"切片效果，在放映该幻灯片时，将选择华丽型切片效果中的任意一个效果播放。

Step 02 打开"插入音频"对话框

在"计时"工具组中的"声音"下拉列表框中选择"其他声音"命令打开"添加音频"对话框。

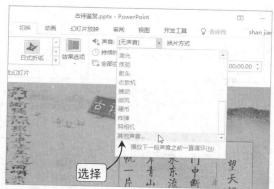

Step 04 设置换片方式

在"计时"工具组中取消选中"单击鼠标时"复选框，取消该幻灯片的默认换片方式。

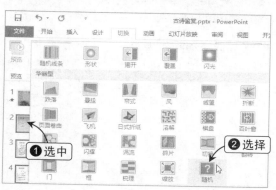

Step 06 设置"古诗鉴赏"文本框的动画

选中"古诗鉴赏"文本框，为其设置"弹跳"动画效果，并在"计时"工具组的"开始"下拉列表框中选择"上一动画之后"选项，持续时间为3秒。

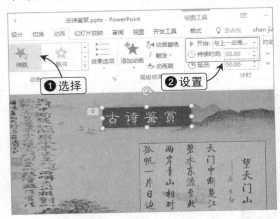

Step 07 设置"古诗鉴赏"文字的动画

选中"古诗鉴赏"文本框中的文字，为文字设置"翻转式由远及近"动画效果，并设置开始于上一动画之后，持续时间为两秒。

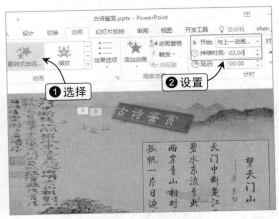

Step 08 设置"望天门山"文本框的动画

选中"望天门山"诗句所在的文本框，为其设置"淡出"动画效果。

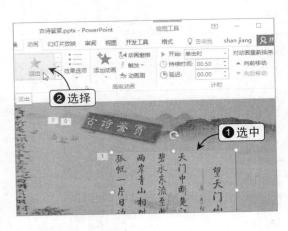

Step 09 设置"望天门山"文字的动画

选中文本框中的"望天门山"文字，在"动画"选项卡的"动画"工具组单击"其他"按钮，选择"更多进入效果"命令。

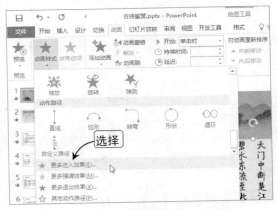

Step 10 选择动画效果

在打开的"更改进入效果"对话框中，选择"楔入"选项，然后单击"确定"按钮。用相同的方法为文本框中的每一列诗句都设置"楔入"动画效果。

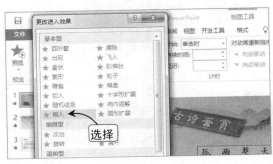

Step 11 打开动画窗格

在"高级动画"工具组中单击"动画窗格"按钮，打开"动画窗格"任务窗格。

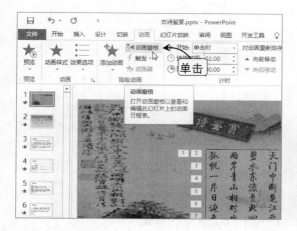

Step 13 设置文字动画效果的计时

选择"望天门山"文字，在"计时"工具组中设置开始于"上一动画之后"，持续时间设置为两秒。然后将其他的文字设置为相同的效果。

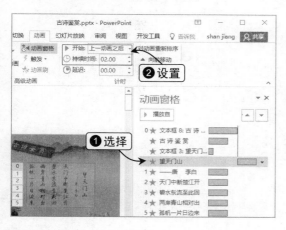

Step 15 插入动作图形

关闭动画窗格，单击"插入"选项卡下"插图"工具组中的"形状"下拉按钮，选择"动作按钮：声音"选项。

提示
Attention

关于步骤 15 的添加动画
步骤 15 中，为"望天门山"文本框添加效果动画，该动画效果将应用到文本框中已添加动画的每个对象上。

Step 12 设置文本框的计时

在动画窗格中选择"文本框3:望天门山"选项，在"动画"选项卡的"计时"工具组中单击"开始"下拉列表框右侧的下拉按钮，选择"与上一动画同时"选项。

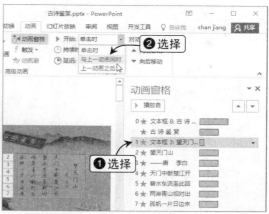

Step 14 添加动画

选中"望天门山"文本框，单击"高级动画"工具组中的"添加动画"下拉按钮，选择"彩色脉冲"选项，并设置动画开始于"上一动画之后"。

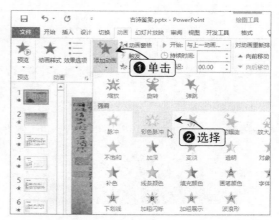

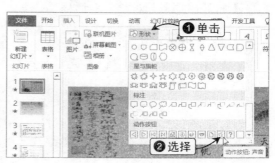

Step 16 选择音频

在幻灯片中绘制形状，即可自动打开的"操作设置"对话框中选中"播放声音"复选框并添加"望天门山.wav"音频，单击"确定"按钮。

Step 18 打开"操作设置"对话框

选择幻灯片右下角的"开始鉴赏"图形，单击"插入"选项卡"链接"工具组中的"动作"按钮打开"操作设置"对话框。

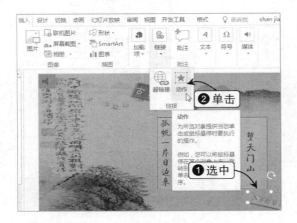

Step 20 打开"插入超链接"对话框

选择第 2 张幻灯片，然后选中幻灯片中的"作者介绍"文本框，单击"插入"选项卡"链接"工具组中的"添加超链接"按钮，打开"插入超链接"对话框。

Step 17 调整并美化图形

将图形移动到合适的位置，然后对图形进行美化编辑，让图形与整个幻灯片相适应。

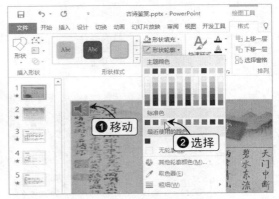

Step 19 插入动作和音频

在"单击鼠标"选项卡中，选中"超链接到"单选按钮，保持默认选项。然后选中"播放声音"复选框，添加"枉凝眉.wav"音频，然后单击"确定"按钮。

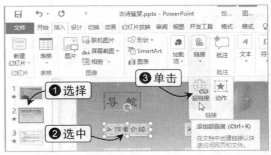

Step 21 设置超链接

单击"本文档中的位置"选项卡，选择第3张幻灯片"作者介绍"，单击"确定"按钮。

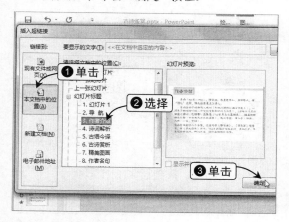

Step 22 设置其他对象的超链接

然后从上到下，从左到右依次在第2张幻灯片中选择对象，为其插入超链接，分别链接到对应的幻灯片。

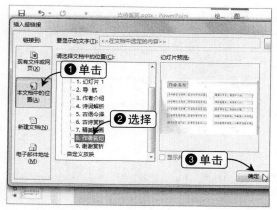

Step 23 添加返回首页超链接

选择第3张幻灯片，在左下角和右下角分别插入一个形状，并适当美化。选择左下角的形状，设置超链接到第1张幻灯片，并添加屏幕提示为"返回首页"。

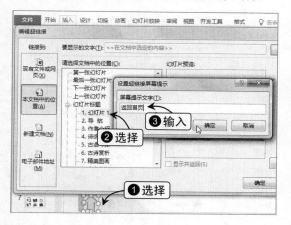

Step 24 添加返回导航超链接

选择右下角的形状，设置超链接到第2张幻灯片（导航幻灯片），并添加屏幕提示为"返回导航"，然后单击"确定"按钮。

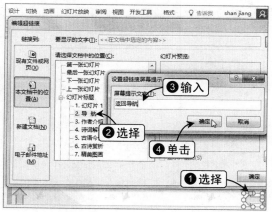

Step 25 复制形状

按住【Shift】键选中两个形状，然后按【Ctrl+C】组合键复制两个形状，依次选择后面的幻灯片，按【Ctrl+V】组合键进行粘贴。这里粘贴的形状会将形状中的超链接一起复制过来，不需要重新设置。

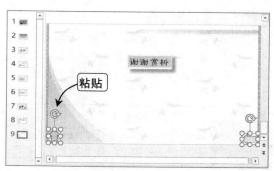

Step 26 添加直线路径

选择第4张幻灯片中的"天门山"文本框，在"动画"工具组中选择"直线"选项。

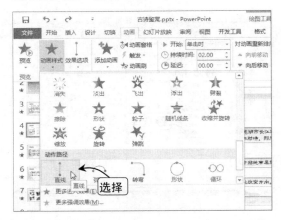

Step 28 设置解析文本框的动画

复制动画后再次调整路径末端的位置，选择解析所在的文本框，设置"浮出"动画效果，用动画刷为所有的解析文本框设置相同的动画效果。

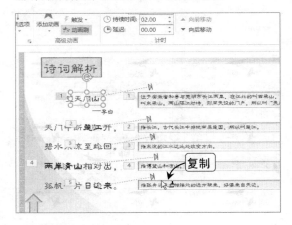

Step 27 复制动画

调整路径的末端位置，单击"高级动画"工具组中的"动画刷"按钮，复制该动画到诗句中的其他文本框。

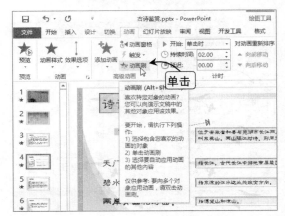

Step 29 设置动画排序

打开"动画窗格"任务窗格，设置动画的播放顺序为一个词语接着自动浮出解析。所有解析文本框的动画均开始于上一动画之后。

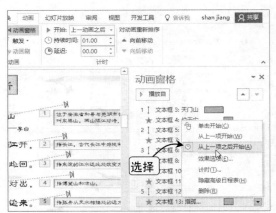

Step 30 设置动画变体

选择第5张幻灯片"古语今译"中的"译文一"文本框，为其设置"飞入"动画效果，然后单击"效果选项"下拉按钮，选择"作为一个对象"选项。

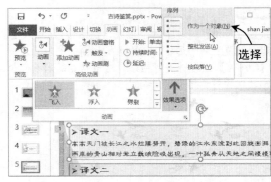

动画的效果选项

某些动画有不同的效果选项，可以分别应用到对象中的每一个个体，如文本框中文字的段落。

Step 31 设置第 7 张幻灯片的动画

选择第7张幻灯片中的对象,为其设置想要的动画效果,将这些对象的动画效果设置为开始于上一动画之后。

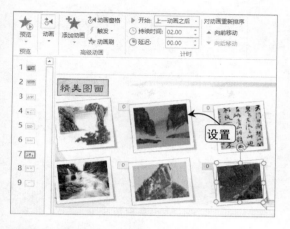

Step 32 设置第 8 张幻灯片的动画

选择第8张幻灯片中的文本框,为其设置动画效果,将这些对象的动画效果设置为单击时。

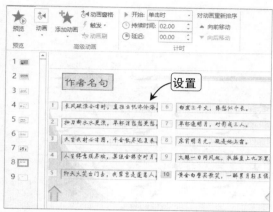

Step 33 设置第 9 张幻灯片的动画

选择第9张幻灯片中的"谢谢赏析"文本框,为其设置"心形路径"的移动效果,设置动画与上一动画同时开始,持续时间为15秒,并调整心形路径的大小。完成操作,最后进行幻灯片放映查看整个效果。

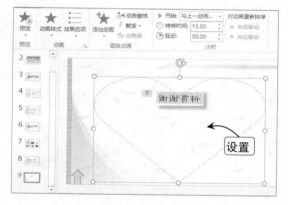

第 13 章

使用 Outlook 收发邮件

配置电子邮件账户信息成功

撰写电子邮件的效果

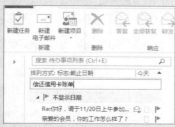

回复电子邮件的效果

添加待办事项

13.1 | Outlook 的基本操作
认识邮件，创建账户，下载图片，更改视图模式

Outlook不是电子邮箱的提供者，它是Office组件中的一个收、发、写、管理电子邮件的组件，还可以查看各种网络资讯，是一个非常方便的邮件管理工具。

13.1.1 认识电子邮件

电子邮件是一种通过网络实现相互传送和接收信息的现代化通信方式。电子邮件独特的信息交流方式极大地满足了大量存在的人与人之间的通信需求。

电子邮件可以在短时间内通过电脑网络传送邮件到邮件接收人的电子邮箱中；也能通过网络发送和接收电子邮件。它没有地点与时间的限制，世界各地的人们在任何时候都可以相互收发电子邮件。

网络上的电子邮箱地址都是唯一的，能确保邮件准确发送到收件人的电子邮箱中。而且，多媒体电子邮件还可以传送文本、声音、视频、图片等多种类型和内容丰富的文件。

在网上收发电子邮件必须经过电子邮箱地址才能完成，电子邮件地址的格式是：用户名@电子邮件服务器的域名，@（音为"at"）用于连接前后两部分。

例如，有一个邮件地址为"jswant@163.com"，其中，"jswant"是用户的账户，"163.com"是电子邮件服务器的域名。当有邮件发送到该邮箱后，邮箱的所有者即可接收新邮件。

Outlook 2016在界面和功能上都有较大提高，如图13-1所示为运行Outlook 2016进行邮件管理的界面。

图13-1　运行Outllok 2016进行邮件管理的界面

13.1.2 在 Outlook 中添加账户

要使用Outlook 2016管理电子邮件、计划、联系人和待办事项，首先需要将自己电子邮件的账户信息配置到Outlook中。

当第一次启动Outlook 2016时，系统就将打开"Outlook 2016启动"对话框提示用户添加账户，以方便日后接收或发送邮件。下面将启动Outlook 2016进行操作演练，以配置一个jswant@163.com的电子邮件账户为例进行讲解。

 操作演练：创建Outlook账户

Step 01 启动 Outlook 2016

选择"开始/所有程序/Outlook 2016"命令启动Outlook 2016，在打开的欢迎对话框中单击"下一步"按钮。

Step 02 开始进行账户设置

打开"Microsoft Outlook账户设置"对话框，保持默认设置不变，单击"下一步"按钮。

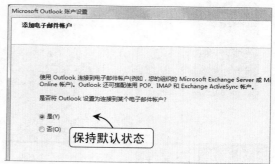

Step 03 设置电子邮件账户信息

在对话框中对应的文本框中输入您的姓名，如此处输入"蒋潜"，电子邮件地址"jswant@163.com"，在"密码："和"重新键入密码："文本框中输入电子邮件对应的密码。

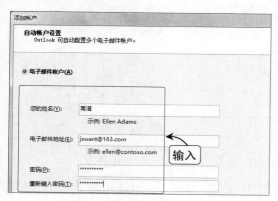

Step 04 完成账户创建

单击"下一步"按钮后，系统自动与服务器进行配置，搜索网络连接，搜索邮箱的配置，然后连接服务器，成功后单击"完成"按钮，即可完成配置。

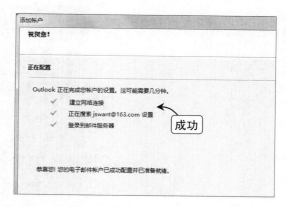

13.1.3 自定义设置账户

创建电子邮件账户后，还可以根据需要进行设置，包括新建电子邮件账户、更改账户信息及删除账户。

在Outlook 2016中选择"文件/信息"命令，然后单击"账户设置"下拉按钮，在弹出的下拉菜单中选择"账户设置"命令，如图13-2所示。

在打开的"账户设置"对话框中单击"电子邮件"选项卡，单击"新建"按钮可在打开的对话框中新建电子邮件账户，单击"更改"按钮可以更改账户信息，单击"删除"按钮可删除创建的账户，如图13-3所示。

图13-2　选择"账户设置"命令

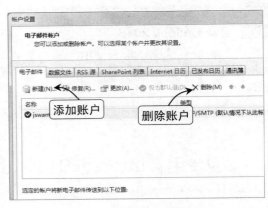

图13-3　"账户设置"对话框

13.1.4 下载图片

为了保护用户电脑和信息的安全，Outlook 2016在默认情况下禁止自动下载邮件中某些图片。用户可以单击邮件中的下载提示，选择"更改自动下载设置"命令打开"信任中心"对话框更改自动下载设置，如图13-4所示。

图13-4　打开"信任中心"对话框

在"信任中心"对话框的"自动下载"选项卡中，取消选中"在HTML电子邮件或RSS

项目中禁止自动下载图片"复选框,然后单击"确定"按钮,可以取消邮件中对图片的禁止,如图13-5所示。

打开"信任中心"对话框

执行"文件/选项"命令,打开"Outlook 选项"对话框,在对话框中单击"信任中心"选项卡,然后单击"信任中心设置"按钮,也可以打开"信任中心"对话框,如图 13-6 所示。

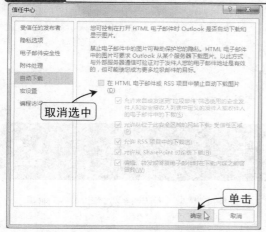

图13-5　取消禁止图片下载　　　　　　图13-6　打开"信任中心"对话框

13.1.5　更改视图模式

在Outlook 2016中,用户可根据自己的需求,改变窗口的视图模式,选择需要在窗口中显示哪些窗格、关闭哪些窗格、改变窗格的布局等。

Outlook 2016提供了压缩、单一和预览3种视图模式,在"视图"选项卡的"当前视图"工具组中,单击"更改视图"下拉按钮即可进行相应的选择,如图13-7所示。

图13-7　更改视图模式

单击"当前视图"工具组中的"视图设置"按钮,可以打开对话框自定义设置视图,包括添加和删除领域、分组、排序、筛选、列格式化等操作。如单击"排序"按钮,将打开"排序"对话框,设置排序的依据,如图13-8所示。

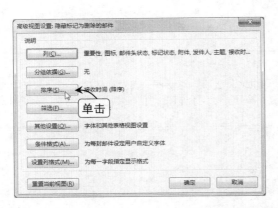

图13-8　自定义视图设置

13.2 使用 Outlook 处理邮件

在 Outlook 中撰写邮件，发送邮件、删除邮件等

使用Outlook可以非常方便且集中地对电子邮件进行处理，如发送或接收电子邮件，对收到的邮件进行回复，删除不需要的邮件等。

13.2.1 撰写并发送电子邮件

在Outlook 2016中，单击"开始"选项卡"新建"工具组中的"新建电子邮件"按钮，将打开"未命名-邮件"窗口，即可开始编辑邮件内容。

在"收件人"文本框中输入需要接收此邮件的邮件地址；在"抄送"按钮右侧的文本框中输入其他接收此邮件的邮件地址，用逗号或分号隔开；在"主题"文本框中输入发送邮件的标题；在"邮件编辑区"中输入邮件的主要内容，单击"发送"按钮即可发送创建的邮件，如图13-9所示。

图13-9　邮件编辑窗口

在打开的"未命名-邮件"窗口中有"邮件"、"插入"、"选项"和"设置文本格式"等选项卡，它们都用于对电子邮件进行编辑，不同的组对应了不同的功能。这些功能与Word的功能组基本一致。

◆ "邮件"选项卡：列出了普通邮件编辑时常用的组，"剪贴板"和"普通文本"工具组用于对正文编辑；"姓名"工具组用于查找收件人姓名；"添加"工具组用于添加随邮件一起发送的附件或名片；"标记"组用于标识该信件的重要性。

◆ "插入"选项卡：用于在邮件中插入附件、名片和图片等对象。

◆ "选项"选项卡：用于对邮件进行高级设置，使用"主题"工具组可以设置邮件页面颜色、字体和效果等；"显示字段"工具组可显示或隐藏密件抄送栏或发件人栏；"跟踪"工具组用于收集收件人对该邮件的意见；"其他选项"工具组用于设置邮件发送状态。

◆ "设置文本格式"选项卡：包括"剪贴板"、"字体"、"段落"、"样式"、"格式"和"编辑"工具组，主要用于对邮件正文格式进行设置。

下面通过发送"项目资料"给刘经理（44××××867@qq.com），并抄送给李女士（22××××5058@qq.com）、张女士（49××××370@qq.com）为例，演练创建和发送电子邮件的具体操作方法。

 操作演练：撰写项目资料邮件，并将其发送与抄送给指定账户

Step 01 开始新建邮件

启动Outlook 2016，在"开始"选项卡的"新建"工具组中单击"新建电子邮件"按钮，打开"未命名-邮件"窗口。

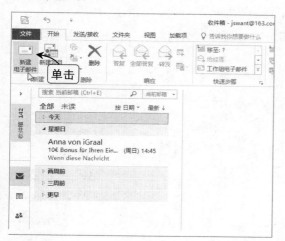

Step 02 编写邮件的内容

在"收件人"和"抄送"对应的文本框中输入邮箱地址。在"主题"文本框中输入主题，然后在"内容"文本框中输入邮件内容，单击"插入"选项卡。

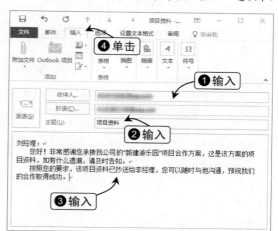

Step 03 选择添加的附件

在"插入"选项卡中单击"附加文件"按钮，在打开的对话框中选择"项目资料"文件，然后单击"插入"按钮。

Step 04 发送邮件

返回邮件窗口，将出现"附件"下拉列表框，单击"发送"按钮即可将邮件发送出去。

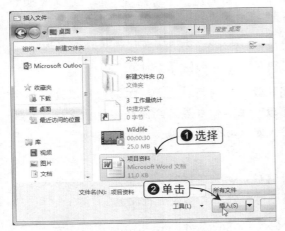

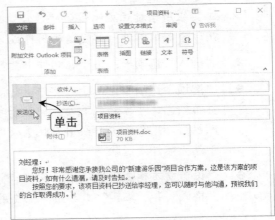

13.2.2 收取和处理邮件

在Outlook 2016中可以给他人发送邮件，也可以接收自己的电子邮件，并进行查看、回复、转发和删除等操作。

1. 收取和查看邮件

启动Outlook时，系统将自动接收邮件，并在状态栏中显示所有的文件夹都是最新的。如果需要重新接收或发送邮件，则可在"发送/接收"选项卡的"发送和接收"工具组中单击"发送/接收所有文件夹"按钮，在操作窗口中将显示接收的邮件，如图13-10所示。

选择需要查看的邮件，在右侧的窗格中即可查看邮件详细内容，如图13-11所示。

图13-10　收取邮件

图13-11　查看邮件

2. 回复和转发邮件

在阅读完邮件内容后，可以根据邮件内容回复发件人，或将该邮件转发给其他收件人。

选择需要回复的邮件，在"开始"选项卡的"响应"工具组中单击"答复"按钮，所查看的邮件自动变成可编辑的状态，在文本插入点处输入回复内容，单击"发送"按钮即可将回复内容发给发件人，如图13-12所示。

图13-12 回复邮件

如果需要转发邮件，则在"开始"选项卡的"响应"工具组中单击"转发"按钮，将自动定位文本插入点到可编辑窗格的"收件人"文本框中，输入收件人邮箱地址，单击"发送"按钮即可将该邮件发送到输入的邮箱地址，如图13-13所示。

图13-13 转发邮件

3. 删除邮件

Outlook 2016 默认状态下将对收取的邮件和已发送的邮件均进行保存，日积月累，邮箱中将存在大量邮件，从而占用电脑过多的资源。

对于不需要的邮件可以将其从收件箱中删除，Outlook 中删除邮件有删除到"已删除邮件"文件夹和永久性删除两种。

◆ **删除到"已删除邮件"文件夹**：在"收件箱"文件夹中，选择需要删除的邮件，在"开始"选项卡中的"删除"工具组中单击"删除"按钮，如图 13-14 所示。

◆ **永久性删除**：在"已删除邮件"文件夹中，选择需要删除的邮件，在"开始"选项卡的"删除"工具组中单击"删除"按钮，将打开永久性删除提示，单击"是"
按钮即可永久删除该邮件，如图 13-15 所示。

图13-14 删除到"已删除邮件"文件夹

13-15 永久删除邮件

13.2.3 邮件管理

在 Outlook 2016 中，还可以对电子邮件进行有效的管理，包括恢复误删的邮件，对邮
件进行分类和标记，通过标记对邮件进行排序和筛选等操作。

1. 恢复误删邮件

永久性删除的邮件是不可恢复的，但是删除到"已删除邮件"文件夹中的邮件，可以
通过移动邮件的方法将其恢复到目标文件夹中。

在"已删除邮件"文件夹中，选择需要恢复的邮件，然后单击"开始"选项卡"移动"
工具组中的"移动"下拉按钮，选择"其他文件夹"命令打开"移动项目"对话框，如图
13-16所示。

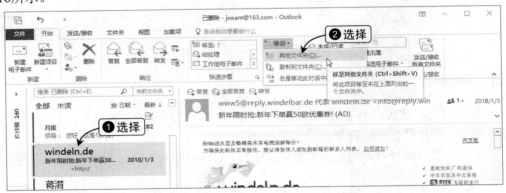

图13-16 打开"移动项目"对话框

在打开的对话框中选择需要将邮件移动到的文件夹，然后单击"确定"按钮，也可单
击"新建"按钮新建文件夹保存邮件，如图13-17所示。

　　右击需要移动的邮件，在弹出的快捷菜单中选择"移动"命令，在弹出的子菜单中选择"其他文件夹"命令，也可以打开"移动项目"对话框进行相关选择，如图13-18所示。

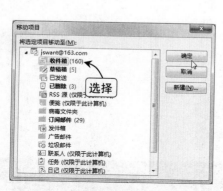

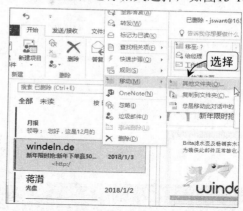

图13-17　"移动项目"对话框　　　　　　图13-18　在快捷菜单中打开"移动项目"对话框

2. 标记

　　可以为邮件添加一个标记，提醒用户继续跟踪此邮件。选择需要继续跟踪的邮件，在"标记"工具组中单击"后续标志"下拉按钮，选择"标记邮件"选项，可以将该邮件右上角的旗帜点亮，也可以直接单击邮件右上角的旗帜标记查看提醒，如图13-19所示。

图13-19　标记邮件

3. 筛选邮件

　　在"开始"选项卡的"查找"工具组中单击"筛选电子邮件"下拉按钮，可以选择一种筛选方式对邮箱中的邮件进行筛选。也可以在邮件列表上方的搜索栏中输入关键字，搜索发件人或主题，如图13-20所示。

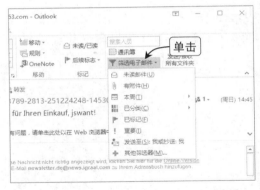 

图13-20　筛选邮件

13.3 | Outlook 的其他功能
在 Outlook 中管理计划，添加联系人、创建待办事项和便签

在Outlook中还可以管理计划、添加联系人、创建待办事项和便笺等，下面将介绍使用这些功能的方法，让Outlook更好地为工作或者生活服务。

13.3.1　管理计划

在Outlook主界面下方单击"日历"按钮将切换到日历界面，功能区的相关按钮也发生改变。在日历中选择任意日期，可以直接输入文字提示当天的待办事项，如图13-21所示。

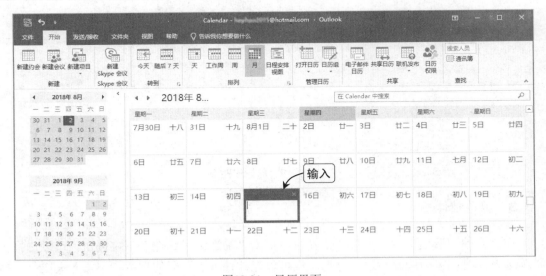

图13-21　日历界面

在"日历"界面的"开始"选项卡的"新建"工具组中，单击相应的按钮可以新建约会或者新建用邮件形式发送的会议，如图13-22所示。

图13-22　新建约会和新建会议邮件

新建了会议后，将会进入"日历工具—会议"选项卡，可以取消会议、标记会议的显示类型和提示时间等，如图13-23所示。

图13-23　"日历工具—会议"选项卡

13.3.2　添加联系人

在Outlook主界面下方单击"联系人"按钮，将切换到联系人界面，功能区的相关按钮也发生改变。可以查看与邮箱相关联的联系人，或者进行添加、删除或修改联系人等操作，如图13-24所示。

图13-24　联系人界面

　　在"开始"选项卡的"新建"工具组中单击"新建联系人"按钮，将打开"未命名-联系人"窗口，可编辑联系人的相关信息，如图13-25所示。

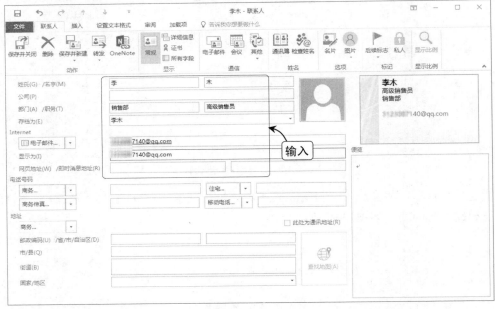

图13-25　新建联系人窗口

13.3.3　创建待办事项

　　在Outlook主界面下方单击"任务"按钮，将切换到待办事项列表界面，功能区的相关按钮也发生改变。

　　可以直接在待办事项列表的上方文本框中输入需要待办的事项，按【Enter】键或在其他位置单击，即可在列表中添加输入的待办事项，如图13-26所示。

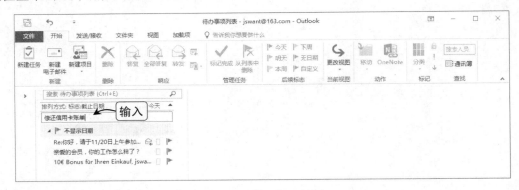

图13-26　待办事项列表界面

第 14 章

使用 OneNote 记录笔记

通过导航窗格创建笔记本

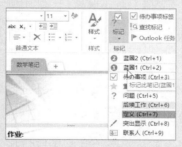

为笔记内容添加标记

为笔记插入系统日期和时间

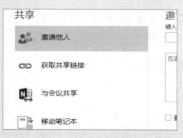

将笔记保存到 OneDrive

14.1 OneNote 的基本操作
了解 OneNote 2013 的结构，创建笔记本和撰写笔记的方法

OneNote 2016是一款一站式的笔记管理平台软件，不仅可以将笔记同步到OneDrive云端，还可以在PC、电话或平板电脑上进行共享。

14.1.1 了解 OneNote 的结构

OneNote与其他组件的界面相似，也是由标题栏、快速访问工具栏、"文件"选项卡等部分组成，该程序与其他程序界面的最大区别在于编辑区的组成不同，如图14-1所示。

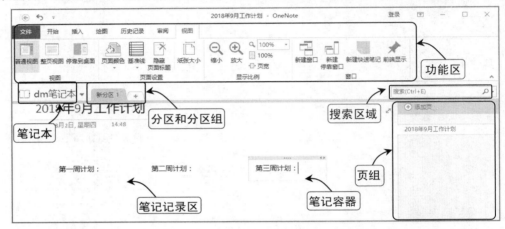

图14-1 OneNote 2016的界面组成

编辑区中各个组成部分的具体含义如下。

◆ **笔记本**：在 OneNote 中，没有保存笔记的相关功能，所创建的笔记本直接保存在 OneDrive 云端或本地电脑的 "我的文档" 文件夹中。可以创建多个笔记本，以保存不同类型的笔记。

◆ **分区和分区组**：在一个笔记本中可创建多个分区或分区组为笔记分类。

◆ **页组**：在一个分区中可创建很多页或子页，用来记录不同的事件。

◆ **笔记容器**：用于记录笔记。可在笔记记录区域的任意位置单击，填充对象后即可显示笔记容器，相当于让该处的内容成为一个对象。

◆ **笔记记录区**：该区域是页面中最大的区域，用于存放笔记容器，在笔记记录区中可以同时存放多个笔记容器。

◆ **搜索区域**：在该区域的文本框中输入关键字，可以搜索各个笔记本中的分区、分区中的页，以查找到所需的笔记。

14.1.2 创建笔记本、分区和页

创建笔记本、分区和页是使用OneNote记录笔记的第一步，下面将分别对其具体的创建方法进行介绍。

1．创建笔记本

笔记本是笔记记录存放的位置，在OneNote 2016中，可以通过"新建"选项卡和导航窗格两种方法来创建笔记本，其具体操作如下。

◆ **通过"新建"选项卡创建**：在"文件"选项卡中单击"新建"选项卡，选择笔记本要存放的位置，在右侧的"笔记本名称"文本框中输入笔记本的名称，然后单击"创建笔记本"按钮即可，如图 14-2 所示。

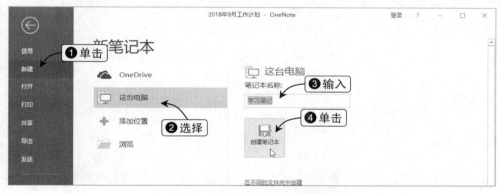

图14-2　通过"新建"命令创建笔记本

◆ **通过导航窗格新建**：在"笔记本"导航窗格中单击现有笔记本名称，在弹出的下拉列表中单击"添加笔记本"按钮，将自动切换到"文件"选项卡，然后选择笔记保存的位置进行创建，如图 14-3 所示。

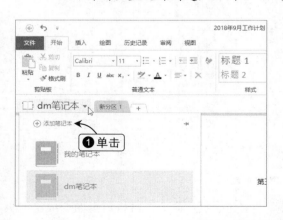 

图14-3　通过导航窗格创建笔记本

2．创建分区和分区组

在笔记本中，分区可以将笔记记录按照不同的作用或者关键字进行归类，从而更方便地对笔记记录进行管理。

默认情况下，创建笔记本后系统会自动创建一个名为"新分区1"的分区，如果需要创建其他分区，可以单击笔记本分区上的 + 按钮，快速新建一个分区，双击分区的标签可重命名分区，如图14-4所示。

在笔记本分区上右击，在弹出的快捷菜单中选择"新建分区"命令也可新建一个分区；选择"新建分区组"命令可以快速添加分区组，如图14-5所示。

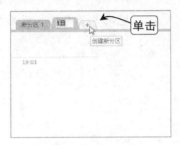

图14-4　创建分区　　　　　　　　图14-5　创建分区组

3．创建页

页是存放笔记记录的基本单位，默认情况下创建一个分区后将自动添加一个页。

如果要添加其他页，则可在右侧任务窗格中单击"添加页"按钮或在页组中空白位置右击选择"新建页面"命令，右击已存在的页也可以选择"新建页面"命令，执行命令后可在分区结尾处添加无标题页，如图14-6所示。

图14-6　新建页面

右击已创建（不能是第1页）的页面，选择"创建子页"命令，可将该页面变成上一页的子页，在该页面下创建新页，都是以子页的形式创建的。再次选择"创建子页"命令，可将选择的子页再次隶属于上一子页，子页最多可创建两级。创建子页后，还可以右击选择"升级子页"命令，将所选页向上升一级，如图14-7所示。

图14-7　新建子页和升级子页

14.1.3 撰写笔记

在OneNote 2016中，用户可以通过直接输入方式和绘图方式在页上撰写笔记，下面将分别对其进行详细介绍。

1. 直接录入笔记

直接录入笔记内容主要是通过笔记容器来输入文本，其具体的操作方法和在Word软件中输入文本的方法相同。

下面将通过在"会议笔记"笔记本的"1月18日"分区中录入会议信息为例，讲解直接录入笔记的具体操作。

 操作演练：直接录入会议笔记

\素材\第 14 章\会议笔记\1 月 18 日.one
\效果\第 14 章\会议笔记\1 月 18 日.one

Step 01 对页进行命名

打开"会议笔记"笔记本中的"1月18日"分区文件，系统自动将文本插入点定位到页面标题位置，输入"主持人讲话"文本为页命名。

提示
Attention

素材文件夹中文件的含义

在提供的"会议笔记"素材文件夹中，"打开笔记本.onetoc2"文件表示笔记本文件，可以打开笔记本；"1 月18 日.one"和"1 月 19 日.one"文件表示分区文件，可以打开对应的分区文件。

Step 02 输入标题文本

将文本插入点定位到笔记记录区的任意位置，输入"开场白"，将自动出现一个笔记容器，将字体格式设置为"隶书，24，蓝色"。

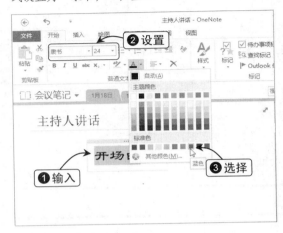

Step 03 输入正文文本

再次定位文本插入点，输入正文内容，并设置字体格式为"宋体，12"，颜色为"蓝色，深色50%"。格式的设置与Word文档的格式设置一样。

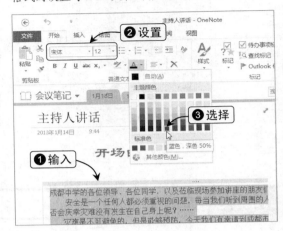

2. 绘制笔记

在OneNote 2016中，系统提供了绘图功能，利用该功能可以不通过笔记容器而直接向笔记记录区中绘制文本、图案等。

下面将通过在"会议笔记"笔记本中的"1月19日"分区中利用画笔为插入的图片添加注释为例，讲解绘制笔记的具体操作。

 操作演练：为图片添加注释

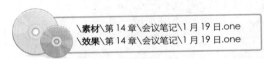
\素材\第 14 章\会议笔记\1 月 19 日.one
\效果\第 14 章\会议笔记\1 月 19 日.one

Step 01 选择绘图工具

打开"1月19日.one"文件，单击"绘图"选项卡，在"工具"工具组中单击"其他"按钮，选择"深绿色，画笔（3.5毫米）"选项。

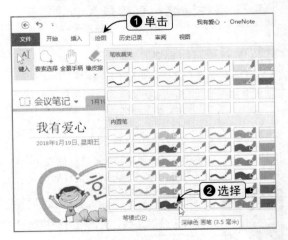

提示
Attention

绘图工具

OneNote 内置了笔收藏夹和内置笔两种类型的绘图笔，其中收藏夹中的笔可以添加和删除，自定义一种笔后将添加到收藏夹；内置笔共有 42 种类型。

Step 02 单击按钮

单击"工具"工具组中的"颜色和粗细"按钮，打开"颜色和粗细"对话框。

Step 03 设置笔的颜色和粗细

在打开的对话框中选中"荧光笔"单选按钮，选择笔的粗细为"2.0毫米"，颜色为"紫色"，然后单击"确定"按钮。

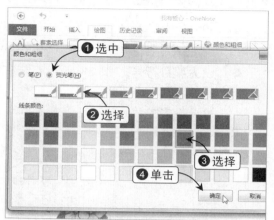

Step 04 绘制文字和图形

在笔记记录区的适当位置绘制所需的文字和形状，这里绘制"好有爱心哦！"的文字和形状，完成操作。绘图功能在平板电脑等触摸设备上的效果更好，可以绘制出令人满意的形状，让笔记内容更加丰富美观。

> **提示**
> **Attention**
>
> **橡皮擦**
>
> 在 OneNote 中绘制文字或形状时，如果觉得绘制的效果不好，则可在"工具"工具组中单击"橡皮擦"下拉按钮，选择合适的橡皮擦进行修改，如图 14-8 所示。

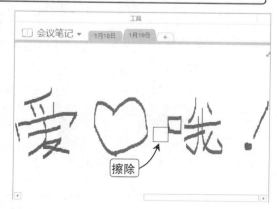

图14-8　橡皮擦

14.1.4 设置项目符号和编号

在记录笔记的过程中，如果遇到多个并列关系的记录，则可以使用系统提供的项目符号和编号功能为记录添加对应的项目符号或编号，从而方便查阅笔记。

OneNote 2016提供了丰富的项目符号和编号，但不提供自定义图片等项目符号。在笔记容器中添加项目符号和编号的操作方法与在Word软件中的操作相似，其具体操作如下。

◆ **设置项目符号：** 将文本插入点定位到目标位置，或者选择目标文本，在"开始"选项卡的"普通文本"工具组中单击"项目符号"下拉按钮，在弹出的下拉列表中选择需要的选项即可，如图14-9所示。

图14-9　设置项目符号

◆ **创建编号：** 将文本插入点定位到目标位置，或者选择目标文本，在"开始"选项卡"普通文本"工具组中单击"编号"下拉按钮，在弹出的下拉列表中选择需要的选项即可，如图14-10所示。

图14-10　创建编号

14.2 美化 OneNote 笔记
让 OneNote 笔记的内容更丰富，外观更漂亮

在OneNote 2016中，可以在笔记容器中插入表格、图片、笔记标记及日期和时间等对象，从而丰富笔记内容，让笔记的外观更漂亮。插入表格和图片的操作与Word中的相似，这里就不再赘述。

14.2.1 记录音频和视频笔记

如果需要将某些重要场合的讲话通过音频和视频的方式进行记录，如会议记录等，则可以使用系统提供的录制音频和视频功能来实现。

录制音频和视频的方式相似，都是通过在"插入"选项卡"正在录制"工具组中单击对应的按钮来完成的。如果需要录制声音，则可以单击"正在录制"工具组中的"录制音频"按钮开始录制声音，如图14-11所示。

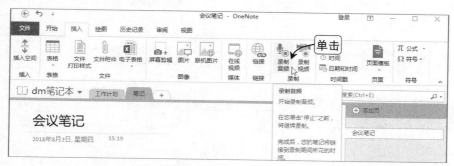

图14-11　单击"录音"按钮

在笔记记录区将自动新建一个以页标题命名的笔记容器，并开始录制声音。同时，会打开"音频和视频—录制…"选项卡，对录制声音的过程进行控制，如图14-12所示。

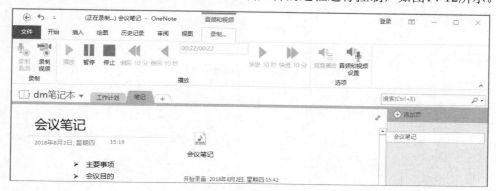

图14-12　录制声音

14.2.2 标记笔记

笔记标记就是使用系统提供的一些小图标来丰富笔记的视觉效果，使笔记更加清晰。此外，还可以通过笔记标记快速定位指定的标记内容。

下面将通过在"课堂笔记"笔记本的"数学笔记"分区中为几何笔记设置标记，讲解使用笔记标记的具体操作。

要求用系统预设的标记标记今天讲到的公式和定理，用自定义的标记标记作业，并快速定位"作业"标记内容。

 操作演练：标记笔记内容

\素材\第 14 章\课堂笔记\数学笔记 one
\效果\第 14 章\课堂笔记\数学笔记.one

Step 01 打开"插入图片"对话框

打开"课堂笔记"笔记本的"数学笔记"分区，将文本插入点定位到公式之前，在开始"选项卡"的"标记"工具组中单击"标记"下拉按钮，选择"重要"选项。

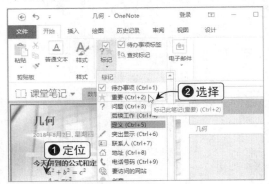

Step 02 打开"自定义标记"对话框

以相同方法为下一个公式添加"重要"标记，再次单击"标记"下拉按钮，选择"自定义标记"命令打开"自定义标记"对话框。

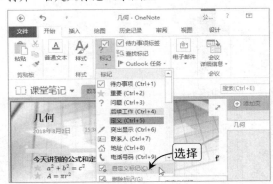

Step 03 打开"新建标记"对话框

在打开的对话框中单击"新建标记"按钮，打开"新建标记"对话框。

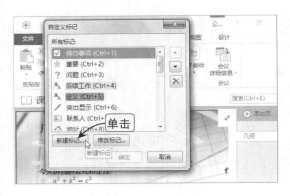

Step 04 选择标记符号

在打开的对话框中的文本框中输入"蓝圈1"，单击"符号"下拉按钮，选择"蓝圈1"选项，按【Enter】键确认设置。

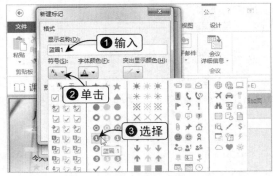

Step 05 创建"蓝圈2"标记

再次单击"新建标记"下拉按钮，在对话框中的"显示名称："文本框中输入"蓝圈2"，单击"符号"下拉按钮，选择"蓝圈2"选项，然后单击"确定"按钮。

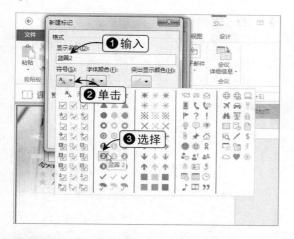

Step 07 打开"标记摘要"任务窗格

添加完标记后，在"开始"选项卡"标记"工具组中单击"查找标记"按钮打开"标记摘要"任务窗格。

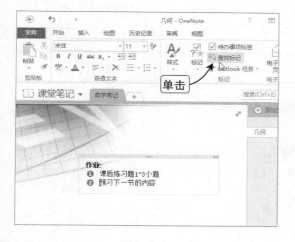

Step 06 添加标记

将文本插入点定位到所列出的作业之前，单击"标记"下拉按钮选择"蓝圈1"。用同样的方法为下一个作业选择"蓝圈2"标记。

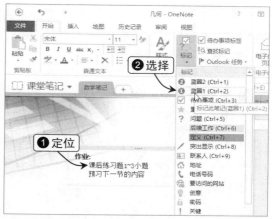

Step 08 查找标记

在窗格的列表框中显示了当前分区中的所有笔记标记，选择笔记标记对应的超链接即可在笔记记录区中快速定位对应的标记内容。

搜索和刷新记录

提示 Attention

在"标记摘要"任务窗格的"搜索"下拉列表框中还列举了"分页组"、"昨天的笔记"、"本周的笔记"等选项，通过选择这些选项可快速搜索最近的笔记记录。如果删除了某个标记，则可以单击"刷新结果"按钮，更新标记内容。

14.2.3 插入日期和时间

在记录笔记的过程中，常常需要插入当前日期和时间。手动输入不仅速度慢，而且容易出错，利用系统提供的插入日期和时间功能可快速插入当前的日期和时间。

◆ **插入日期**

将文本插入点定位到目标位置，单击"插入"选项卡，在"时间戳"工具组中单击"日期"按钮插入日期。

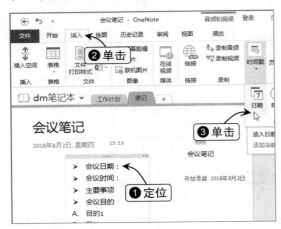

◆ **插入时间**

将文本插入点定位到目标位置，单击"插入"选项卡，在"时间戳"工具组中单击"时间"按钮插入时间。

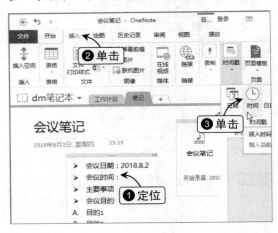

如果需要在插入点同时插入日期和时间，则只需在"时间戳"工具组中单击"日期和时间"按钮，即可将当前电脑的系统日期和时间同时插入到目标位置。

14.2.4 插入页面模板

在OneNote中也有页面模板，模板不仅列出了笔记的模块，还应用了背景样式。因此，使用模板笔记，可以使笔记更美观。

单击"插入"选项卡，在"页面"工具组中单击"页面模板"下拉按钮，打开"模板"任务窗格。OneNote 2016列举了学院、空白、商务、图案和计划5类模板文件，如图14-13所示。

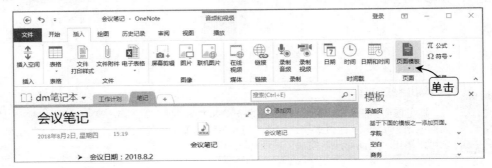

图14-13 页面模板的类型

例如，选择"图案"选项，可以看到图案类型的几种模板，选择任意模板即可创建一个新页，选择"气泡边距"模板的效果如图14-14所示。

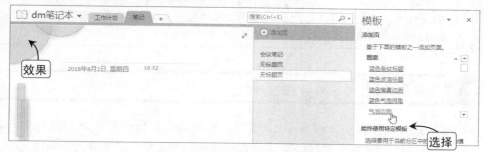

图14-14 "气泡边距"模板的效果

在 OneNote 中设置图片背景

在 OneNote 中插入图片后，可将图片设置为页面的背景，然后在"模板"任务窗格中单击"将当前页另存为模板"超链接，将设置好的页面作为模板保存起来。右击插入的图片，在弹出的快捷菜单中选择"将图片设置为背景"命令，即可设置图片背景。

14.3 | OneNote 的其他应用

了解链接便笺，创建密码、插入链接和屏幕剪辑的方法

如果需要更好、更快地使用OneNote来辅助工作，则还可以了解OneNote的一些其他应用，包括链接便笺、共享笔记本、快速获取网页信息及屏幕剪辑等。

14.3.1 链接便笺

在OneNote 2016中，如果要在当前应用程序窗口中对比查看其他分区或者其他笔记本中的内容，此时则可以使用链接便笺功能来完成。

在原分区中单击"审阅"选项卡，然后单击"便笺"工具组中的"链接便笺"按钮，打开"选择OneNote中的位置"对话框，选择需要链接的分区或者页，单击"确定"按钮即可将指定的文件链接到停靠在窗口右侧的OneNote窗口中，如图14-15所示。

图14-15 链接便笺

技巧
Skill

快速定位链接位置

在"选择 OneNote 中的位置"对话框中，如果创建的笔记本很多，选择需要链接的位置就比较麻烦，此时则可以在对话框中的文本框中输入链接位置的页标题的部分文字以便快速定位链接位置。

14.3.2 共享笔记

OneNote笔记可以保存到OneDrive上，以便随时随地记录和查看笔记。在OneDrive中的笔记，可以以邀请他人、发送共享链接的方式让其他用户编辑或查看笔记，用会议共享来联机演示笔记，如图14-16所示。

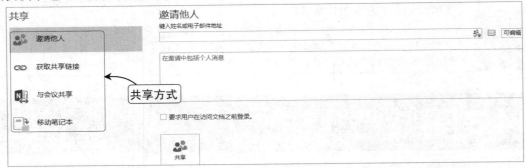

图14-16　共享笔记

14.3.3 创建密码

在OneNote 2016中，也可以使用密码来保护分区，限制没有权限的用户访问或编辑笔记，让笔记变得更安全。

在"审阅"选项卡下的"分区"工具组中单击"密码"按钮，打开"密码保护"任务窗格，单击窗格中的"设置密码"按钮，在打开的"密码保护"对话框中输入密码，单击"确定"按钮即可，如图14-17所示。

图14-17　设置分区密码

在"密码保护"任务窗格中单击"全部锁定"按钮后，将锁定当前笔记本的所有分区。

在笔记记录区单击鼠标，将打开"保护的分区"对话框，在文本框中输入密码后，将保持一段时间的未锁定状态，供用户编辑和查看，如图14-18所示。

图14-18　解锁分区保护

14.3.4　插入链接

在OneNote 2016中，可以连接到其他笔记本的分区，也可以连接网络上的资源或本地文件，让笔记内容更丰富。

选择需要插入链接的文字或对象，在"插入"选项卡的"链接"工具组中单击"链接"按钮，打开"链接"对话框，如图14-19所示。

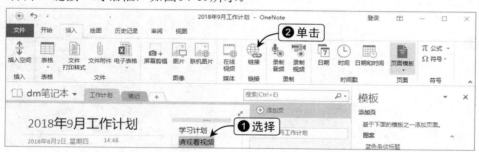

图14-19　打开"链接"对话框

在"链接"对话框中选择笔记本中的分区，也可以单击"浏览Web"或"浏览文件"按钮复制网址或选择文件，然后单击"确定"按钮即可插入超链接，如图14-20所示。

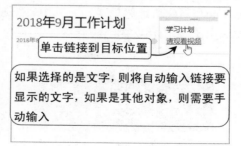

图14-20　插入超链接

如果将网页中的内容复制到笔记中，不仅可以保留网页中的链接，则还可以在内容的下方插入超链接，链接到内容的来源网址，如图14-21所示。

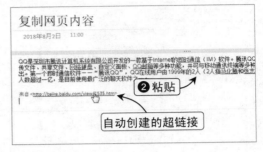

图14-21　复制网页中的内容

14.3.5　屏幕剪辑

在OneNote 2016中，系统还提供了屏幕剪辑功能，通过该功能，用户可以轻松地从屏幕中截取需要的信息。

在"插入"选项卡的"图像"工具组中单击"屏幕剪辑"按钮，此时将自动最小化当前窗口，鼠标光标变为十字形状，并且屏幕出现灰暗状态，在需要截取信息的位置按住鼠标左键拖动，选择需要截取的区域即可，如图14-22所示。

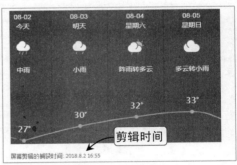

图14-22　屏幕剪辑

在运行OneNote 2016时，将自动打开"发送到OneNote"工具，可以进行屏幕剪辑、发送到OneNote和新建快速笔记操作。其中"发送到OneNote"是打开对话框选择分区或页面进行打印输出，如图14-23所示。

图14-23　发送至OneNote

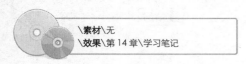

实战演练　记录"学习笔记"

本章主要讲解了如何利用OneNote 2016来记录笔记的相关知识和技能操作，下面将通过创建一个"学习笔记"笔记本，并在其中记录"语文笔记"和"数学笔记"为例进行综合应用，从而巩固各种操作技术。

本例将演练创建笔记、添加分区和页的方法，要求插入图片作为笔记的背景，在笔记中插入日期和时间、声音等对象，使用页面模板并修改标记等操作。

> \素材\无
> \效果\第14章\学习笔记

Step 01　创建笔记本

启动OneNote 2016，单击"文件"选项卡切换到后台视图，然后单击"新建"选项卡，选择"这台电脑"选项，输入笔记本的名称"学习笔记"，单击"创建笔记本"按钮。

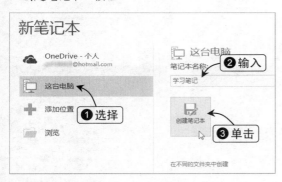

Step 03　打开"插入图片"对话框

在"语文笔记"分区的默认页中，输入"名句赏析"标题，在"插入"选项卡的"图像"工具组中单击"联机图片"按钮，打开"插入图片"对话框。

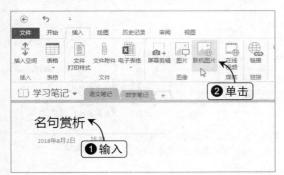

Step 02　添加并重命名分区

在分区单击"创建新分区"按钮，然后双击分区标签，分别将分区1和分区2命名为"语文笔记"和"数学笔记"。

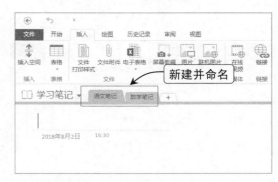

Step 04　输入关键字

在对话框"必应图像搜索"选项的文本框中输入"背景"，然后单击"搜索"按钮搜索网络上的图片。

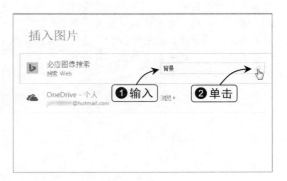

Step 05 选择图片

在搜索到的图片中选择合适的图片，然后单击"插入"按钮。

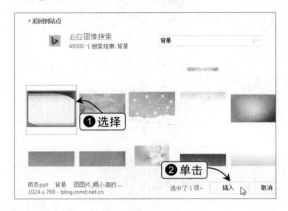

Step 07 将图片设为背景

右击第一张图片，在快捷菜单中选择"将图片设置为背景"命令。然后将第二张图片也设为背景。

Step 09 美化文字

选择两首诗的标题文字，将其格式设置为"隶书，20，居中"，将作者的格式设置为"隶书，10"，并调整到合适位置，然后选择诗句，将格式设置为"隶书，12"。选中两首诗的所有内容，将其颜色设置为"绿色，深色50%"。

Step 06 调整并复制图片

调整图片的大小并将图片移动和合适的位置，然后复制一张图片，使两张图片并排。

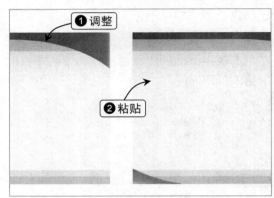

Step 08 输入内容

在笔记记录区用两个笔记容器输入"蜀相"和"锦瑟"两首诗。

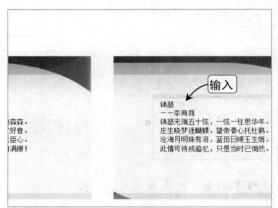

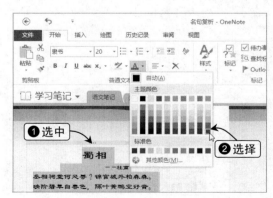

Step 10 打开"模板"任务窗格

选择"数学笔记"分区，然后在"插入"选项卡的"页面"工具组中单击"页面模板"下拉按钮，打开"模板"任务窗格。

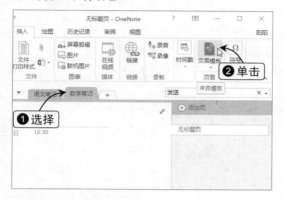

Step 11 选择页面模板

展开"模板"任务窗格的"学院"模板类型，选择"[数学/科学类笔记]"模板样式，新建一个该模板样式的页面。

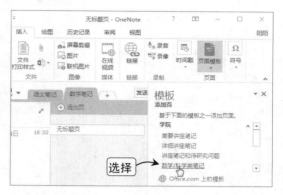

Step 12 插入公式

选中标题文字，输入"复习"作为标题，将文本插入点定位到"今天讲到的公式和定理"下方的第一个标记后面，在"插入"选项卡的"符号"工具组中单击"公式"下拉按钮，选择"圆的面积"选项。

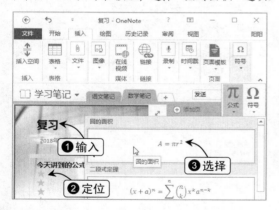

Step 13 删除标记

用相同的方法输入其他公式或自定义公式，然后将文本插入点定位到"作业"下方的标记之后，在"插入"选项卡的"标记"工具组中单击"标记"下拉按钮，选择"删除标记"选项。

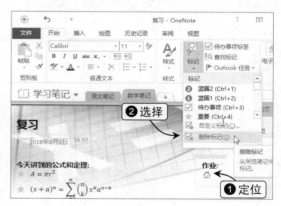

Step 14 添加标记

再次单击"标记"下拉按钮，在弹出的下拉列表中选择"突出显示"选项，然后按【↓】键将文本插入点定位到下一行，用相同的方法添加3个 ✍ 形状的标记。将文本插入点定位到"作业"之前，添加"待办事项"标记。

"待办事项"标记

"待办事项"标记相当于一个复选框，可以选中或取消选中，方便标记作业是否完成。

提示
Attention

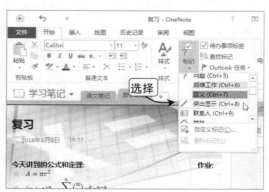

Step 15 删除多余的笔记容器

输入作业的内容，然后选择"讲座主题"笔记容器，按【Delete】键将其删除，然后调整"摘要"笔记容器的位置。

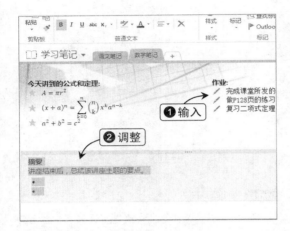

Step 17 输入摘要内容

将文本插入点定位到项目符号后面，输入课堂内容的摘要，按【Enter】键换行并插入项目符号，输入下条摘要内容。

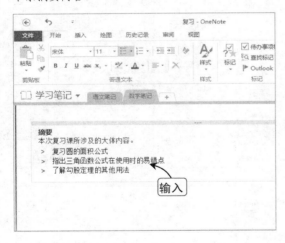

Step 16 更改项目符号

选中并修改"摘要"笔记容器标题下方的文字，然后选中两个项目符号，在"开始"选项卡的"普通文本"工具组中单击"项目符号"按钮右侧的下拉按钮，更改项目符号。

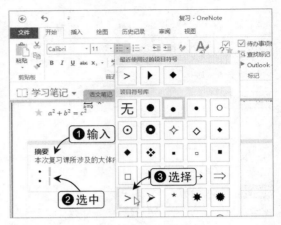

Step 18 插入日期和时间

创建一个"授课日期："的笔记容器，将文本插入点定位到冒号后面，在"插入"选项卡的"时间戳"工具组中单击"日期"按钮，插入当前的日期。

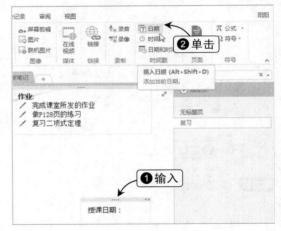

第 15 章

建立 Access 数据库

创建"资产"模板数据库

创建"员工信息表"数据表

对"姓名"查询字段设置升序排序

创建"联系信息"窗体

15.1 | Access 2016 的基本操作
熟悉 Access 的操作界面和对象

Access可以方便地管理和使用数据，其具有的数据库应用程序开发工具，可以方便地开发适合特定数据管理功能的Windows应用程序。

与其他Office组件不同，Access 2016每次只能对一个数据库进行操作，它不仅可以操作自己建立的数据库，还能以链接表的形式操作其他数据库管理系统创建的数据库。

15.1.1 Access 的操作界面

Access 2016的界面分布与之前版本基本一致，除了标题栏、功能区、状态栏等基本组成部分以外，还包括对象列表等特有的组成部分，用于控制和显示Access中的各种对象，如图15-1所示。

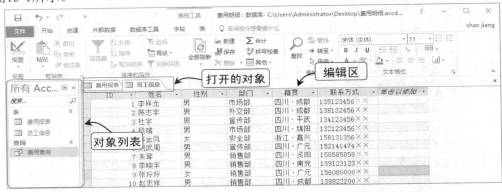

图15-1　Access 2016的操作界面

Access提供了两种视图模式，在"开始"选项卡的"视图"工具组中单击"视图"按钮，即可切换视图模式，如图15-1所示的数据库是在数据表视图模式下，设计视图模式下的数据表如图15-2所示。

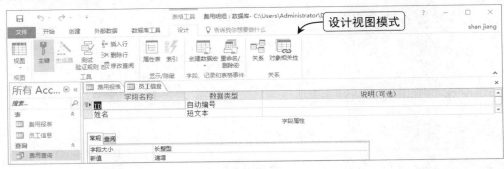

图15-2　设计视图模式下的界面

Access 2016文件的扩展名为"accdb"或"accdp"。其中，"accdb"由Access创建的数据文件，"accdp"是由Access创建的数据项目文件，主要用于SQL Server数据库的访问。

15.1.2 Access 中的对象

Access是一个关系型数据库管理系统，其中包含表、查询、窗体、报表、宏和模块等对象，这些对象的作用如表15-1所示。

表 15-1 Access 基本对象的作用

对象	作用
表	数据库中最基本、最主要的对象，是存储数数据的场所；一个数据库中可以包含多张表
查询	对一张或多张表中的数据进行查询操作，可以获取这些表中的满足一定条件的数据
窗体	制作数据库应用程序时，程序与用户交互的主要方式和场所
报表	显示数据的方式，可以格式化地显示满足用户需求的数据和信息
宏	使用宏可以执行各种操作，如添加、更新或删除数据或者验证数据的准确性
模块	在模块中可以通过VBA代码自定义函数、过程等，实现许多难以直接实现的功能

15.2 创建 Access 数据库
用不同的方法创建 Access 数据库

在Access 2016中，可以直接创建两种类型的数据库，一种是直接创建空白的数据库，另一种是创建模板数据库，下面分别进行讲解。

1. 创建空白数据库

启动Access后并不能直接使用数据库，需要先创建一个数据库，才能在其中进行其他相应的操作。

运行Access 2016，在操作界面选择"空白桌面数据库"选项，在对话框的"文件名"文本框中输入数据库名称，并设置数据库文件的保存位置，然后单击"创建"按钮完成空白数据库的创建，如图15-3所示。

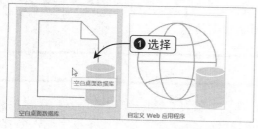
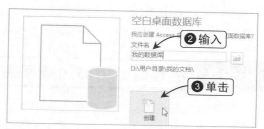

图15-3 创建空白桌面数据库

2．创建模板数据库

Access 2016同样提供了很多数据库模板，在模板中包括一些基本的数据库组件，用户可以利用这些模板来快速完成一个数据库的创建。

创建模板数据库有两种类型，一种是创建应用程序，然后在Web上共享；另一种是直接创建模板数据库。前者的图标上有Web网络的标志，在创建时需要提供Web位置，后者在创建时只需提供文件保存的位置，如图15-4所示。

图15-4　两种类型的模板数据库

打开某个Access文件后，执行"文件/新建"命令，也可以选择创建空白数据库和模板数据库，如在模板列表中选择"资产"模板，创建后的数据库样式如图15-5所示。

图15-5　用"资产"模板创建的数据库

15.3 创建数据表
在数据表中创建索引，录入记录并编辑记录

要在Access中新建一个数据库来存储信息，表就是一个特定存储的对象。在数据库中创建和自定义不同的数据表，可以存放多种不同的数据信息。

15.3.1 在数据库中添加数据表

创建空白数据库后，会直接在其中创建并打开一个名为"表1"空白数据表，在快速访问工具栏中单击"保存"按钮会打开"另存为"对话框，在"表名称"文本框中输入名称，单击"确定"按钮即可将"表1"重命名，如图15-6所示。

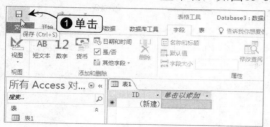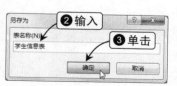

图15-6　保存并重命名表

对于已保存的表，如果需要重命名，则可在对象列表中右击数据表，选择"重命名"命令更改名称。需要重命名的数据表必须处于关闭状态，可在打开的对象列表中右击数据表，选择"关闭"命令，然后进行重命名，如图15-7所示。

图15-7　更改数据表的名称

如果已有的数据表不能满足需要，则还可以添加更多的数据表来存放数据。下面通过在"我的数据库"数据库中创建"员工信息表"工作表来介绍在数据库中创建数据表的方法。

 操作演练：创建"员工信息表"数据表

\素材\第 15 章\我的数据库.accdb
\效果\第 15 章\我的数据库.accdb

Step 01　单击"表"按钮

打开"我的数据库"数据库，单击"创建"选项卡，然后在"表格"工具组中单击"表"按钮。

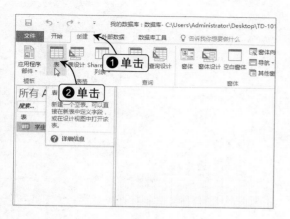

Step 02　选择字段类型

创建一个名称为"表1"的数据表，单击表中的"单击以添加"文本，在弹出的下拉菜单中选择"短文本"命令，为创建的字段设置字段类型。

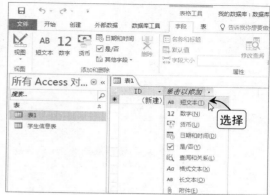

Step 03　添加字段

在表中自动插入一个名称为"字段1"的字段，并自动选中字段文本。在其中输入数据表的第一个字段"员工姓名"，按【Enter】键完成输入。

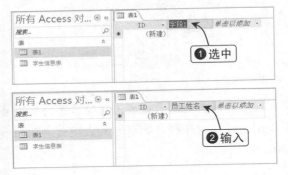

Step 04　添加并输入其他字段

用同样的方法再创建"性别"字段，并将其字段数据类型设置为"短文本"，创建"出生日期"字段，并将其字段类型设置为"日期和时间"。

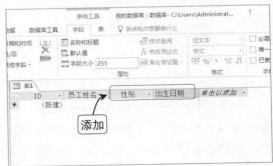

Step 05　完成字段设置

用同样的方法再创建"籍贯"和"现居地址"字段，并将其字段数据类型设置为"短文本"，创建"联系方式"字段，并将其字段类型设置为"数字"。

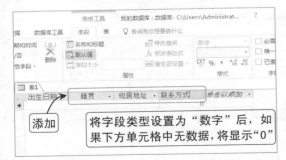

Step 06　打开"另存为"对话框

右击打开的"表1"标签，选择"保存"命令打开"另存为"对话框。

Step 07　设置表名称

在打开的对话框中输入表名称为"员工信息表"，然后单击"确定"按钮。

Step 08　完成表的创建

保存创建的表格，在对象列表中将显示创建的数据表，数据表显示出表的名称为"员工信息表"。

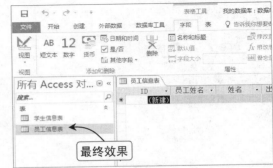

15.3.2 创建主键和索引

数据表中记录的数据都具有唯一性，唯一性是靠定义主键来实现的。如果表中的数据太多，则还可以通过建立索引来加快数据的查找速度，索引可以是一个，也可以是多个，根据具体的需要来决定。

1. 创建主键

为保证表中的每条记录具有唯一性，可以通过对字段设置主键来进行约束。主键可以由一个或多个字段组成，在为表创建主键时可以设置一个或多个字段。

在数据表"开始"选项卡"视图"工具组单击"视图"下拉按钮，在弹出的下拉列表选择"设计视图"选项切换视图模式，如图15-8所示。

然后选择目标字段，在"表格工具—设计"选项卡"工具"工具组中单击"主键"按钮将选择的字段设置为主键，如图15-9所示。创建主键后，在其行选定器上会出现一个图标。

图15-8　切换视图模式

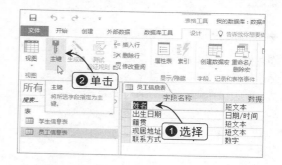

图15-9　创建主键

2. 创建索引

在数据库中，使用索引可以帮助用户高效地查询数据。创建索引时，可以通过单字段创建索引，也可以通过多字段进行索引。

在"表格工具—设计"选项卡的"显示/隐藏"工具组中单击"索引"按钮，打开"索引"对话框，可以设置索引的名称，选择字段的名称，设置排序的次序。在"索引属性"栏中设置索引是否为主索引、唯一索引或忽略空值等，如图15-10所示。

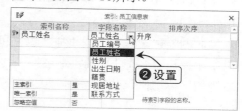

图15-10　创建索引

◆ 主索引：如果将主索引设置为"是"，则将选择的字段作为搜索的主键。

◆ 唯一索引：如果将唯一索引设置为"是"，则索引的每个值都必须是唯一的。

◆ 忽略空值：如果将忽略空值设置为"是"，则该索引将排除带有 Null 值的记录。

15.3.3 录入并编辑记录

表的作用就是保存数据信息，在数据库中创建好表后，即可在表中输入数据。在数据表中录入数据的方法与在Excel表格中输入数据的方法相似，这里不再赘述。

在表格中输入数据后，用户可以根据实际情况对其进行编辑，包括添加和删除记录、查找和替换记录等。

1．添加和删除记录

数据库中的表并不是一成不变的，而是随时都可以更新的，如对表中没有的记录，需要添加，对多余的记录需要删除。

◆ **添加记录**

在数据表视图模式下打开需要添加记录的表，将鼠标光标移动到记录选择器上的，光标会变成 ➡ 形状，右击即可选中该行并弹出快捷菜单，选择"新记录"命令即可添加一条记录。

◆ **删除记录**

在需要删除的记录上右击，在弹出的快捷菜单中选择"删除记录"命令或选择该记录后按【Delete】键即可删除记录。

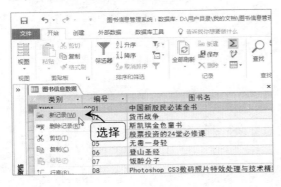
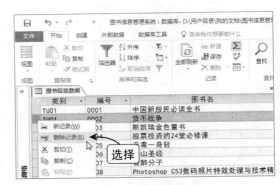

删除记录后将会永久从数据表中删除该数据，不能通过撤销功能恢复。在删除记录时，将会打开对话框进行提示，如果单击"是"按钮，则将永久删除该记录，单击"否"按钮，将取消删除，如图15-11所示。

添加或删除记录可以使用快捷菜单，也可以使用工具组。选择需要添加的位置或删除的记录，在"开始"选项卡的"记录"工具组中单击"新建"按钮添加记录，单击"删除"按钮右侧的下拉按钮，选择"删除记录"选项删除记录，如图15-12所示。

图15-11　确认删除记录

图15-12　"记录"工具组

2．查找和替换数据

在Word中可以使用系统提供的查找和替换功能来修改文档，在Access中也可以使用查找和替换功能来修改数据表中的数据。

打开需要查找数据的数据表，在"开始"选项卡的"查找"工具组中单击"查找"按钮打开"查找和替换"对话框，如图15-13所示。

图15-13　打开"查找和替换"对话框

在"查找"选项卡下输入查找的内容进行查找，在"替换"选项卡下输入替换的内容进行替换，还可以设置匹配字段，搜索范围等，如图15-14所示。

图15-14　查找和替换

15.4　创建查询
掌握查询的创建和设计方法

要使用查询功能查询符合条件的数据记录，需要先创建一个查询，可以通过向导创建查询，也可以在设计视图模式下创建查询。

通过向导可以快速轻松地创建一个新的查询，在设计视图中能更加详细地设置查询的各个条件和对查询后的结果进行各种统计操作。

15.4.1 通过向导创建查询

使用向导的方式来创建查询，就是按照系统提示来逐步完成查询的创建，这种创建方法有利于初学者进行创建，也是最简单的方法。

下面在"员工信息"数据库中通过向导创建一个"员工管理"的查询为例，讲解通过向导创建查询的具体方法。

 操作演练：创建"员工管理"查询

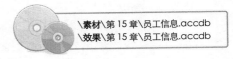
\素材\第 15 章\员工信息.accdb
\效果\第 15 章\员工信息.accdb

Step 01 打开"新建查询"对话框

打开"员工信息"数据库，在"创建"选项卡的"查询"工具组中单击"查询向导"按钮打开"新建查询"对话框。

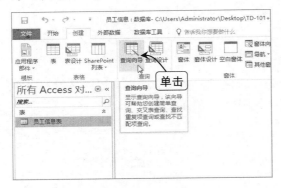

Step 02 选择查询的类型

在打开的"新建查询"对话框中选择"简单查询向导"选项，然后单击"确定"按钮。

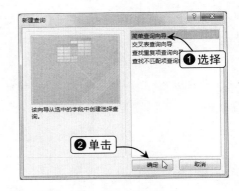

Step 03 添加可用字段

在"简单查询向导"对话框中的"表/查询"下拉列表框中选择"表：员工信息表"选项，在"可用字段："列表框中选择"姓名"选项，单击 > 按钮。

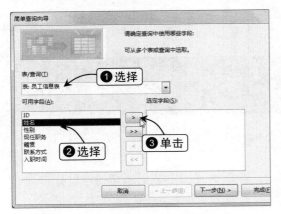

Step 04 添加其他字段

在"选定的字段"列表框中显示了"姓名"字段，然后继续选择需要的字段，单击 > 按钮将其移动到"选定的字段"列表框中，单击"下一步"按钮。

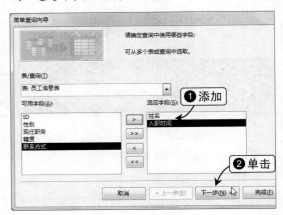

Step 05 输入查询名称

在打开的对话框中的"请为查询指定标题"文本框中输入"员工管理",其余设置保持默认不变,然后单击"完成"按钮。

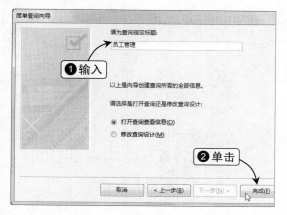

Step 06 完成操作

在对象列表中双击打开"员工管理"查询,在其中显示了创建的查询字段,完成操作。

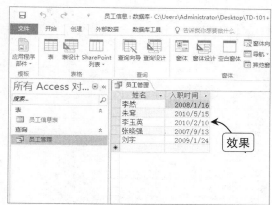

15.4.2 在设计视图模式中创建查询

在设计视图模式下创建查询时,可以按照用户自己的要求来进行创建。下面将在"费用明细"数据库中,通过设计视图创建一个"费用查询"的查询,了解在Access中通过设计视图创建查询的具体方法。

 操作演练:创建"费用查询"查询

\素材\第 15 章\费用明细.accdb
\效果\第 15 章\费用明细.accdb

Step 01 单击"查询设计"按钮

打开"费用明细"数据库,在"创建"选项卡的"查询"工具组中单击"查询设计"按钮。

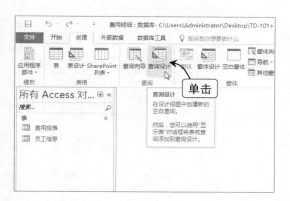

Step 02 添加数据表

在打开的"显示表"对话框中的"表"选项卡中选择"费用报表"选项,单击"添加"按钮,然后选择"员工信息"选项,单击"添加"按钮。

Step 03 添加关联

关闭"显示表"对话框，选择"费用报表"数据表中的"费用使用人"字段，拖动至"员工信息"数据表中的"姓名"字段，创建关联。

Step 05 添加其他查询字段

按照同样的方法，在其他行添加"费用类型"、"消费时间"等查询字段。

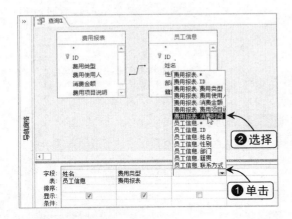

Step 07 查看查询

切换到"数据表视图"视图模式，在对象列表中双击"费用查询"选项，可以查看查询的结果。

提示
Attention

添加关联

在第 3 步中，添加关联是为了关联两个相同的字段，由于这里两个字段名不一样，因此需要手动添加。

Step 04 添加查询的第一个字段

在"查询1"窗口的下方窗格中，单击"字段"列表框右侧的下拉按钮，选择"员工信息：姓名"字段。

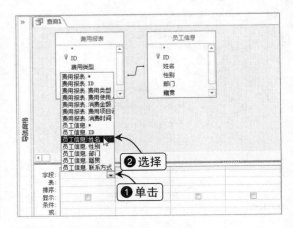

Step 06 保存查询

右击"查询1"标签，选择"保存"命令，在打开的"另存为"对话框中输入"费用查询"文本，单击"确定"按钮。

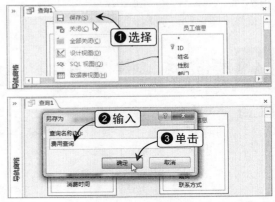

15.4.3 插入、删除及重新安排查询中的字段

要利用好查询设计器创建查询，除了需要掌握在查询设计视图中创建查询的基本方法，还需要对查询设计器有更加深入的了解。

在查询设计视图中可以进行基本操作包括添加和删除字段、对查询中的字段进行排序等，下面将分别进行介绍。

1．在查询中添加字段

要在查询中添加更多的字段，就是在查询中添加数据表，获取数据表中的字段。需要将视图模式切换到设计视图进行操作。

在设计视图中打开数据库中的查询，然后在"查询工具—设计"选项卡的"查询设置"工具组中单击"显示表"按钮，打开"显示表"对话框，在"表"选项卡的列表框中选择需要添加的数据表，然后单击"添加"按钮即可，如图15-15所示。

图15-15　为查询添加数据表

为查询添加了数据表之后，即可添加更多的查询字段。如果设计查询时，没有添加完数据表中的字段，则只需在下方的窗格中继续添加字段即可。

2．在查询中删除字段

删除数据表就相当于删除了有关该数据表的所有查询字段，在查询设计界面中的数据表中选择需要删除的字段名称，然后右击，在弹出的快捷菜单中选择"删除表"命令删除该数据表，就无法选择该表中的字段了，如图15-16所示。

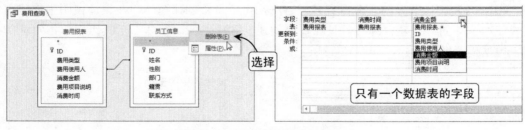

图15-16　删除查询中的数据表

如果只是删除某一个查询字段，则可在选择查询字段的窗格中选择需要删除的字段名称，按【Delete】键即可删除。

3. 对查询字段进行排列

为了在查询结果中得到的数据排列有一定的规律性，如从小到大排列，可以在查询中对字段数据进行排序，方便对数据的管理和统计。

在数据库中通过设计视图打开查询，在设计视图窗口中的查询字段下面的"排序"下拉列表框中选择"升序"或"降序"选项，对查询结果进行排序，如图15-17所示。

图15-17　对查询字段进行排序

15.5 | 创建 Access 的其他对象
掌握窗体和报表的方法

窗体也是Access中常用的对象，可以录入数据和控制程序。报表多用于财务管理，将所需的信息打印存档。下面就来介绍创建易于使用的窗体和便于查阅的报表。

15.5.1 通过向导创建窗体

窗体的内容来源可以是表，也可以是查询。窗体和窗体所依据的表和查询是相互关联的，当更改了表和查询中的数据信息后，窗体中显示的内容也将发生改变，反之亦然。

在窗体中还能使用多个子窗体来显示更多的数据表。子窗体往往用来处理相互关联的表，某表中的字段与其他表中的字段相互关联时就使用子窗体。

在Access 2016中，创建窗体有多种方法，可以直接创建窗体、在设计视图中创建窗体或者使用窗体向导创建窗体等，只需在"创建"选项卡的"窗体"工具组中单击对应的按钮，根据提示即可创建，如图15-18所示。

图15-18　创建窗体

使用窗体向导时，Access会对创建的每个环节进行提示，用户只需进行简单的设置就能创建一个窗体，这种方法适用于较简单的窗体创建，并且能加快窗体的创建过程。

下面将在"联系人"数据库中通过向导创建一个"联系信息"的窗体，了解通过向导创建窗体的具体方法。

 操作演练：创建"联系信息"窗体

\素材\第 15 章\联系人.accdb
\效果\第 15 章\联系人.accdb

Step 01 单击"窗体向导"按钮

打开"联系人"数据库，然后单击"创建"选项卡"窗体"工具组中的"窗体向导"按钮。

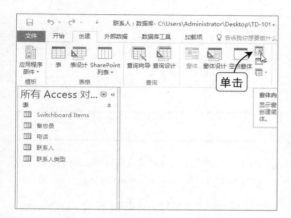

Step 02 添加窗体字段

在"窗体向导"对话框的"表/查询"下拉列表框中选择"表：联系人"选项，在"可用字段"列表框中选择"姓氏"选项，然后单击 ⊵ 按钮。

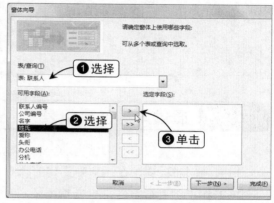

Step 03 添加窗体其他字段

选择的"姓氏"字段将添加到"选定字段"列表框中，用同样的方法添加其他需要添加的字段，完成后单击"下一步"按钮。

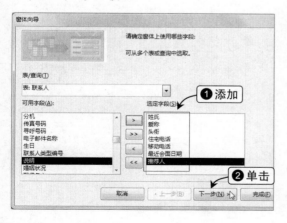

Step 04 选择窗体布局

在打开的"请确定窗体使用的布局"对话框中选择窗体使用的布局，这里选中"纵栏表"单选按钮，然后单击"下一步"按钮。

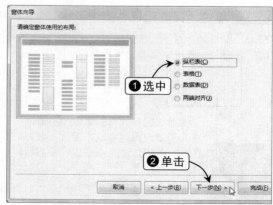

Step 05 设置窗体标题

在"请为窗体指定标题"文本框中输入"联系信息"文本，其他选项保持默认设置，单击"完成"按钮。

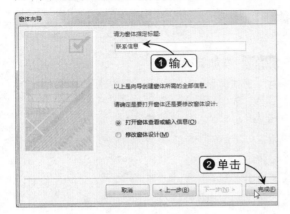

Step 06 完成窗体创建

在返回的Access窗口的对象列表中即可看到所创建的窗体，在右侧窗格中可查看窗体的内容。

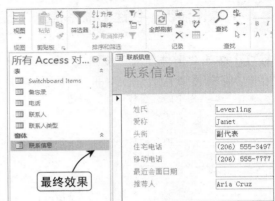

15.5.2 通过向导创建报表

通过向导创建报表是最常用的一种创建报表方式，不仅适合初学者，有经验的人员也会使用向导创建报表，在用向导创建的报表上再加以修改达到报表的使用要求。

下面在"图书信息管理"数据库中通过向导创建一个"图书信息"报表介绍在Access中创建报表的基本方法。

 操作演练：创建"图书信息"报表

\素材\第 15 章\图书信息管理.accdb
\效果\第 15 章\图书信息管理.accdb

Step 01 单击"报表向导"按钮

打开"图书信息管理"数据库，在"新建"选项卡的"报表"工具组中单击"报表向导"按钮。

创建报表

创建报表的方式与创建其他对象的方式基本一致，可以直接选择数据表进行创建，也可以在设计视图模式下进行创建。对于初学者来说，使用向导创建报表是最好的方法。

Step 02 添加报表字段

在"表/查询"下拉列表框中选择需要的表或查询，这里选择"表：图书信息数据"选项，然后在下面添加"图书名"、"作者"、"单价"等字段到"选定字段"列表框中，完成后单击"下一步"按钮。

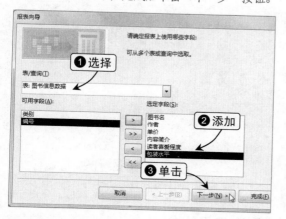

Step 03 添加分组级别

在打开的对话框中设置分组级别，选择"图书名"选项，单击 ▷ 按钮将其添加到分组级别。

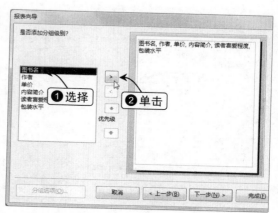

Step 04 单击"分组选项"按钮

最多可以添加4个分组级别，添加后在对话框中下面的"分组选项"按钮将从灰色变成可用状态，单击"分组选项"按钮打开"分组间隔"对话框。

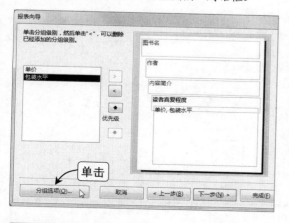

Step 05 设置分组字段和间隔

在"分组间隔"下拉列表框中为"图书名"字段设置间隔，单击下拉列表框右侧的下拉按钮，选择"两个首写字母"选项。

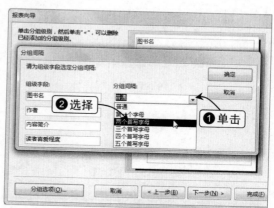

Step 06 设置其他字段的分组间隔

用同样的方法为组级字段中的其他字段设置分组间隔，单击"确定"按钮返回"报表向导"对话框，然后单击"下一步"按钮。

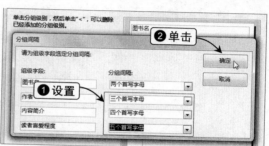

Step 07 设置字段的排序

在打开的对话框中选择对记录的排序方式，这里在"1"下拉列表框中选择"图书名"选项，单击"降序"按钮，在"2"下拉列表框中选择"单价"选项，然后单击"下一步"按钮。

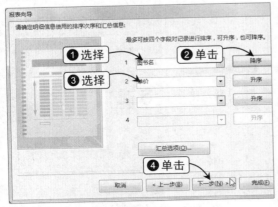

Step 08 设置报表的布局

在打开的对话框中设置报表的布局方式，这里选中"递阶"单选按钮，设置方向为"纵向"，然后单击"下一步"按钮。

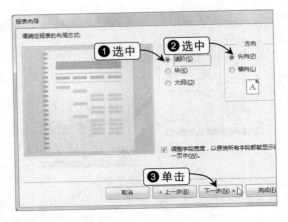

Step 09 设置字段的标题

在打开的对话框中设置报表的名称，默认的报表名称是报表基于数据表的名称，这里在文本框中输入"图书信息"文本，单击"完成"按钮完成操作。

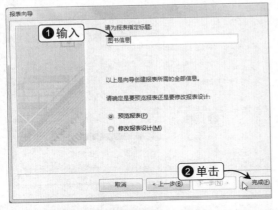

Step 10 查看效果

返回Access窗口，在对象列表中双击"图书信息"报表，在右侧窗格中查看报表效果。

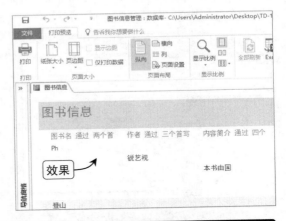

实战演练 制作"成绩管理"数据库

本章主要介绍了如何使用Access建立数据库的相关知识和技能操作，下面将通过创建"成绩管理"数据库为例进行综合应用，使用户巩固其相关操作。

所制作的"成绩管理"数据库，没有提供任何素材，要求创建数据库并录入数据及创建查询、窗体等对象进行成绩管理，综合运用Access的相关知识和技能。

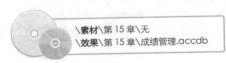

素材\第15章\无
效果\第15章\成绩管理.accdb

Step 01 创建数据库

运行Access 2016，选择"空白桌面数据库"选项，在打开的对话框中输入文件名称"成绩管理"，设置文件保存路径，然后单击"创建"按钮。

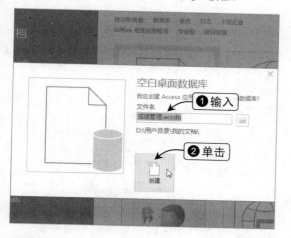

Step 02 设置字段名称和类别

双击"ID"字段，输入文本"编号"，然后单击"单击以添加"文本，选择"短文本"选项，设置该字段的字段类型为"短文本"。

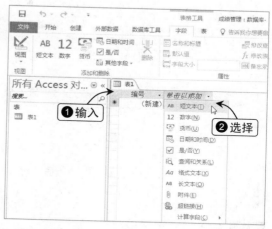

Step 03 添加其他字段

用同样的方法设置其他字段的类型，并输入字段名称，如"学号"、"姓名"、"性别"等字段。

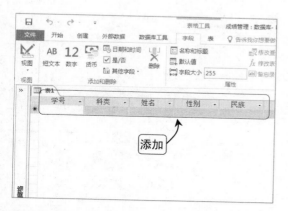

Step 04 保存数据表

单击快速访问工具栏中的"保存"按钮，在打开的对话框中输入数据表的名称"学生信息表"，然后单击"确定"按钮。

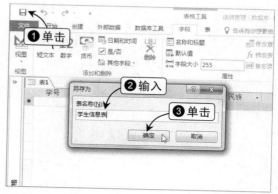

Step 05 单击"表"按钮

单击"新建"选项卡，在"表格"工具组中单击"表"按钮，新建一张空白数据表。先创建所需的数据表，然后在数据表中添加数据。

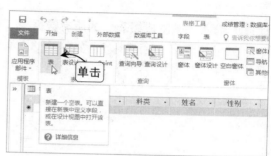

Step 06 设置"表1"数据表的字段

在新建的"表1"数据表中设置字段类型并输入字段，如"姓名"、"科类"、"语文成绩"等字段。

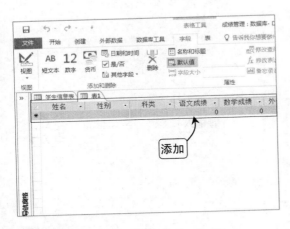

Step 07 保存新建的数据表

右击"表1"标签，选择"保存"命令，在打开的"另存为"对话框中输入表的名称"学生成绩表"，然后单击"确定"按钮。

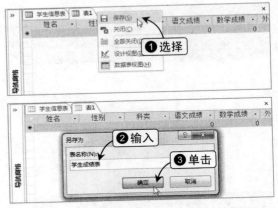

Step 08 输入第一个记录

此时两张数据表都是打开状态，单击"学生信息表"数据表标签，选择"学号"字段下的第一个单元格，输入"CD001"。

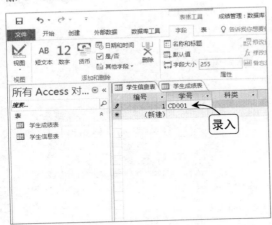

Step 09 输入"学生信息表"的所有数据

按【Tab】键将插入点定位到已输入记录的右侧，输入字段对应的记录。在"学生信息表"中录入所有需要的记录。

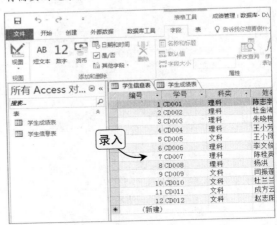

Step 10 输入"学生成绩表"的所有数据

单击"学生成绩表"数据表标签，在其中输入所有的数据。当字段类型设为数字时，没有成绩的可以不用输入，程序会直接输入0。

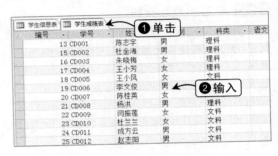

Step 11 单击"查询设计"按钮

在打开对象的标签处右击，选择"全部关闭"命令，将打开的数据表关闭。然后在"创建"选项卡的"查询"工具组中单击"查询设计"按钮。

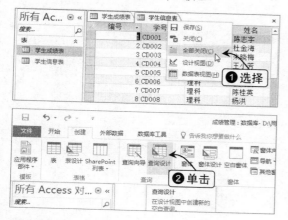

Step 12 添加数据表

在"显示表"对话框的"表"选项卡下，按住【Ctrl】键选中两张表，单击"添加"按钮，然后关闭"显示表"对话框。

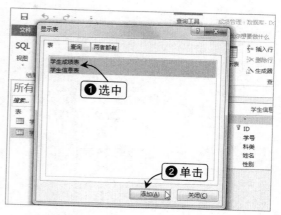

Step 13 添加字段

为"查询1"窗格中的数据表添加关联，然后在下方窗格中，单击"字段"右侧单元格中的下拉按钮，选择"学生信息表.编号"选项。

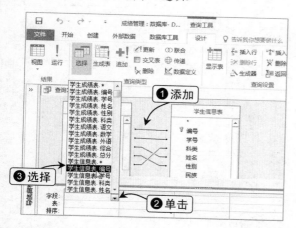

Step 14 添加其他字段

用同样的方法添加其他需要查询的字段，分别是"学号"、"姓名"、"性别"、"科类"、"总分"和"联系方式"几个字段。

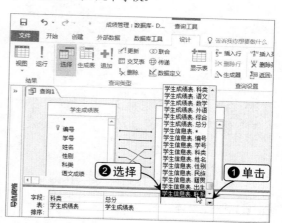

Step 15 设置总分排序

在添加的"总分"字段下方对应的排序单元格中，单击下拉列表框右侧的下拉按钮，选择"降序"选项，让总分从高到低排列。

提示 Attention

筛选数据
如果要在查询的数据表中筛选出指定数据，则可在定义字段窗格下方的条件单元格中进行设置。

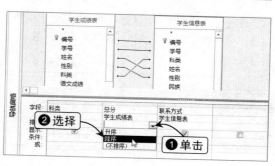

Step 16 保存查询

设置完成后，单击快速访问工具栏中的"保存"按钮，在打开的对话框中设置查询的名称为"成绩查询"，然后单击"确定"按钮。

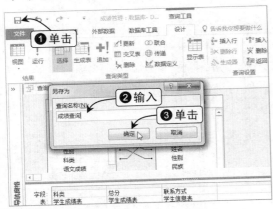

Step 17 查看查询结果

在"查询工具—设计"选项卡的"结果"工具组中单击"运行"按钮，将创建的查询切换到数据表视图，运行查询的结果。

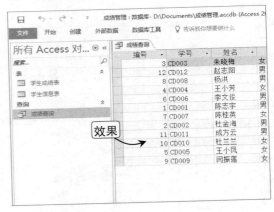

Step 18 单击"窗体"按钮

关闭打开的"成绩查询"查询，在对象列表中选择"学生成绩表"选项，然后在"创建"选项卡的"窗体"工具组中单击"窗体"按钮。

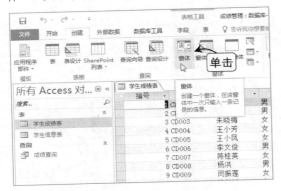

Step 19 设置窗体主题

在"窗体布局工具—设计"选项卡中的"主题"工具组中单击"主题"下拉按钮，在弹出的下拉菜单中为窗体选择"平面"选项作为窗体的主题样式。

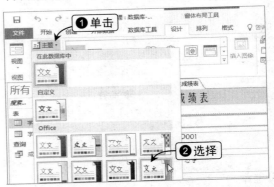

Step 20 保存窗体

设置完成后，单击快速访问工具栏上的"保存"按钮，在打开的"另存为"对话框中输入"学生成绩"文本（默认为数据表的名称），然后单击"确定"按钮。

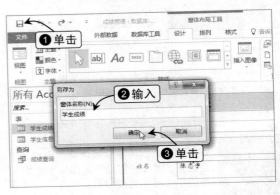

提示 Attention

设计窗体

除了为窗体应用主题外，在"窗体布局工具"选项卡组下，可以自定义设置窗体的页眉页脚和字体格式等。

Step 21 切换视图模式

在"窗体布局工具—设计"选项卡中的"视图"工具组的"视图"下拉列表中为窗体选择"窗体视图"选项，将窗体切换到窗体视图模式，查看窗体的效果。

Step 22 关闭窗体

在"学生成绩"窗体的标签上右击，选择"关闭"命令关闭该窗体，并关闭"学生成绩表"。

Step 23 单击"报表"按钮

在对象列表窗格中选择"成绩查询"查询，然后在"创建"选项卡的"报表"工具组中单击"报表"按钮。

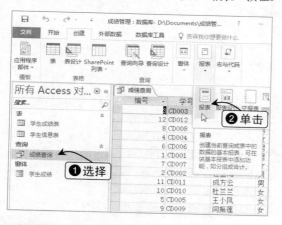

Step 24 设置报表主题

在"报表布局工具—设计"选项卡的"主题"工具组中单击"主题"按钮，选择"离子"选项作为报表主题。

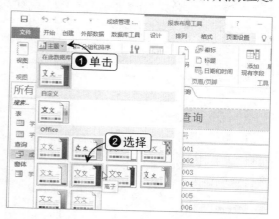

Step 25 调整单元格的长度

在报表中将鼠标光标移动到单元格的右侧边框上，待鼠标光标变成双箭头形状，按住鼠标不放，拖动鼠标调整单元格的高度和宽度。

提示
Attention

页面设置

报表是要打印给读者观看的，可在"报表布局工具—页面设置"选项卡下设置页面的大小和布局。

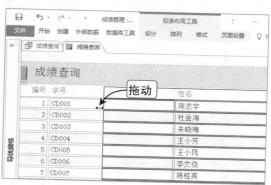

Step 26 为表头添加底纹

在表头字段的左侧空白位置单击鼠标左键，选中表头所在的行，然后在"格式"选项卡的"字体"工具组中单击"底纹"按钮右侧的下拉按钮，选择合适的颜色作为底纹。

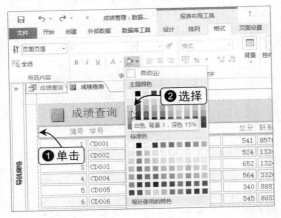

Step 27 保存报表

设置完成后，单击快速访问工具栏上的"保存"按钮，在打开的"另存为"对话框中输入"成绩查询报表"文本，然后单击"确定"按钮。

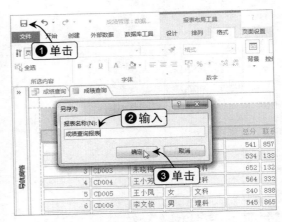

Step 28 切换视图模式

在"报表布局工具—设计"选项卡中的"视图"工具组的"视图"下拉列表中为报表选择"报表视图"命令，将窗口切换到报表视图模式。

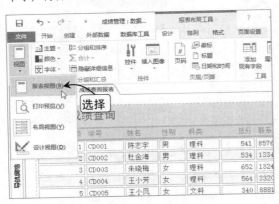

Step 29 完成操作

在报表视图模式下查看所创建的"成绩查询报表"的效果，完成"成绩管理"数据库的制作。

成绩查询						
编号	学号	姓名	性别	科类	总分	联系方式
1	CD001	陈志宇	男	理科	541	857612××
2	CD002	杜金海	男	理科	534	133485××
3	CD003	朱晓梅	女	理科	652	132455××
4	CD004	王小芳	女	理科	564	332012××
5	CD005	王小凤	女	文科	340	888151××
6	CD006	李文俊	男	理科	545	865323××
7	CD007	陈桂英	女	理科	540	677722××
8	CD008	杨洪	男	理科	602	123562××
9	CD009	同振莲	女	文科	327	123987××
10	CD010	杜兰兰	女	文科	497	123465××
11	CD011	成万云	男	文科	506	121213××
12	CD012	赵志阳	男	文科	640	156050××

第16章

Office 2016 的其他组件及其应用

OneDrive 欢迎界面

下载模板出版物

在出版物中输入文字

Skype for Business 登录界面

16.1 在 OneDrive 应用中共享文件

了解登录 OneDrive 桌面应用与在其中共享文件的方法

　　Microsoft OneDrive是用户的Microsoft账户附带的免费在线存储服务，它就如同一块额外的硬盘，用户可以从自己使用的任意设备对其进行访问。不再需要通过电子邮件将文件发送给自己或存储在随身携带的U盘中。

　　无论是在笔记本电脑上处理演示文稿，在平板电脑上查看上次全家度假的照片，还是在手机上分析购物清单，都可以在OneDrive中访问自己的文件。

　　掌握OneDrive的使用方法可谓是轻而易举，用户可以将自己电脑上的现有文件添加到OneDrive中，直接将文件从电脑复制或移动到OneDrive中即可。同时，保存新文件时，可以选择将它们保存到OneDrive，以便你可以从任何设备访问它们并与其他人共享。

　　如果所使用的电脑具有内置摄像头，则还可以自动将本机照片中的照片副本保存到OneDrive，这样就可以使自己始终都拥有备份文件。

16.1.1 登录 Microsoft OneDrive 桌面应用

　　如果用户之前经常使用浏览器在SkyDrive云端存储和共享文件，则现在可以使用OneDrive桌面应用来简化这些操作。

　　OneDrive桌面应用能在电脑之间自动同步文件且对电脑系统没有统一的要求，可以包括Window 10、Windows 8、Windows 7及Mac OS等系统。

 操作演练：登录到OneDrive桌面应用

Step 01 启动 OneDrive

启动OneDrive，在打开的"欢迎使用OneDrive"对话框中单击"登录"按钮。

启动 OneDrive

在安装 Office 2016 时，会自动安装 OneDrive 桌面应用组件，然后用户可以直接使用启动 Word 2016 一样的方式启动 OneDrive。

Step 02 输入 Microsoft 账号和密码

在打开的"登录"对话框中，输入已有的Microsoft账号和密码，然后单击"登录"按钮。

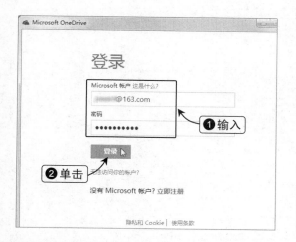

Step 03 设置 OneDrive 文件夹的位置

OneDrive文件夹默认情况下位于C盘，如果不需要更改，则可以直接单击"下一步"按钮；如果需要更改，则可以单击"更改位置"超链接后在打开的对话框中选择一个适合的存放位置。

Step 04 设置需要同步的文件

在打开的对话框中设置需要同步的文件夹，一般情况下为全选，单击"下一步"按钮。

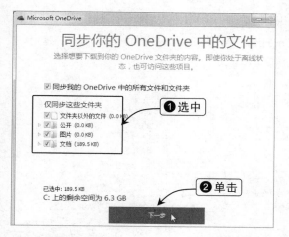

Step 05 完成登录

此时已经成功登录OneDrive桌面应用，单击对话框中的"打开我的OneDrive文件夹"按钮，即可查看OneDrive中的文件夹。

16.1.2 将文件移动到 OneDrive 中

如果用户的文件位于OneDrive中，即使自己的电脑出现问题，也可以从任何设备访问这些文件。同时，可以直接访问OneDrive网站，也可以使用某个Android、iOS或Windows Phone移动应用对OneDrive进行访问。

接下来，我们就需要先将本地中的文件移动到OneDrive中。操作很简单，只需要将要移动的文件拖动到OneDrive应用的文件夹中即可，图16-1所示为将文件移动到OneDrive的相应文件夹中。

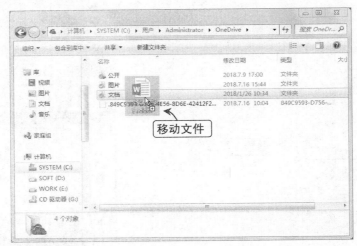

图16-1　将文件移动到OneDrive的相应文件夹中

16.1.3 使用电脑平台上的 OneDrive 共享文件

使用OneDrive共享文件比在家庭网络中设置文件共享简单得多，而且比通过电子邮件发送文件或将其保存到U盘中随身携带更加容易整理且效率更高。

只需要将要进行共享的目标文件移动到OneDrive中，然后在该文件上右击，在弹出的快捷菜单中选择"共享OneDrive链接"命令就可以共享文件，如图16-2所示。

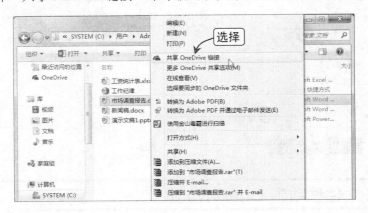

图16-2　在OneDrive共享文件

此时，已经获取了共享链接，在电脑右下角的OneDrive缩略图中可以查看到"你的链接可以粘贴"的提示对话框，如图16-3所示。我们只需要将获取的链接通过网络发送给他人，即可实现文件共享。

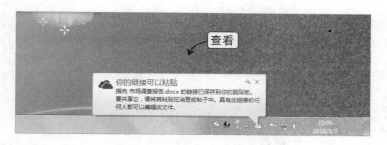

图16-3　获取到文件的共享链接

16.1.4　使用手机平台上的 OneDrive 共享文件

由于我们不是随时都在电脑面前处理文件，如果遇到在外地或者电脑没有网路的情况时，则可以选择使用手机平台来处理。此时，需要先在手机平台上安装OneDrive，然后就可以通过访问OneDrive手机应用对文件进行下载、查看与上载。

 操作演练：在安卓平台上安装OneDrive并查看文件

Step 01 下载 OneDrive 手机客户端

进入手机应用市场，在其中搜索OneDrive，然后在搜索列表中选择OneDrive，点击"下载"按钮进行下载安装，安装成功后将其打开。

Step 02 进入 OneDrive 手机客户端

进入欢迎界面后，滑动屏幕到登录页面，点击"登录"按钮。

Step 03 登录 OneDrive

在打开登录页面中，输入Microsoft账号和密码，点击"登录"按钮（在各平台中，Microsoft账户可以通用）。

Step 04 查看共享文件

此时，可以成功登录到OneDrive中，单击"已共享"超链接，可以进入到OneDrive的共享页面中，即可查看到我们已经共享的文件。

16.2 | 用 Publisher 创建出版物
了解在 Publisher 2013 中创建并设计出版物的方法

　　Microsoft Office Publisher是Publisher的全称，是微软公司发行的桌面出版应用软件，提供了强大的页面元素控制功能。在不使用专业的页面布局软件时，用Publisher可以解决企业发布和营销材料方案，创建具有影响力的专业出版物。

16.2.1 创建出版物

　　使用Publisher可以创建空白出版物和创建模板出版物，下面分别介绍这两种方式创建出版物的具体方法。

1. 创建空白出版物

　　启动Publisher 2016，系统默认的空白出版物有很多种，如创建一个页面格式为"A4、纵向"的空白出版物，或者创建一个页面格式为"A4、横向"的空白出版物，用户也可选择"更多的空白页面大小"选项，选择更多的空白页面类型。

　　下面将以创建一个名为"贺卡"的出版物为例，讲解创建空白出版物并自定义页面格式的具体操作方法。

操作演练：创建"贺卡"空白出版物

\素材\第16章\无
\效果\第16章\贺卡.pub

Step 01 展开标准尺寸页面

启动Publisher 2016应用程序，在主页的模板列表中选择"更多空白页面大小"选项。

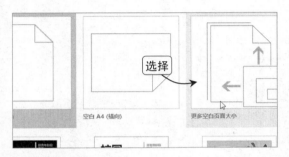

Step 02 打开"新建页面尺寸"对话框

在展开的页面中的"自定义"栏中选择"创建新页面尺寸"选项打开"新建页面尺寸"对话框（如果要使用标准尺寸，直接选择对应的尺寸选项即可）。

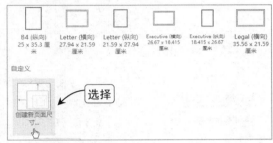

Step 03 设置页面尺寸

在打开的对话框的"名称"文本框中输入"贺卡"，在"页面"栏中将宽度和高度分别设置为"16"和"9"厘米，然后设置边距参考线的上下距离为1.2厘米，左右距离为1厘米，单击"确定"按钮。

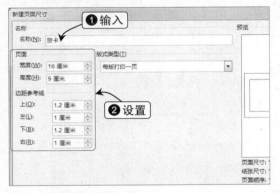

Step 04 自定义配色方案

在返回的页面的右侧单击"配色方案"下拉列表框右侧的下拉按钮，在弹出的下拉列表中选择"彩虹"选项。

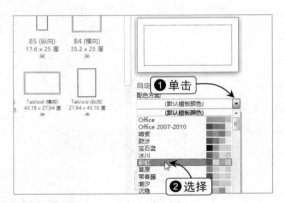

Step 05 自定义字体方案

单击"字体方案"下拉列表框右侧的下拉按钮，在弹出的下拉列表中选择"活力"选项。

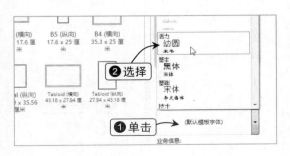

Step 06 完成操作

单击"创建"按钮按指定尺寸和格式创建一个出版物，然后在快速访问工具栏中单击"保存"按钮，将其保存为"贺卡"，完成整个操作。

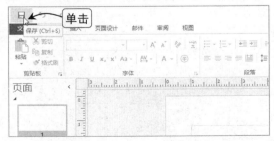

2．根据模板创建出版物

通过模板可以快速创建出版物，只需要更改出版物的内容即可，这对初学者或时间比较急的用户非常有用。

Publisher 2016为用户提供了很多类型的模板，直接在Publisher主页中选择模版类型，如选择"信纸"模板，创建后只需稍做更改即可使用，如图16-4所示。

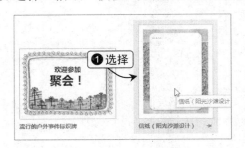

图16-4 创建模板出版物

16.2.2 在出版物中录入文字

根据模板创建的出版物，用户只需在对应位置修改占位文字，即可得到需要的效果，如图16-5所示。

图16-5 在模板出版物中输入文字

如果用户创建的是空白出版物，此时不能直接在方框中输入文字，则只能借助于文本框来实现，其具体操作与在Word、PowerPoint等软件中的操作类似。在"插入"选项卡的"文本"工具组中单击"绘制文本框"按钮，待鼠标光标变成十字形状，绘制一个文本框，在文本框中即可输入文字，如图16-6所示。

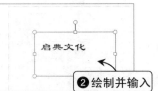

图16-6 绘制文本框并输入文字

16.2.3 在出版物中使用对象

在Publisher 2016中也可以插入表格、图片等对象，这些对象的插入也是在"插入"选项卡下的对应工具组中进行选择的，如图16-7所示。

图16-7 "插入"选项卡

在Publisher中也有独特的对象，在"插入"选项卡的"构建基块"工具组中，可以插入页面部件、日历、边框和强调线等基块。通过单击对应的按钮进行选择，如图16-8所示。

图16-8 插入基块

16.3 企业专用组件
了解 Skype for Business 和 OneDrive for Business 的配置方法

Skype for Business和OneDrive for Business都是企业级用户使用的组件，前者是企业进行即时通信的软件，后者需要配合SharePoint服务器使用，本节将简单介绍一下这些组件的使用方法。

1. Skype for Business

Skype for Business是微软企业级统一通信软件，主要有即时消息、视频会议等协同办公功能，Skype for Business只能注册企业账号。

在Office 2016组件中提供了Skype for Business的客户端，只有在企业内部必须部署了Skype for Business Server服务器，客户端才可以使用。登录账户后，就和平时使用的MSN、QQ等即时通信软件类似。

运行Skype for Business，首先会打开如图16-9所示的页面，在其中可以依次查看到快速取得联系、通过及时消息简单交流、"通话"功能的使用、在线召开会议等技巧，如果不需要查看这些技巧，可以直接单击页面右上角的"暂时跳过"超链接。

图16-9　查看Skype for Business使用技巧的介绍

其次进入登录界面，如图16-9所示，输入正确的登录地址与密码（登录地址不是Skype用户账号与Microsoft账号），单击"登录"按钮即可连接到公司的Skype for Business Serve服务器，与公司其他Skype for Business客户端进行通信，如图16-10所示。

在登录界面单击"选项"按钮，打开"Skype for Business-选项"对话框，如图16-11所示。

图16-10　Skype for Business登录界面

图16-11　打开"Skype for Business-选项"对话框

单击"个人"选项卡，然后单击"高级"按钮，打开"高级连接设置"对话框。如果是在公司内部登录客户端，则可以选中对话框的"自动配置"单选按钮，将根据用户输入的账户自动配置企业服务器；如果是在公司外部登录客户端，则可以选中"手动配置"单选按钮，输入内部服务器和外部服务器的名称进行配置，如图16-12所示。

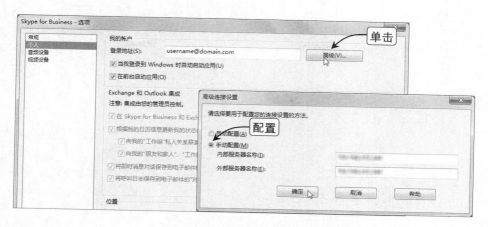

图16-12　配置Skype for Business

2. OneDrive for Business

OneDrive for Business可以将SharePoint文档同步到用户的电脑上，可以像使用Microsoft OneDrive进行连接一样使用该内容。

如果用户仅仅使用OneDrive来存储照片、音乐和文档，但只有一个账户，则普通的Microsoft OneDrive就是比较合适的。Microsoft OneDrive是为个人用户打造的组件，可灵活跨越各种设备和操作系统。

OneDrive for Business则是另一个定位，它不适合个人用户，主要是为企业用户设计的。如果用户需要使用大量不同的账户，并有大规模的数据存储需要，则在容量和功能上OneDrive for Business都是最好的选择。

运行OneDrive for Business，在打开的对话框中输入SharePoint的文件库地址，即可单击"立即同步"按钮将SharePoint中的文件库同步到本地电脑上，如图16-13所示。

图16-13　OneDrive for Business界面

由于Skype for Business和OneDrive for Business使用时需要企业服务器，个人用户一般无法使用，此时可将其卸载。

第 17 章

综合案例详解

个人简历

员工工资表

产品销量分析表

公司简介之公司理念

17.1 Word 综合案例
应用 Word 的编辑和排版知识制作综合案例

本节将针对Word的文档的编辑和排版方法，以制作各类实际案例的形式进行综合运用，包括制作个人简历和数学教案两个案例。

17.1.1 制作个人简历

简历，是对个人学历、经历、特长、爱好及其他有关情况所做的简明扼要的书面介绍。简历是个人形象，包括资历与能力的书面表述，是求职者必不可少的应用文体。

1. 实战制作目标

本案例将详细制作一个计算机信息管理方面的求职简历，可以根据简历信息了解投递者的基本信息，其最终效果如图17-1所示。

素材\第 17 章\照片.jpg
效果\第 17 章\个人简历.docx

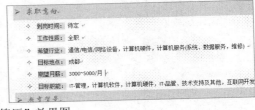

图17-1　"个人简历"效果图

2. 实战制作分析

在案例的制作过程中，将由浅入深地穿插各种Word知识，通过案例的制作也将回顾与巩固前面学习的各项知识，具体流程如图17-2所示。

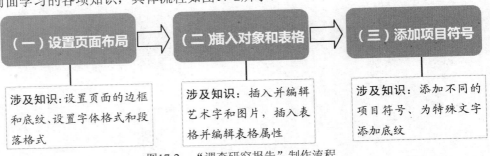

图17-2　"调查研究报告"制作流程

3. 实战制作详解

制作"个人简历"文档的具体操作如下:

 （一）设置页面布局

Step 01 设置文档的页面

创建空白文档并保存为"个人简历"，在"页面布局"选项卡单击"对话框启动器"按钮，打开"页面设置"对话框，设置页面边距上下左右均为2厘米，其他设置保持默认，按【Enter】键确认设置。

Step 02 设置页面填充效果

在"设计"选项卡的"页面背景"工具组中单击"页面颜色"下拉按钮，选择"填充效果"命令，在对话框中单击"图案"选项卡，选择图案并设置颜色为"蓝色，个性色1，淡色60%"，按【Enter】键。

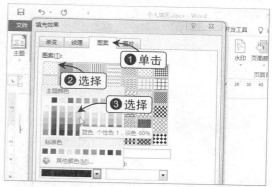

Step 03 设置页面边框

在"页面背景"工具组中单击"页面边框"按钮，在打开对话框的"页面边框"选项卡下，设置颜色为"蓝色，个性色1"，选择合适的艺术型边框样式，然后单击"确定"按钮。

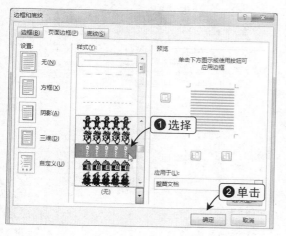

Step 04 设置正文的格式

在文本插入点按【Enter】键添加段落，选中这些段落，将字体格式设置为"宋体，五号"，在"段落"工具组中单击"对话框启动器"按钮，设置段落间距为"1.5倍行距"，按【Enter】键。

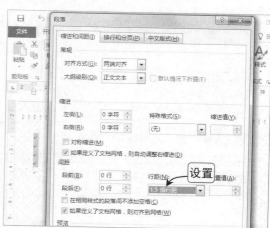

（二）插入对象和表格

Step 01 插入艺术字

将文本插入点定位到第一行，在"插入"选项卡的"文本"工具组中单击"艺术字"下拉按钮，选择"填充—黑色1，轮廓—背景1，清晰阴影—个性色1"选项。输入"个人简历"作为艺术字内容，设置艺术字的字体格式为"方正硬笔行书简体，一号"，颜色为"蓝色，个性色1，深色50%"。选择文本框将布局设置为"嵌入型"，文本框的对齐方式为"居中"。

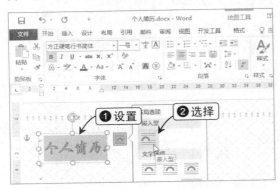

Step 02 输入内容并插入表格

在下一个文本插入点出输入"个人信息"文本，将鼠标光标定位到其下一个文本插入点处，插入一个9列4行的表格，将表格中的内容的段落格式设置为"单倍行距"。然后在"表格工具—布局"选项卡的"对齐方式"工具组中单击"水平居中"按钮。

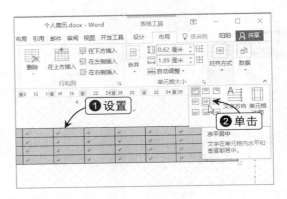

Step 03 设置表格的行高

选中整张表格，单击"表格工具—布局"选项卡"表"工具组中的"属性"按钮，在打开的对话框中单击"行"选项卡，设置固定行高为"0.8"厘米，然后根据需要合并或删除一些单元格。

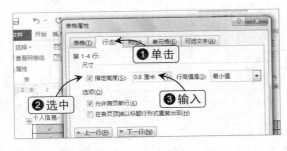

Step 04 输入表格内容

在表格中输入表格内容，并将输入的主题字段设置字体格式为"加粗"，根据表格内容调整表格。

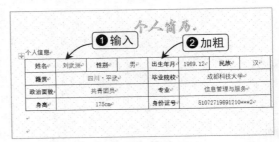

Step 05 打开"插入图片"对话框

将文本插入点定位到表格中最右侧的合并的单元格，然后单击"插入"选项卡，在"插图"工具组中单击"图片"按钮打开"插入图片"对话框。

Step 06 删除图片背景

在打开的对话框中选择需要插入的图片，插入图片后，在"图片工具—格式"选项卡的"调整"工具组中单击"删除背景"按钮，添加标记删除图片背景。

Step 07 为图片添加底纹

选中删除背景后的图片，在"开始"选项卡的"字体"工具组中单击"以不同颜色突出显示文本"按钮右侧的下拉按钮，选择"红色"选项。

（三）添加项目符号

Step 01 添加项目符号

选中"个人信息"文本，将其字体格式设置为"方正启体简体，小三，蓝色"，然后在"段落"工具组中单击"项目符号"按钮右侧的下拉按钮，选择一种项目符号。

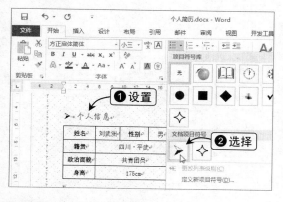

Step 02 为段落设置底纹

保持选中"个人信息"文本，在"设计"选项卡的"页面背景"工具组中单击"页面边框"按钮，在打开的对话框中单击"底纹"选项卡，设置底纹的颜色为"绿色，个性色6，淡色60%"，应用于段落。

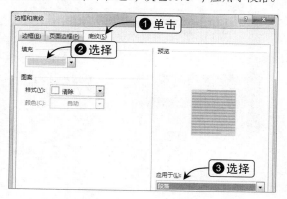

Step 03 为其他段落添加项目符号

输入其他内容，并用格式刷复制格式到同类的段落中，设置表格前一行和后一行的间距为"固定值，5磅"，选择其他需要设置项目符号的段落，在弹出的迷你工具栏中单击"项目符号"按钮右侧的下拉按钮，选择不同的项目符号，为最后一个项目"工作经历"设置项目编号。

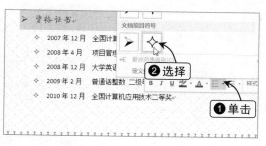

Step 04 为特殊文字添加底纹

在简历的"求职意向"项目下，按住【Alt】键选中需要添加底纹的矩形区域，然后在"字体"工具组中单击"字符底纹"按钮。用同样的方法为其他需要添加底纹的文字添加底纹。

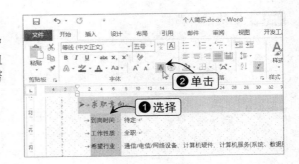

17.1.2 编辑数学教案

教案是教师上课的重要依据，包括教材分析、学习建议、教学过程等内容，可以帮助教师顺利有效地开展教学活动。

1. 实战制作目标

本案例将对已录入内容的"数学教案"文件进行编排操作，让文档内容更清晰、直观，突出教案的层次，以便教师合理地对课堂进行规划。"数学教案"的最终效果如图17-3所示。

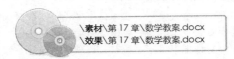

\素材\第 17 章\数学教案.docx
\效果\第 17 章\数学教案.docx

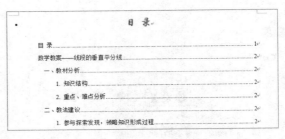
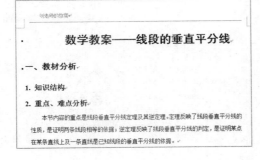
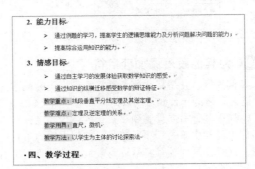

图17-3 "数学教案"最终效果

2. 实战制作分析

该案例主要用来进行课堂规划，保证课堂教学的有序进行。制作时要编辑字体样式快速设置大纲级别，待正文内容编排完成后，要制作目录和封面，然后插入页眉页脚，编辑"数学教案"的流程如图17-4所示。

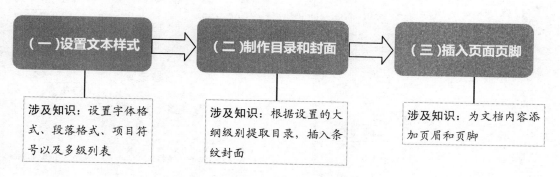

图17-4 编辑"数学教案"的流程

3. 实战制作详解

编辑"数学教案"文档的具体操作如下：

（一）设置文本样式

Step 01 打开"修改样式"对话框

打开"数学教案"文档，在"开始"选项卡的"样式"工具组中单击"对话框启动器"按钮，打开"样式"对话框。然后单击"标题1"样式右侧的下拉按钮，选择"修改"命令打开"修改样式"对话框。

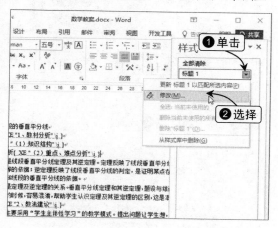

Step 02 设置字体格式

在打开的对话框中设置格式为"方正黑体简体，二号，加粗，居中"，然后单击"格式"按钮，选择"段落"命令打开"段落"对话框。

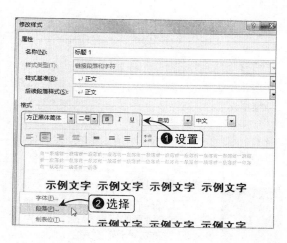

Step 03 设置段落格式

在打开的对话框中，将"间距"栏下"段前"和"段后"的数值框中的数值修改为"8磅"和"12磅"，行距设置为"单倍行距"，然后单击"确定"按钮。

Step 04 创建新样式

选择标题文本，在"样式"对话框中选择"标题1"选项，应用该样式。然后在"样式"对话框中单击"新建样式"按钮。

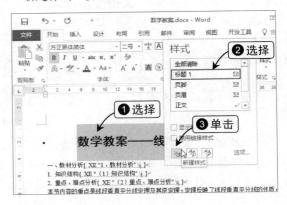

Step 05 设置新样式的格式

在打开的对话框中设置样式的名称为"标题2"，文字的格式为"方正黑体简体，三号，加粗，左对齐"，然后单击"格式"按钮，选择"段落"命令，设置段前段后的间距为"6磅"和"8磅"。

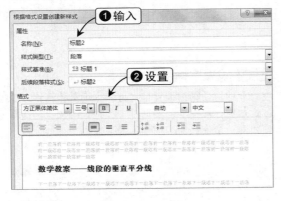

Step 06 设置正文的样式

在"样式"对话框中右击"正文"样式，选择"修改"命令，在打开的对话框中单击"格式"按钮，选择"段落"命令，将缩进设置为左右1个字符，设置首行缩进为2字符，行距为"1.5倍行距"。

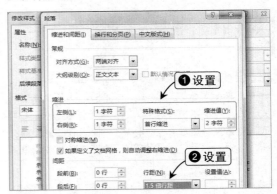

Step 07 添加"标题 3"样式

单击"新建样式"按钮，在打开的"修改样式"对话框中设置样式的名称为"标题3"，文字的格式为"宋体，四号，加粗，左对齐"，然后单击"格式"按钮，选择"段落"命令，设置大纲级别为3级，缩进和间距均为"0"，行距为"单倍行距"。

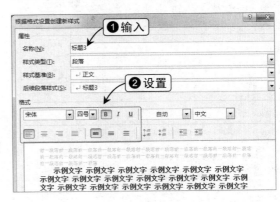

提示 Attention

样式设置顺序

设置了正文样式后，可能会导致该样式应用到已设置的标题样式，可以先设置正文样式，再设置标题样式。

Step 08 应用样式

选中需要应用样式的文本，在"样式"对话框中选择对应的样式。

Step 09 添加项目符号和编号

选中同类型的文本，在"段落"工具组中单击"项目符号"按钮右侧的下拉按钮，为所选内容添加项目符号，单击"项目编号"按钮右侧的下拉按钮，添加项目编号。

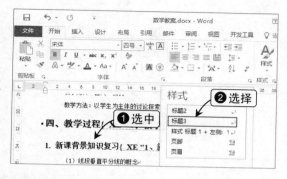

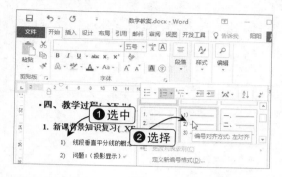

Step 10 标记特殊文字

选中需要标记的特殊文字，在"开始"选项卡的"字体"工具组中单击"字符底纹"按钮为其添加底纹。删除因添加项目符号或使用格式刷产生的多余字符，美化文档。

 （二）制作目录和封面

Step 01 插入空白页

将文本插入点定位到第一页的开头位置，在"插入"选项卡的"页面"工具组中单击"空白页"按钮，在该页前面插入空白页面。

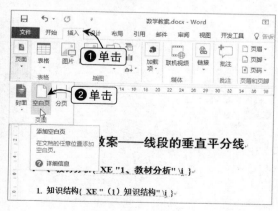

Step 02 打开"目录"对话框

在插入的空白页中输入"目　录"，按【Enter】键换行，然后在"引用"选项卡的"目录"工具组中单击"目录"下拉按钮，选择"自定义目录"命令。

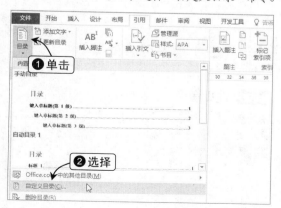

Step 03 设置目录样式

在打开的对话框中保持默认设置，然后单击"确定"按钮。

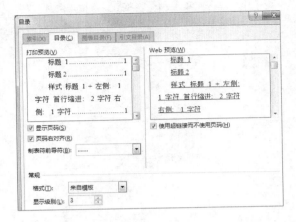

Step 04 目录效果

选中"目录"文字，将其格式设置为"方正启体简体，小二，蓝色，居中，加粗"，目录的格式保持默认。

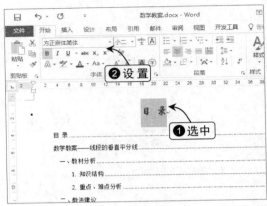

Step 05 插入封面

在"插入"选项卡的"页面"工具组中单击"封面"下拉按钮，选择"丝状"选项，设置为封面样式。

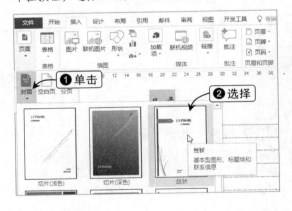

Step 06 在封面中输入内容

在插入的封面的占位符中输入文本内容，在"日期"占位符中插入日期。

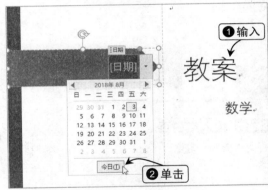

（三）插入页眉页脚

Step 01 选择命令

在"插入"选项卡的"页眉和页脚"工具组中单击"页眉"下拉按钮，选择"编辑页眉"选项，使页眉处于可编辑状态。

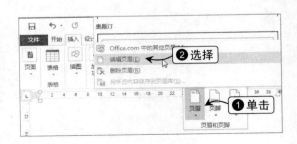

Step 02 设置首页相同

在"页眉和页脚工具—设计"选项卡的"选项"工具组中取消选中"首页不同"复选框,设置首页与正文相同的页眉。

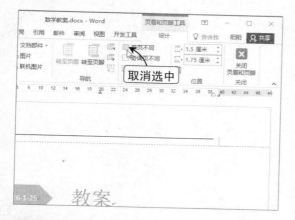

Step 03 编辑页眉

输入页眉内容"刘老师的教案",然后在"开始"选项卡的"段落"工具组中单击"左对齐"按钮,将页眉段落格式设置为左对齐。

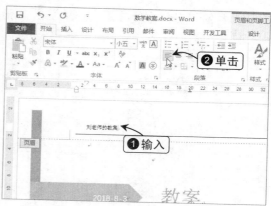

Step 04 插入页码

在"插入"选项卡的"页眉和页脚"工具组中单击"页码"下拉按钮,选择"页面底端/三角形2"选项。

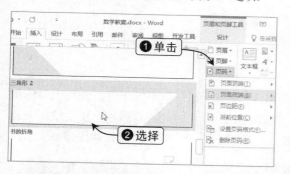

Step 05 设置封面没有页码

在打开的"页眉和页脚工具—设计"选项卡下,选中"选项"工具组中的"首页不同"复选框。

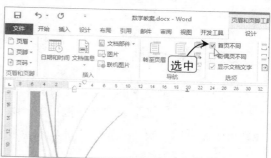

17.2 Excel 综合案例
应用 Excel 的数据处理和数据分析功能制作综合案例

Excel具有强大的数据存储、管理和分析能力,被广泛应用于人们的工作和生活中,本小节将以制作员工工资表和产品销量分析表为例,对Excel的相关知识进行综合应用。

17.2.1 制作员工工资表

员工的工资是公司员工一个月的收入,也是员工综合绩效的一种表现。制作员工工资表有利于企业对员工工资进行有效管理。

1. 实战制作目标

本案例制作的员工工资表主要是针对普通员工，工资的构成为基本工资加业务提成和公司补助（需要扣除社保和考勤金额）。同时，为方便领导分析员工的综合情况，还专列出了上月的工资，方便分析员工工资是上涨还是下降。"员工工资表"的效果图如图17-5所示。

素材\第 17 章\无
效果\第 17 章\员工工资表.xlsx

员工工资表								
员工编号	姓名	上月工资	基本工资	业务提成	公司补助	社保扣除	考勤扣除	应发工资	工资分析
LJ001	赵美晨	4590	1800	2784	200	300	0	4484	下降
LJ002	张玲	3823	1800	2279	200	0	0	4279	上涨
LJ003	杨慧峰	3500	1800	1821	200	300	0	3521	上涨
LJ004	薛子涵	2613	1800	1500	200	300	20	3180	上涨
LJ005	宋琦	4555	1800	2931	200	300	0	4631	上涨
LJ006	刘武洲	4874	1800	666	200	0	100	2566	下降
LJ007	刘欢	2900	1800	1549	200	300	0	3249	上涨
LJ008	李米琪	5816	1800	1051	200	300	50	2701	下降
LJ009	杜康	4623	1800	2000	200	300	50	3650	下降
LJ010	杜红梅	4270	1800	2944	200	300	0	4644	上涨
LJ011	陈志宇	4000	1800	2900	200	300	20	4580	上涨
LJ012	艾玲玲	3580	1800	2936	200	0	0	4936	上涨

图17-5　"员工工资表"效果图

2. 实战制作分析

本例将制作最基本的"员工工资表"工作表，主要用于记录员工的工资，并与上月的工资比较分析。员工工资表的制作过程中，除了设置表格的样式和录入数据外，还要使用公式计算员工应发的工资，工资是上涨还是下降等。"员工工资表"的制作流程如图17-6所示。

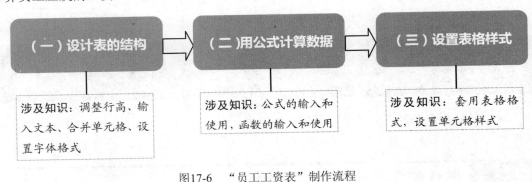

图17-6　"员工工资表"制作流程

3. 实战制作详解

制作"员工工资表"工作簿的具体操作如下：

（一）设计表的结构

Step 01 设置行高

新建空白工作簿，并保存为"员工工资表"，重命名"Sheet1"工作表为"2015年12月"。选择第1行，右击选择"行高"命令，将行高设置为"28.5"，用同样的方法将第2行的行高设为"20"，第3行到第14行的行高设置为"17.5"。

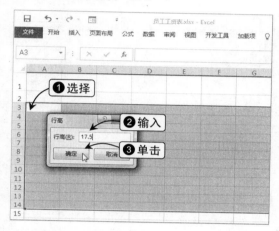

Step 02 设置标题文本

选择A1:J1单元格区域，在"开始"选项卡的"对齐方式"工具组中单击"合并后居中"按钮，然后输入标题文本"员工工资表"，设置标题文本的格式为"黑体，18"。

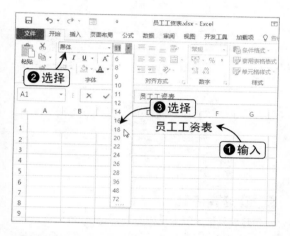

Step 03 输入表头文字

在A2:J2单元格区域中输入表头字段，然后将鼠标光标移动至第2行的行标处，选中该行，在"开始"选项卡的"对齐方式"工具组中单击"居中"按钮。

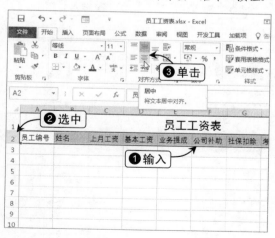

Step 04 录入其他内容

在"员工编号"字段下方单元格中输入"LJ001"，选中该单元格，拖动填充柄填充到"LJ012"，在其他单元格中输入表格内容，保持默认的格式。

员工编号	姓名	上月工资	基本工资	业务提成	公司补助	社保
LJ001	赵美晨	4590	1800	2784	200	
LJ002	张玲	3823	1800	2279	200	
LJ003	杨慧峰	3500	1800	1821	200	
LJ004	薛子涵	2613	1800	1500	200	
LJ005	宋琦	4555	1800	2931	200	
LJ006	刘武洲	4874	1800	666	200	
LJ007	刘欢	2900	1800	1549	200	
LJ008	李米琪	5816	1800	1051	200	
LJ009	杜康	4623	1800	2000	200	
LJ010	杜红梅	4270	1800	2944	200	
LJ011	陈志宇	4000	1800	2900	200	
LJ012	艾玲玲	3580	1800	2936	200	

2018年8月

（二）用公式计算数据

Step 01 输入公式

选择 I3 单元格，在编辑栏中输入"=SUM(D3:F3)-G3-H3"公式。

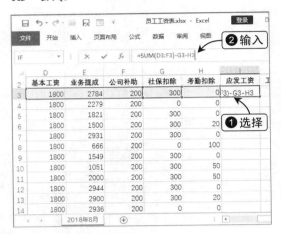

Step 02 计算员工的应发工资

输入公式后，按【Ctrl+Enter】组合键计算工资，然后使用填充柄填充公式，计算其他员工的应发工资。

Step 03 选择函数

选择 J3 单元格，单击"公式"选项卡，在"函数库"工具组中单击"逻辑"下拉按钮，选择"IF"选项。

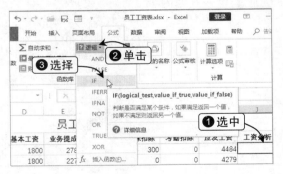

Step 04 编辑函数参数

在打开的"函数参数"对话框中对应的文本框中输入参数条件，然后单击"确定"按钮。

Step 05 分析其他员工

选中"J3"单元格，拖动填充柄填充到 J14 单元格，分析其他员工的工资情况。

提示
Attention

IF()函数的参数
例中没有工资持平的员工，可在对话框的"Value_if_false"的文本框中输入"'下降'"。

（三）设置表格样式

Step 01 设置标题样式

选中标题所在的A1单元格，在"开始"选项卡的"样式"工具组中单击"单元格样式"下拉按钮，在"标题"栏中选择"标题1"选项。

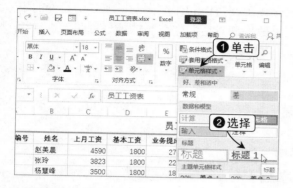

Step 02 选择突出显示规则

选择J3:J14单元格区域，在"样式"工具组中单击"条件格式"下拉按钮，选择"突出显示单元格规则"命令，在弹出的子菜单中选择"等于"命令。

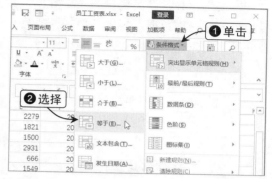

Step 03 设置格式

将文本插入点定位到"为等于以下值的单元格设置格式"文本框中，选择一个工资分析为"下降"的单元格，然后单击"确定"按钮。

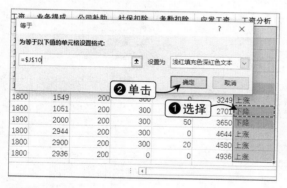

Step 04 套用表格格式

选择A2:J14单元格区域，在"样式"工具组中单击"套用表格格式"下拉按钮，选择"表样式浅色16"选项，为表格套用该样式。

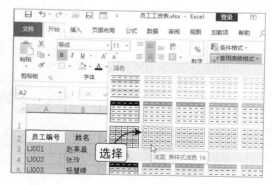

Step 05 转换为区域

在"表格工具—设计"选项卡的"工具"工具组中单击"转换为区域"按钮，然后单击"保存"按钮保存工作簿，完成操作。

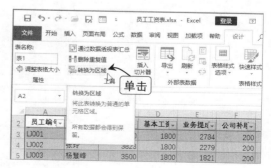

17.2.2　制作产品销量分析表

企业需要根据市场需求合理的生产产品，才能避免产品积压造成的损失。实时地对市场进行需求分析，统计以往产品的销量，可以帮助企业进行有效分析，保证良好的销量。

1．实战制作目标

本案例已具备产品销量的表格数据，需要在该工作簿中制作迷你图反映各个月份的销量趋势，并通过数据透视表图来轻松排列和汇总数据，然后制作产品销量分析图表进行综合分析，制作完成后的最终效果如图17-7所示。

　　\素材\第17章\产品销量分析表.xlsx
　　\效果\第17章\产品销量分析表.xlsx

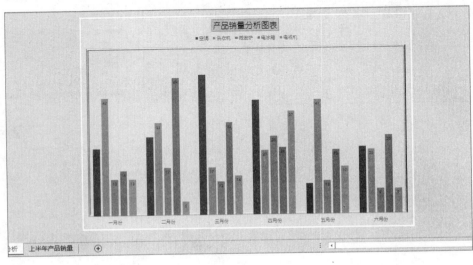

图17-7　"产品销量分析表"效果图

2. 实战制作分析

制作"产品销量分析表"主要根据已采集到的数据，先为各个产品制作迷你图，观察各个月份的销量变化，再制作数据透视表进行数据统计，最后制作图表。各个流程及涉及的知识分析如图17-8所示。

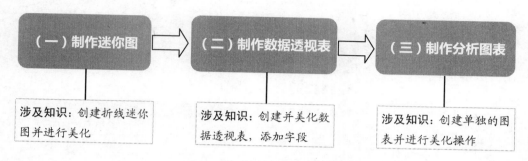

流程	涉及知识
（一）制作迷你图	涉及知识：创建折线迷你图并进行美化
（二）制作数据透视表	涉及知识：创建并美化数据透视表，添加字段
（三）制作分析图表	涉及知识：创建单独的图表并进行美化操作

图17-8 "产品销量分析表"制作流程

3. 实战制作详解

制作"产品销量分析表"工作簿的具体操作如下：

（一）制作迷你图

Step 01 单击"折线图"按钮

打开"产品销量分析表"工作簿，选中H4单元格，在"插入"选项卡的"迷你图"工具组中单击"折线图"按钮。

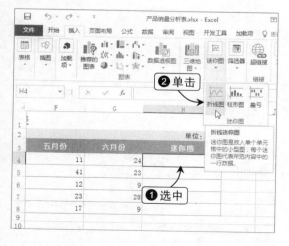

Step 02 选择数据范围

在打开的"创建迷你图"对话框中，选择数据范围为B4:G4单元格区域，或者在"数据范围："文本框中输入"B4:G4"，单击"确定"按钮。

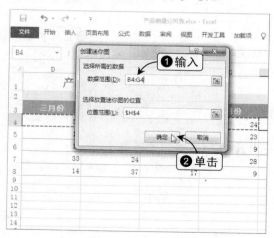

Step 03　美化迷你图

选择创建的迷你图，在"迷你图工具—设计"选项卡的"显示"工具组中选中"高点"和"低点"复选框，在"样式"工具组中单击"迷你图颜色"按钮右侧的下拉按钮，设置迷你图的粗细为"1磅"。

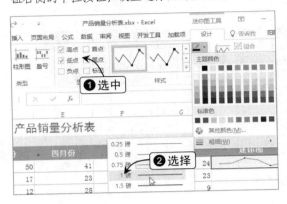

Step 04　创建其他迷你图

选中H4单元格，拖动填充柄向下填充到H8单元格，其他的迷你图自动以设置好的格式进行创建。

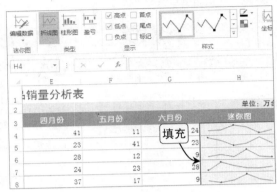

（二）制作数据透视表

Step 01　打开"创建数据透视表"对话框

选择A3:G8单元格区域，在"插入"选项卡的"表格"工具组中单击"数据透视表"按钮，打开"创建数据透视表"对话框。

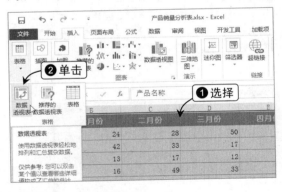

Step 03　调整透视表的行高

在打开的"数据透视表字段"任务窗格中添加字段，然后选中数据透视表，在行标处右击选择"行高"命令，在打开的对话框中调整各行的行高为"19.5"。

Step 02　设置透视表的位置

在打开的对话框中，选中"现有工作表"单选按钮，选择A10单元格，然后单击"确定"按钮。

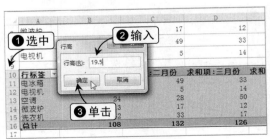

Step 04 设置透视表样式

选择数据透视表所在的单元格区域，单击"数据透视表工具—设计"选项卡，在"数据透视表样式"工具组中为数据透视表重新应用样式。

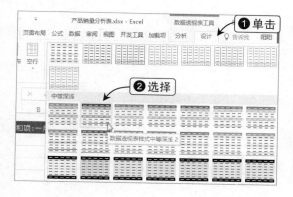

Step 05 插入切片器

选择数据透视表中的任意数据单元格，在"数据透视表工具 分析"选项卡的"筛选"工具组中单击"插入切片器"按钮，在打开的对话框中选中"产品名称"复选框，单击"确定"按钮。

（三）制作分析图表

Step 01 创建图表工作表

选择A3:G8单元格区域，然后按【F11】键快速创建名为"Chart1"的图表工作表，将工作表的名称修改为"产品销量分析"。

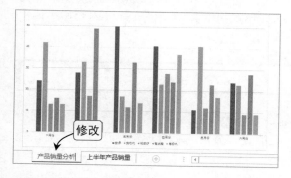

Step 03 设置并美化标题

选中标题占位符，输入"产品销量分析图表"，将字体格式设置为"幼圆，18"，然后在"图表工具—格式"选项卡下的"形状样式"工具组的快速样式库中选择"细微效果—绿色，强调颜色6"选项。然后将图例项和水平轴标签的字体设置为"幼圆，10.5"。

Step 02 设置图表布局

在"图表工具—设计"选项卡的"图表布局"工具组中单击"快速布局"下拉按钮，在弹出的下拉列表中选择"布局2"选项。

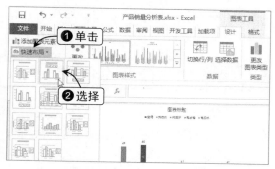

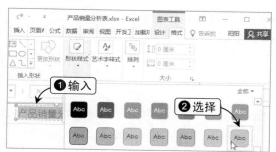

Step 04 美化图表

选择图表区，在"形状样式"工具组中单击"形状填充"按钮右侧的下拉按钮，选择"浅绿，背景2"选项，选择"绘图区"，将填充颜色设为"浅绿，背景2，深色10%"，然后单击"形状效果"下拉按钮，选择"棱台"命令，在其子菜单中选择"松散嵌入"命令。

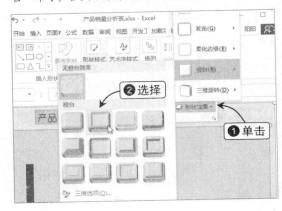

Step 05 修改数据标签的位置

选中图表，单击图表右上角的"图表元素"按钮，然后单击"数据标签"选项右侧的 ▶ 按钮，选择"数据标签内"选项，将数据标签设置到数据条内部，单击"保存"按钮，完成操作。

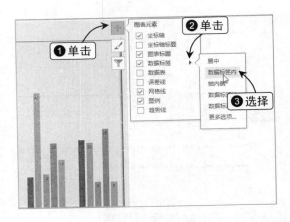

17.3 | PowerPoint 综合案例
应用 PowerPoint 的相关知识制作综合案例

PowerPoint 2016可以制作声色动人的演示文稿，在工作和生活中应用比较广泛，如为企业宣传制作演示文稿，制作课件或相册等。本小节将以制作公司简介和家庭相册为例，来讲解PowerPoint 2016的综合应用方法。

17.3.1 制作公司简介

公司简介可以帮助他人了解公司的基本情况，如公司地址，产品和服务，公司的优势等。一个好的公司简介不仅能传递公司信息，还能提升公司的综合形象，让宣传人员在介绍公司时得心应手。

1. 实战制作目标

本案例制作的公司简介是用于宣传介绍的演示文稿，主要是通过放映幻灯片并配合讲解，让观众了解公司的基本信息，展示公司的综合形象。所制作的演示文稿的效果如图17-9所示。

素材\第 17 章\公司简介\
效果\第 17 章\公司简介.pptx

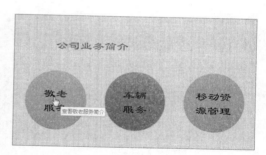
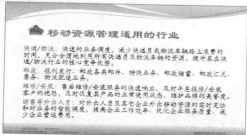

图17-9 "公司简介"效果图

2. 实战制作分析

"公司简介"演示文稿主要用于对公司基本信息和公司形象的宣传,其制作分为3个步骤进行,具体的流程及涉及的知识分析如图17-10所示。

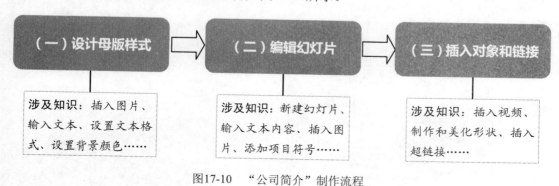

图17-10 "公司简介"制作流程

3. 实战制作详解

制作"公司简介"演示文稿的具体操作如下:

（一）设计母版样式

Step 01 切换到母版视图

新建空白演示文稿，并将其保存为"公司简介"，保持默认的幻灯片大小（这里是16:9），单击"视图"选项卡，在"母版视图"工具组中单击"幻灯片母版"按钮，切换母版视图模式。

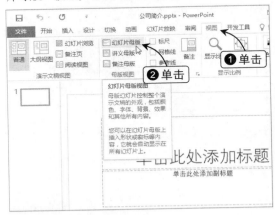

Step 03 设置标题幻灯片的格式

选择标题文本，在迷你工具栏中设置标题的格式为"隶书，60，深蓝"。用同样的方法设置副标题的格式为"微软雅黑，24"颜色为"白色，背景1"。

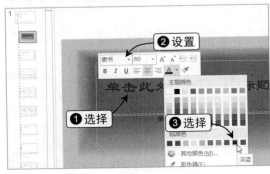

Step 05 设置主母版的格式

选择第一张幻灯片（主母版），选择标题文本，在迷你工具栏中设置字体格式为"隶书，48"，单击"颜色"下拉按钮，选择"蓝色"选项。

Step 02 设置标题幻灯片的背景

保持默认选择的幻灯片，在"幻灯片母版"选项卡"背景"工具组中单击"对话框启动器"按钮，打开"设置背景格式"任务窗格，选中"渐变填充"单选按钮，渐变类型为"标题的阴影"，调整渐变光圈。

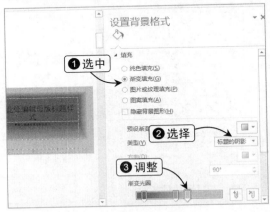

Step 04 隐藏背景图形

设置完成后，在"幻灯片母版"选项卡的"背景"工具组中选中"隐藏背景图形"复选框，防止后面设置的幻灯片背景图形在该幻灯片中显示。

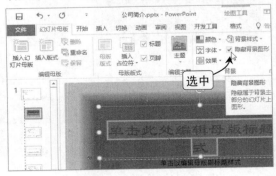

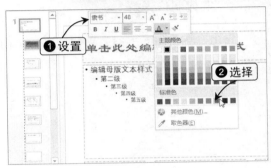

Step 06 插入背景图片

在"插入"选项卡的"图像"工具组中单击"图片"按钮，在打开的对话框中选择素材文件夹中的"母版背景1""母版背景2"和"母版图片"，然后单击"插入"按钮。

Step 07 调整背景图片

将"母版背景1"图片移动到幻灯片上方，"母版背景2"图片移动到幻灯片下方，"母版图片"图片移动到标题文本左侧，并适当调整图片的大小，将所有的图片都置于底层。

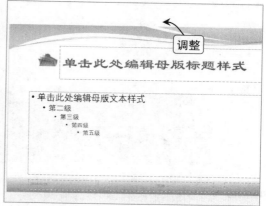

Step 08 设置页脚文字

删除幻灯片下方的页脚、时间日期等文本框，然后在"插入"选项卡的"文本"工具组中单击"文本框"按钮，在幻灯片下方的适当位置绘制两个文本框。在文本框中输入文字，左边文本框的文字格式为"微软雅黑，9，左对齐"，右边文本框中文字的格式为"微软雅黑，11，右对齐"，字体颜色均为"蓝色，个性色1，深色50%"。

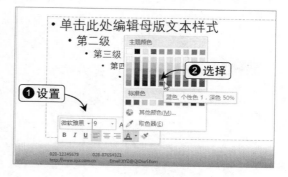

 （二）编辑幻灯片

Step 01 输入标题

切换到普通视图模式，将文本插入点定位到标题中，输入标题文字"成都启典信息技术有限公司"，在"成都启典"后换行，并设置为右对齐。然后单击"插入"选项卡"图像"工具组中的"图片"按钮，打开"插入图片"对话框。

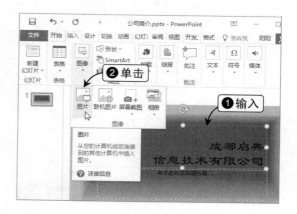

Step 02 删除图片背景

在对话框中选择"母版图片"图片插入到幻灯片中，在"图片工具—格式"选项卡的"调整"工具组中单击"删除背景"按钮，删除图片中的白色背景。

Step 03 新建幻灯片

调整图片的大小和位置，在副标题文本框中输入内容，设置为右对齐并调整文本框的大小和位置。然后在"开始"选项卡的"幻灯片"工具组中单击"新建幻灯片"按钮，新建一张幻灯片。

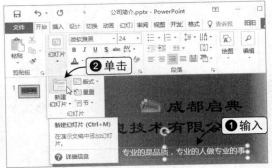

Step 04 输入第 2 张幻灯片的内容

在新建的幻灯片中输入标题"公司外景"，并输入相应的内容。

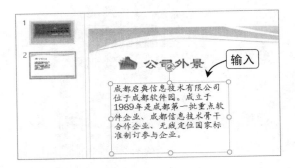

Step 05 设置图片样式

插入"公司图片"图片，在"图片工具—格式"选项卡的"图片样式"工具组中选择"旋转，白色"样式。

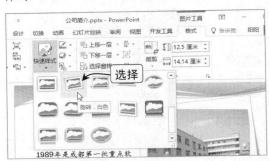

Step 06 编辑第 3 张幻灯片

新建第3张幻灯片，设置幻灯片的标题为"公司简介"，然后输入公司简介的基本内容。调整所在文本框的大小。

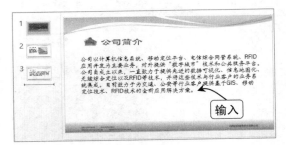

Step 07 编辑第 4 张幻灯片

新建第4张幻灯片"产品介绍及优势"，输入内容，设置产品介绍文字的格式为"微软雅黑，16，浅蓝"，下方所列举的优势文字的格式为"微软雅黑，13，深蓝，单倍行距"，并为其添加项目符号。

Step 08 创建第 5 张幻灯片

创建第5张幻灯片，输入标题"公司业务简介"，在"设计"选项卡的"自定义"工具组中单击"设置背景格式"按钮，在打开的窗格中选中"图片或纹理填充"单选按钮，保持默认纹理，然后选中"隐藏背景图形"复选框。

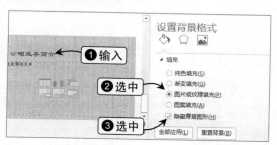

Step 09 创建其他幻灯片

用相同的方法创建其他的幻灯片，输入标题和内容，并对某些特殊的文字添加颜色。第6、7、8、9张幻灯片是对公司业务的介绍，第10张幻灯片是公司的宗旨。

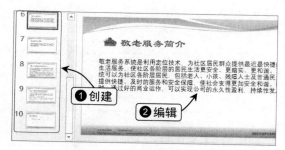

（三）插入对象和链接

Step 01 插入形状

选择第5张幻灯片，删除幻灯片中的占位文本框，然后在"插入"选项卡的"插图"工具组中单击"形状"下拉按钮，选择"椭圆"选项。

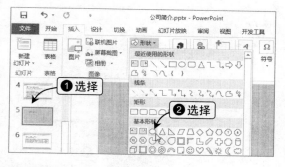

Step 02 设置形状样式

按住【Shift】键绘制圆形形状，并复制两个形状。将第1个形状的样式设置为"强烈效果—橙色，强调颜色2"，第2个形状的样式设置为"强烈效果—蓝色，强调颜色5"，第3个形状的样式设置为"强烈效果—绿色，强调颜色6"。

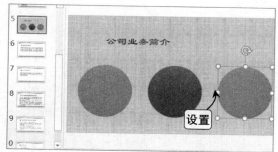

Step 03 编辑文字

插入文本框并移动到第1个形状上面，在文本框中输入"敬老服务"，将其格式设置为"隶书，48"，复制文本框到其他形状上，输入其他内容。分别选中对应的文本框和形状，右击选择"组合"命令，在弹出的子菜单中选择"组合"命令。

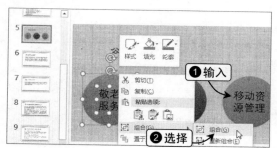

Step 04 插入超链接

选择第一个组合图形中的文本框，在"插入"选项卡的"链接"工具组中单击"超链接"按钮，然后在打开的对话框的"本文档中的位置"选项卡中，单击"屏幕提示"按钮，输入屏幕提示的内容，单击"确定"按钮后选择第6张幻灯片。用同样的方法设置其他文本框的超链接。

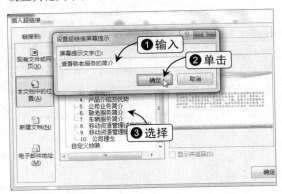

Step 05 插入并设置图片样式

选择第10张幻灯片，单击"插入"选项卡，在"图像"工具组中单击"图片"按钮，将素材中的"图片"图片插入到幻灯片中，然后在"图片工具—格式"选项卡的"样式"工具组中为图片应用"映像棱台，黑色"样式。

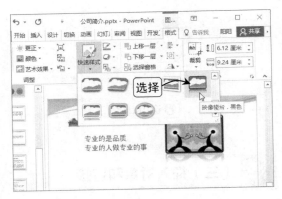

Step 06 设置艺术字样式

插入竖排文本框，输入"公司视频"，并将格式位置为"隶书，40"，然后在"绘图工具—格式"选项卡的"艺术映像印象"艺术字样式。

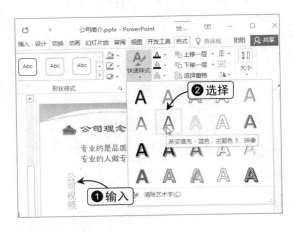

Step 07 插入视频

在"插入"选项卡的"媒体"工具组中单击"视频"按钮下方的下拉按钮，选择"PC上的视频"命令，插入素材文件中的公司视频，调整视频的框架大小，为视频设置"金属框架"样式。

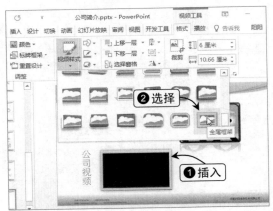

Step 08 设置标牌

播放视频到适当的位置，在"视频工具—格式"选项卡的"调整"工具组中单击"标牌框架"下拉按钮，选择"当前框架"选项，设置视频当前播放位置所在的图片为视频标牌。

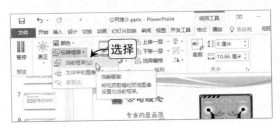

17.3.2 制作旅游相册

旅游相册可将同伴和旅途见闻以及旅途中的风景等保存起来，已成为保存旅游记忆的重要方式。

1. 实战制作目标

本案例主要是通过插入和美化图片，制作图片动画等方式制作旅游相册演示文稿，案例制作完成后的最终效果如图17-11所示。

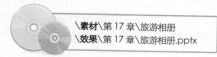

\素材\第 17 章\旅游相册
\效果\第 17 章\旅游相册.pptx

图17-11 "旅游相册"效果图

2. 实战制作分析

"旅游相册"演示文稿主要用于记录和保存旅游图片，在查看过程中可以为演示文稿添加动画和音乐，其制作流程如图17-12所示。

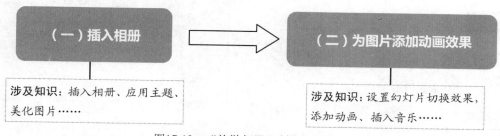

图17-12 "旅游相册"制作流程

3. 实战制作详解

制作"旅游相册"演示文稿的具体操作如下：

（一）插入相册

Step 01 选择图片

新建空白演示文稿，在"插入"选项卡的"图像"工具组中单击"相册"按钮，打开"相册"对话框，然后单击"文件/磁盘"按钮，选择素材文件夹中的所有图片，然后单击"插入"按钮。

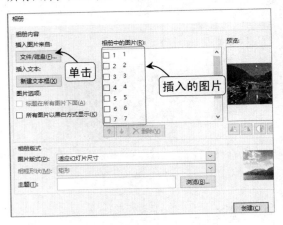

Step 02 创建相册

选中"傍晚"图片复选框，然后单击⬆按钮，将其移动到"凤凰夜景"图片之前，选中图片后，可在右侧窗格中预览图片，还可以调整图片的方向，增加或减少亮度等。其他保持默认，单击"创建"按钮。

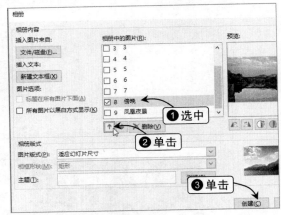

Step 03 为相册应用主题

单击"设计"选项卡，在"主题"工具组中为幻灯片应用"肥皂"主题样式，然后将新建的演示文稿保存为"旅游相册"。

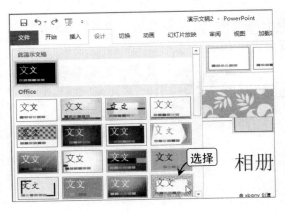

Step 04 美化图片

在第1张幻灯片中完善幻灯片名称，然后选择其他幻灯片中的图片，通过等比放大、裁剪等方式调整图片的大小和位置，并为图片应用"柔化边缘矩形"样式。

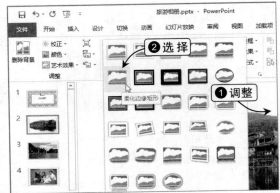

（二）为图片添加动画效果

Step 01 设置幻灯片的切换效果

选择第1张幻灯片，单击"切换"选项卡，在"切换到此幻灯片"工具组中单击"其他"按钮，选择"随机"选项，为幻灯片应用该样式。

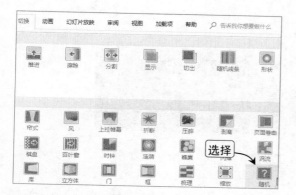

Step 03 设置其他幻灯片的切换效果

按住【Ctrl】键选中其他的幻灯片，在"切换"选项卡的"切换样式"工具组中为选中的幻灯片应用"风"切换效果。

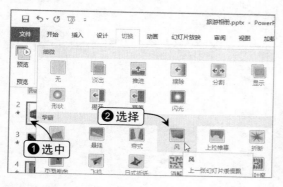

Step 05 为"旅游相册"文字添加动画

选中第1张幻灯片，然后选择"旅游相册"文字，单击"动画"选项卡，在"动画"工具组的快速样式库中选择"轮子"选项。在"计时"工具组中设置该动画的开始方式为"上一动画之后"。

Step 02 添加声音

在"计时"工具组中单击"声音："下拉列表框右侧的下拉按钮，选择"其他声音"命令插入素材中的"逍遥.wav"音频文件，然后选择"播放下一段声音之前一直循环"选项。

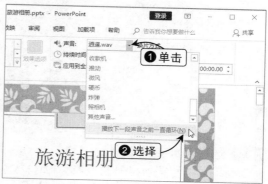

Step 04 设置切换方式

保持幻灯片的选中状态，在"计时"工具组中选中"单击鼠标时"复选框，选中"设置自动换片时间"复选框，设置自动换片的时间为6秒。

Step 06 添加退出动画

选中第2张幻灯片中的图片，在"动画"选项卡的"动画"工具组中，为该图片应用"飞出"的退出动画效果。

Step 07 设置动画计时

在"计时"工具组中，设置动画开始于上一动画之后，持续时间为"2秒"，延迟时间为"4秒"。

Step 08 选择艺术字样式

用同样的方法为其他幻灯片中的图片添加退出动画效果，持续时间为"2秒"，延迟时间为"4秒"。然后选中最后一张幻灯片，按【Enter】键新建一张幻灯片，在"插入"选项卡的"文本"工具组中单击"艺术字"按钮，选择所需的艺术字样式。

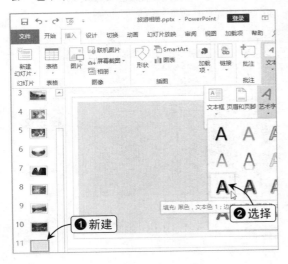

Step 09 添加超链接

在艺术字占位符中输入"再看一遍"文本，并美化艺术字文本框。然后选中文本框，在"插入"选项卡的"链接"工具组中单击"添加超链接"按钮，设置链接到第1张幻灯片，完成"旅游相册"的制作。